transpress Verkehrsgeschichte

Dr. Volker Koos

Luftfahrt zwischen Ostsee und Breitling

Der See- und Landflugplatz Warnemünde 1914–1945

Das Titelbild zeigt das Ozeanflugzeug HE 6 über den Anlagen des Flugplatzes Warnemünde.
Zeichnung: Fischer

Koos, Volker:
Luftfahrt zwischen Ostsee und
Breitling : d. See- und Landflug-
platz Warnemünde 1914–1945. –
1. Aufl.
Berlin : Transpress, 1990. – 192
S. : 231 Abb., 11 Tab.
(Transpress-Verkehrsgeschichte)

ISBN 3-344-00480-8

1. Auflage
© 1990 by transpress
Französische Str. 13/14, Berlin, 1086
VLN 162
Printed in the German Democratic Republic
Lichtsatz: Karl-Marx-Werk, Graphischer Großbetrieb, Pößneck V 15/30
Druck und Binden: Mühlhäuser Druckhaus
Lektor: Kai Lange
Einband: Günter Nitzsche
Typografie: Stephanie Profft
LSV 3879
567 532 7

Vorwort

Im zum Anfang dieses Jahrhunderts industriell wenig erschlossenen Mecklenburg erlangte die sich entwickelnde Flugzeugindustrie rasch eine bedeutende Stellung in der Wirtschaft. Nachdem die Fokker-Flugzeugwerke Schwerin nach dem Ende des ersten Weltkrieges in die Niederlande gingen, rückte der Flugplatz Warnemünde in den Mittelpunkt des Geschehens.

Die Entwicklungsgeschichte dieses Wasser- und Landflugplatzes und sein Betrieb lieferten den Stoff zur vorliegenden Darstellung. Der Gründung des Platzes, die mit dem Beginn des ersten Weltkrieges zusammenfiel, folgten die Nutzung durch die Marine und der Ausbau zum Seeflugzeug-Versuchskommando, dem Test- und Erprobungszentrum für sämtliche Seeflugzeuge des kaiserlichen Deutschlands. Bedeutende, über den lokalen Rahmen hinausgehende Ereignisse waren die Nutzung Warnemündes als Zwischenlandeplatz auf den ersten deutschen Verkehrsflugstrecken ins Ausland im Jahre 1919 und die 1924/25 von den Junkers-Werken unternommenen Nachtflugversuche.

Einen wesentlichen Teil des Buches bildet die detaillierte Beschreibung der Tätigkeit der im Jahre 1922 gegründeten Ernst Heinkel Flugzeugwerke Warnemünde, die bis 1934 ihren Sitz auf dem Flugplatz hatten. Aufgrund langjähriger Recherchen ist es möglich, eine nahezu lückenlose Werknummernübersicht der bei den Heinkel-Werken gebauten Flugzeuge zu geben und zahlreiche bisherige Darstellungen zu korrigieren bzw. zu ergänzen. Die Lieferungen ins Ausland und die Lizenzbauten sind ebenfalls erfaßt. Daneben werden die Tätigkeiten der Arado-Werke, der Aero-Sport GmbH und der Zweigstelle Warnemünde der Deutschen Verkehrsfliegerschule und besondere Ereignisse, wie der im Jahre 1926 veranstaltete Deutsche Seeflug-Wettbewerb, Filmarbeiten mit Hans Albers u. a. beschrieben. Im Rahmen der faschistischen Aufrüstung wurde der Flugplatz Warnemünde nach 1935 Flugzeugführerschule der Luftwaffe, und seine Bedeutung ging stark zurück.

Das Geschehen auf dem Platz hatte neben seiner lokalen Bedeutung auch eine Reihe von Aspekten, die symptomatisch für die Luftfahrtgeschichte Deutschlands im betrachteten Zeitraum bis zum Ende des zweiten Weltkrieges waren. Die vorliegende Darstellung kann, der Quellenlage entsprechend, nicht komplett sein, was besonders auf die mit der militärischen Nutzung im ersten Weltkrieg und der Zeit nach 1933 verbundenen Geheimhaltung aber auch auf die Verschleierung der gegen die Bestimmungen des Versailler Vertrages verstoßenden Aktivitäten in der Weimarer Republik zurückzuführen ist.

Das Buch wäre ohne die Hilfe zahlreicher ehemaliger Flieger, Monteure, Arbeiter und Ingenieure der damaligen Flugzeugwerke und anderer Firmen und von Freunden im In- und Ausland nicht entstanden. Ihnen allen und besonders den Herren L. Andersson, H. P. Dabrowski, P. M. Grosz, U. Israel, P. Kilduff, H.-D. Köhler, G. Punka, H. Reck und E. Vocke für wertvolle Unterstützung und förderndes Interesse hier nochmals zu danken, ist mir ein besonderes Bedürfnis.

Dr. Volker Koos, Rostock

Inhaltsverzeichnis

1. Die Gründung des Flugplatzes Warnemünde

1.1. Vorgeschichte

In der Zeit um die Jahrhundertwende und den ersten Jahren danach behinderten die halbfeudalen kapitalistischen Verhältnisse in Mecklenburg eine bedeutende industrielle Entwicklung. Der rasche Fortschritt der Luftfahrt in Europa ab 1906 und die Erkenntnis der militärischen Bedeutung des Flugzeugs durch die preußische Militär- und Marineverwaltung führten zum Bau eines Flugplatzes und zur Ansiedlung von Flugzeugindustrie in Warnemünde, was für dieses Territorium eine bedeutende Veränderung der Wirtschaftsstruktur bedeutete.

Erste Pläne dafür tauchten im Jahre 1912 auf, als im August in Heiligendamm der erste deutsche Seeflugzeug-Wettbewerb stattfand. Die angetretenen Wasserflugzeuge erwiesen sich als wenig erfolgreich, was nicht verwunderlich ist, wenn man bedenkt, daß erst zwei Jahre zuvor Henri Fabre in Frankreich den ersten gelungenen Flugzeugstart vom Wasser ausgeführt hatte. Es war zwar bereits mehrfach versucht worden, das Wasser als Startfläche zu benutzen, aber ohne Erfolg. Erinnert sei hier an die Flugversuche von Wilhelm Kress im Jahre 1898 auf dem Tullnerbachreservoir in Österreich und an das Flugboot des Professors August v. Parseval, das er 1910 in Plau am See/Mecklenburg gebaut hatte.

Die ersten Wasserflugplätze hatte die deutsche Marine in Kiel-Holtenau und Putzig (heute Puck bei Gdańsk) errichtet. Um die Entwicklung dieses Spezialgebiets zu forcieren, dachte man aber auch an die Einrichtung eines zivilen Wasserflugplatzes, um Luftfahrtindustrie und Flugschulen anzusiedeln. Ein eifriger Propagandist dieser Idee war Alfred Hildebrandt, der bereits am 9. Februar 1912 dem Wolff'schen Telegraphen-Bureau gemeldet hatte, „daß bei Rostock eine Luftwarte gegründet würde und daß gleichzeitig der Plan, in der Nähe Flugzeugindustrie zur Ansiedlung zu bringen sowie einen Flugzeug- und Luftschiffhafen anzulegen, gefaßt worden sei".

Hildebrandt, damals bereits ein bekannter Luftfahrtpublizist, hatte die ersten authentischen Berichte über die Flugversuche der Brüder Wright in der europäischen Presse veröffentlicht und auch deren Demonstrationsflüge in Berlin vermittelt. An der Philosophischen Fakultät der Universität Rostock promovierte er im Jahre 1911 mit einer vergleichenden Arbeit über Temperaturmessungen bei Ballon- und Drachenaufstiegen. Hildebrandt war Mitglied zahlreicher in- und ausländischer Luftfahrtvereinigungen und hatte 1911 die Ostseeküste nach einen geeigneten Standort für eine Luftwarte und einen Startplatz für Wasserflugzeuge abgesucht.

Am 18. Januar 1912 richteten Prof. Kümmel von der Universität Rostock und Dr. A. Hildebrandt ein Gesuch an die Rostocker Stadtverwaltung, in dem sie um Unterstützung beim Bau der Luftwarte durch Bereitstellung von Gelände und Gebäuden baten. Dieses wurde am 4. März 1912 genehmigt und vorerst für drei Jahre eine 2,2 ha große Fläche in Friedrichshöhe bei Rostock zur Verfügung gestellt. Weiter sorgte die Stadt für den nötigen Elektroanschluß und gewährte einen einmaligen Zuschuß von 1 000 Mark.

Die Station, deren Besitzer Dr. Hildebrandt war, wurde am 5. Dezember 1912 eingeweiht. Das notwendige Geld dazu hatte er hauptsächlich von einem Engländer namens Patrick Y. Alexander erhalten. Ursprüngliche Arbeitsgebiete der Anlage waren luftelektrische Untersuchungen und Radiumuntersuchungen.

Hildebrandt fand besondere Unterstützung für seine Pläne bei der Bezirksgruppe Rostock des Deutschen Luftflottenverbandes (DLFV), die im Jahre 1910 gegründet worden war und 1913 etwa 300 Mitglieder aus den Kreisen des Rostocker Bürgertums zählte. Zum Rostocker Vorstand gehörten der Bürgermeister Geheimer Kommerzienrat A. Clement (Inhaber einer Getreide- und Samenhandlung) als 1. Präsident, Hoflieferant Balgé als Geschäftsführer und Bankdirektor Rhode als Schatzmeister.

In einer Sitzung des DLFV am 12. März 1912 wurde der Rat der Stadt aufgefordert, Gelände für einen Flugplatz und zur Ansiedlung von Flugzeugwerken zur Verfügung zu stellen, und an die Mecklenburgische Landesregierung in Schwerin ging der Antrag zur Genehmigung einer Lotterie zwecks Finanzierung einer Luftschiffhalle in Rostock. Letzteres lehnte der Luftfahrtreferent des Preußischen Kriegsministeriums am 6. April ab, da man die Kieler Halle für Norddeutschland als ausreichend betrachtete. Die Stadtverwaltung beschloß in ihrer Sitzung am 22. April 1912, dem Antrag des DLFV zuzustimmen, Sie stellte „Gelände auf der Feldmark Groß-Klein für das Heranziehen einer mit der Luftschiffahrt und den Flugapparaten verbundenen Industrie" zur Verfügung. Es begannen Verhandlungen mit der Allgemeinen Flug-Gesellschaft (AFG) und der Sportflieger GmbH über eine Ansiedlung in Warnemünde und Errichtung von Fliegerschulen. Die Gespräche blieben allerdings ergebnislos.

Am 7. Oktober 1912 wurde dann die Vorlage zur Errichtung eines Flugplatzes in Warnemünde vom Rostocker Rat genehmigt und dies am 21. des Monats an das Reichs-Marine-Amt (RMA) gemeldet. Der Direktor des Flugplatzes Johannisthal, v. Tschudi, besuchte auf Einladung Hildebrandts im gleichen Monat Rostock und besichtigte das vorgesehene Gelände östlich von Warnemünde zwischen der Ostsee und dem Breitling, einer binnenseeartigen Erweiterung der unteren Warnow. Tschudis positives Urteil war für die nächsten Entscheidungen von Gewicht. Am 30. Januar 1913 bewilligte der Rat der Stadt 250 000 Mark für den Bau des Platzes, und die National-Flugspende (NFS) beschloß am 28. Februar, 150 000 Mark beizusteuern. Eine jährliche Subvention von 20 000 Mark bewilligte das Reichs-Marine-Amt am 6. Mai 1913.

Natürlich waren auch andere Städte an dem vom Flugplatzbau erhofften wirtschaftlichen Aufschwung interessiert. So erschienen im Frühjahr 1913 Presseberichte, die das Gebiet nördlich von Wismar aus meteorologischen Gründen als geeigneter für einen Flugplatz bezeichneten, da auf dem Warnemünder Platz angeblich starke Fallwinde auftreten würden. Darüber kam es sogar zu

einer Reichstagsdebatte. Die erfundenen Hinderungsgründe konnten jedoch durch Pilotballonaufstiege der Rostocker Luftwarte entkräftet werden. Am 23. Juni 1913 fand dann eine offizielle Besichtigung des für die Errichtung des Wasser- und Landflugplatzes vorgesehenen Geländes bei Warnemünde statt. Anwesend waren je zwei Vertreter des RMA, der NFS, der Flugzeugindustrie und drei Repräsentanten der Stadt Rostock. Die Korvettenkapitäne Behnisch und Gygas erklärten dabei, „daß die sofortige Begründung eines Wasserflugplatzes im Interesse beschleunigter Förderung des Wasserflugzeugbaues unerläßlich sei, damit der Industrie Gelegenheit gegeben werde, sich mit den hierzu erforderlichen Anlagen an einem Wasserflugplatz anzusiedeln, Flieger auszubilden, Flugzeuge zu erproben, Wettbewerbe zu veranstalten usw. ... Das Gelände bei Warnemünde sei in Aussicht genommen, weil es ... militärisch durch die Lage in der Mitte zwischen dem östlichen Flugstützpunkt in Putzig und dem westlichen Flugstützpunkt in Kiel von besonderer Bedeutung und gleichzeitig Hochsee- und Binnenseeflugplatz sei".

Nachdem der Breitling mit einem Motorboot in verschiedenen Richtungen befahren worden war, wurde das für den Flugplatz vorgesehene Wiesengelände nördlich davon und die Ostseeküste hinter dem Dünenwäldchen besichtigt. Fazit der abschließenden Beratung war, daß das Gelände den vorgegebenen Bedingungen gegenüber allen anderen in Frage kommenden Plätzen als Wasserflugplatz besonders gut entsprach. Die notwendigen technischen Verbesserungen sollten durch die Stadt Rostock unter Mitwirkung der NFS vorgenommen werden. Dazu zählten:

Aufschütten des Wiesengeländes, um es überschwemmungsfrei und die Schuppenanlage sturmflutsicher zu gestalten. Die Deckschicht sollte kein Sand, sondern eine feste Grasnarbe aufweisen. Die Maße der Flugzeugschuppen gab die Marine vor. Der Durchbruch zur Ostseeküste wurde mit 30 m Breite festgelegt, die Ablaufbahnen zur Ostsee und zum Breitling waren analog zu den in Putzig verwendeten Anlagen zu errichten. Als Landflugplatz würde das Gelände den vom Luftfahrerverband festgelegten Mindestmaßen von 300 × 700 m gerecht werden.

Die Vertreter der Konvention der Flugzeugindustriellen, Zeyssig von der Automobil & Aviatik AG und Direktor Harlan von den Harlan-Werken, forderten eine Vergrößerung des Landflugplatzes, was aber von der Stadt wegen der vorerst nicht absehbaren Entwicklung des Wasserflugzeugwesens abgelehnt wurde. Die ganze Anlage wäre auf Zuschüsse angewiesen und lasse keine kaufmännische Rentabilität erwarten. Dadurch erschien aber eine Förderung der Industrie unter „amtlicher Kontrolle" möglich.

Aus den hier aufgeführten Punkten des Besichtigungsprotokolls vom 23. Juni 1913 sind praktisch alle die Bedingungen erkennbar, die die spätere Nutzung des Platzes prägen sollten. Der „zivile" Flugplatz wurde völlig unter den Gesichtspunkten der Rüstungsplanung der kaiserlichen Marineleitung konzipiert und war als reines Zuschußunternehmen auch nur bei solcher oder entsprechender Nutzung lebensfähig. Eine Rentabilität und das Betreiben unter zivilen Aspekten für Sport- und Verkehrszwecke waren nicht vorgesehen. Er sollte hauptsächlich als Wasserflugplatz genutzt werden, und nur nebenbei als Landflugplatz. Die deshalb unzureichende Größe des letzteren brachte später Schwierigkeiten und war neben der relativ geringen wirtschaftlichen Bedeutung Rostocks ein Hauptgrund dafür, daß Warnemünde nach dem ersten Weltkrieg kein ständiger Verkehrsflugplatz wurde.

1.2. Errichtung der Flugplatzanlagen

Im Herbst 1913 begannen die Arbeiten zur Erhöhung und Befestigung des Platzes durch Baggerspülgut auf 2 m über Meeresniveau. Das Material, Sand und als Oberschicht Schlick zum Anpflanzen der Grasnarbe, wurde hauptsächlich durch das Ausbaggern einer Fahrrinne von etwa 50 m Breite von der Ablaufbahn am Breitlingufer bis zum Warnemünder Neuen Strom gewonnen. Dabei begradigte man auch die westliche Uferböschung des Breitlings etwas. Schon im November 1913 erprobte der Flieger Anselm Marchal das erste Flugboot der Hamburger Yachtwerft Max Oertz auf dem Platz.

Ab Februar 1914 wurde dann zunächst östlich der Ablaufbahn ein Hangar für die Marine gebaut. Dieser war 40 m lang und 21 m breit und bot Platz für fünf bis sieben Wasserflugzeuge und enthielt außerdem Werkstatt, Stauraum und Dunkelkammer. Verschiedene Büros und eine Wachstube befanden sich in einem Anbau. Westlich davon folgte zunächst eine Halle der Gothaer Waggonfabrik von 108 m Länge und 16 m Breite und dann ein dreiteiliger Hangar, der von der Stadt vermietet wurde. Zwei Abteilungen erhielten die Flug-

zeugbau Friedrichshafen GmbH und die dritte die Automobil- und Aviatik AG. Diese Hallen konnten in der angegebenen Reihenfolge im Mai, Juni und Juli 1914 fertiggestellt werden.

Nachdem am 25. April 1914 der Rostocker Rat eine „Verordnung zur Aufrechterhaltung der Ordnung auf dem Flugplatz und im Flugrevier" verabschiedet hatte, erschien zwei Monate später die offizielle Flugplatzordnung.

Die Eröffnung des Platzes war anläßlich des Ostseefluges, der vom 1. bis 10. August 1914 als zweiter deutscher Seeflugwettbewerb stattfinden sollte, geplant. Etwa einen Monat später war dann Warnemünde als Etappenort des „Internationalen Nordischen Seefluges" vorgesehen, der vom 21. bis 30. August auf einer Strecke von Schwerin über Dänemark und Schweden bis Christiania, dem heutigen Oslo, in Norwegen stattfinden sollte.

Der im Bau befindliche Platz wurde am 16. Januar 1914 vom Zeppelin-Luftschiff LZ 17 „Sachsen" überflogen. Zu dieser Zeit liefen die Vorbereitungen für die geplanten Wettbewerbe und die Einrichtung des Flugplatzes auf vollen Touren. Er wurde von Vertretern des Staates und der Marine besichtigt, so am 18. Februar durch Prinz Heinrich von Preußen, dem Generalinspekteur der Marine für das Wasserflugwesen, am 27. Februar 1914 von dem Kommandeur der Marinefliegerstationen Fregattenkapitän Gygas, der auch als Vertreter des RMA den Vorsitz des Arbeitsausschusses für den Ostseeflug übernahm (5. März 1914). Der Mecklenburgische Großherzog besuchte am 5. Juli den Platz und wurde dabei von dem im Frühjahr von der Stadt eingestellten Flugplatzdirektor Felix Kasinger geführt. Dieser war vorher Stellvertreter des Johannisthaler Flugplatzdirektors v. Tschudi gewesen und hatte im April vom Deutschen Luftfahrer-Verband das Patent eines Flugprüfers erhalten.

Im Jahre 1914 häuften sich die Besuche, Zwischenlandungen und Probeflüge verschiedener Flugzeuge in Warnemünde. Vom 22. bis 27. Februar war der Ago-Marine-Doppeldecker D 15, unter Oberleutnant Schiller aus Putzig kommend, in die Warnemünde, und am 15. Juli trafen sogar vier Marine-Doppeldecker aus Kiel ein. Ab Februar 1914 erprobte Ing. Dahm von der Abteilung Flugzeugbau der Gothaer Waggonfabrik deren Seemaschine WD 1 und unternahm damit zahlreiche Flüge in der Umgebung von Warnemünde. Auch Landflugzeuge machten Zwischenlandungen in Warnemünde, so am 11. Juli ein LVG-Mili-

Der Ago Marine-Doppeldecker D 15 bei seinem Besuch auf dem im Bau befindlichen Flugplatz Warnemünde.

Der Flugplatz Warnemünde Ende Juli 1914.

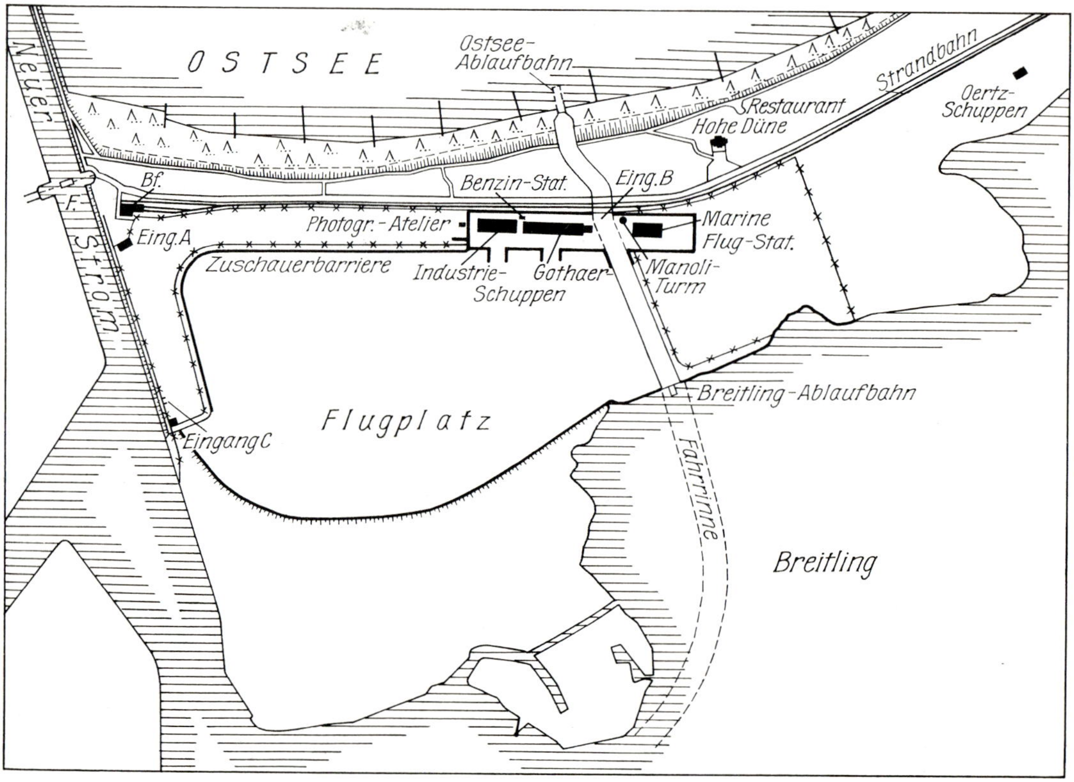

tär-Doppeldecker, am 14. Juli Marchal auf einem Ago-Kavallerie-Eindecker und ebenfalls im Juli die Piloten Wieting auf Rumpler-Eindecker und Schüler auf DFW-Doppeldecker, die mit je einem Passagier auf dem Weg nach Malmö in Schweden waren. Damit wurden erstmals, der traditionellen Fährlinie folgend, Fluggäste auf dieser Strecke befördert.

Ende Juli war der Platz fertiggestellt. Neben den drei bereits genannten Flugzeughallen gab es eine 30 m breite betonierte Ablaufbahn mit je einem 8 m breiten Slip zur Ostsee und zum Breitling. Dazu kamen einige kleiner Gebäude, wie Tankstation, Fotoatelier, Sanitäts- und Poststelle. Ein 2,5 m hoher Bretterzaun mit mehreren Toren auf der Landseite prägte das äußere Bild des Flugplatzes. In der Nähe des Schuppens der Strandbahn nach Markgrafenheide stand das vom Architekten Thiede entworfene Torgebäude mit dem Eingang A und der Flugplatzverwaltung. Die Zigarettenfabrik Manoli hatte, ähnlich wie in Berlin-Johannisthal, einen hölzernen Aussichtsturm mit Reklamebeschriftung neben dem Eingang B östlich der Ablaufbahn errichtet.

Die Gesamtfläche des Platzes betrug etwa 65 ha, bei 1 300 m größter Länge und 700 m maximaler Breite in Nord-Süd-Richtung.

1.3. „Ostseeflug Warnemünde 1914"

Natürlich war diese erste Ausbaustufe nicht ausreichend für einen großen Wettbewerb, so daß die Marine noch sechs Zelte für je zwei Flugzeuge aufstellte. Während einer Sitzung der Sportleitung für den „Ostseeflug Warnemünde 1914" (offizielle Bezeichnung) am 8. Juni wurden folgende weitere Maßnahmen beschlossen:
Die Marine stellt einen kleinen Kreuzer und mehrere Torpedoboote. Als Sportgehilfen werden Offiziere der in Rostock und Güstrow stationierten Regimenter angefordert. Diese sollten auch einen Telefondienst mit Feldleitungen einrichten.
Am 27. Juli trafen die ersten sieben der für den Wettbewerb gemeldeten Maschinen in Warnemünde ein. Diese Zahl erhöhte sich in den nächsten Tage auf 18. Neben den damals sehr bekannten großen Firmen, wie AEG, Aviatik, Albatros und Rumpler, wollte sich auch die erste deutsche Fliegerin Melli Beese mit einem eigenen Flugboot beteiligen, das sie mit dem Ingenieur Hermann Dorner entwickelt hatte. Der Bau konnte aber nicht rechtzeitig beendet werden.

Das vom Architekten des Torgebäudes gezeichnete Titelblatt des offiziellen Programms zum Ostseeflug 1914 zeigt die Anlagen des Platzes.

Die Wettbewerbsbedingungen entsprachen den Forderungen der Marine, die, „nachdem sie in Heiligendamm und am Bodensee nur mitorganisierte, in Warnemünde vollkommen selbständig" wirkte, wie die renommierte Fachzeitschrift „Flugsport" schrieb. Besonderer Wert wurde auf die Erhöhung der Seefähigkeit der Flugzeuge gelegt. Einige Punkte der Ausschreibungsbedingungen zeigen den damaligen Leistungsstand der Wasserflugzeuge. Es waren drei einzeln prämierte Wettbewerbsetappen vorgesehen, nämlich:
I. die Vorprüfung,
II. der große Preis und
III. sonstige Wettbewerbe.
Während der Vorprüfung sollten folgende Leistungen demonstriert werden: Start bei Windstille und Streckenflug, Erreichen von 500 m Höhe in maximal 15 Minuten, Mindestgeschwindigkeit von

80 km/h, Manövrieren und Ankern auf dem Wasser bei mindestens 4 m/s Windgeschwindigkeit, Anwerfen des Motors ohne fremde Hilfe vom Führersitz aus und ein vierundzwanzigstündiges Zuwasserliegen auf dem Breitling.

Alle diese Aufgaben mußten mit voller Beladung erfüllt werden. Darunter verstand man Flugzeugführer und Begleiter (zusammen auf 180 kg ergänzt), Betriebsstoff für vier Stunden, einen 7 kg schweren Anker, 30 m Leine, eine Schleppvorrichtung, einen fest eingebauten Kasten für Funkentelegrafie von 30 kg Masse, der vom sitzenden Passagier bedient werden konnte, Ausrüstung mit Tachometer, Anemo-Tachometer, Kompaß, Kartenkasten, Uhr, Benzinuhr, Unterbringungsmöglichkeit für Doppelglas, Winkelinstrument, Proviant und Wasser in geringer Menge.

Der große Preis (II.) verlangte vor allem eine konstruktive Ausführung und Festigkeit der Flugzeuge, die den Forderungen der Marine am besten entsprach. Dazu wurden Starts und Landungen bei möglichst schwerer See, Dauerflüge, Treiben auf See u. ä. veranstaltet.

Unter Punkt III waren Landstart und -landung und ein Überseeflug gefordert. Allerdings wurde das Vorhandensein eines Landefahrgestells nicht mehr kategorisch verlangt, wie beim ersten Wettbewerb 1912 in Heiligendamm und der Binnenseeprüfung 1913 auf dem Bodensee.

Am 30. Juli begann die technische Abnahme der Maschinen. Da am gleichen Tag die von der Marine gestellten Hilfsmannschaften und der am Vortag eingetroffene Kreuzer „Hamburg" wegen der Kriegsvorbereitung zurückgezogen wurden, endete der „Ostseeflug Warnemünde 1914", bevor er richtig begonnen hatte.

Der „Internationale Nordische Seeflug", für den Preise in einer Gesamthöhe von 80 000 Francs zur Verfügung standen, fiel ebenfalls dem imperialistischen Weltkrieg zum Opfer. Neun deutsche, sechs französische, zwei schwedische und ein italienisches Flugzeug standen auf der Meldeliste.

2. Warnemünde als Marinefliegerstützpunkt im ersten Weltkrieg

2.1. Abbruch des Ostseefluges und Übernahme des Platzes durch die Marine

Am Abend des ersten Tages des Ostseefluges traf am 1. August 1914 gegen 19.00 Uhr der Mobilmachungsbefehl in Warnemünde ein. Damit begann ein neuer Abschnitt der Flugplatzgeschichte, ohne daß der vorherige überhaupt zur Geltung gekommen war.

Die Seefliegerei war bis dahin Stiefkind der Marineführung gewesen, die nur den Luftschiffen Erfolgsaussichten bei der Aufklärung über See zugemessen hatte. Es standen bei Kriegsbeginn nur neun Flugzeuge im Dienst, davon drei in der Ostsee und sechs in der Nordsee. Das Personal der in Putzig (heute Puck bei Gdańsk) zusammengefaßten Marine-Fliegerabteilung bestand lediglich aus etwa 200 Mann, davon nur etwa 30 ausgebildete Seeflieger. Von den weiteren drei Seeflugstationen war allein Kiel-Holtenau besetzt, während die in Wilhelmshaven und Helgoland nur bei Flottenmanövern aktiviert wurden.

So stellten die zum Wettbewerb in Warnemünde angetretenen Flugzeuge und die Anlagen des Platzes eine willkommene Ergänzung des Marinebestandes dar und wurden sofort beschlagnahmt. Aus primitiven und provisorischen Anfängen heraus entwickelte sich auf dem Platz im Laufe des Krieges das Seeflugzeug-Versuchskommando (SVK), das die technische Prüfung und Erprobung aller von der Industrie gelieferten Seeflugzeuge übernahm. Auch die Entwicklung und Erprobung der gesamten Ausrüstung, wie Bordwaffen, Bomben, Funk- und Navigationsgeräte, Signalmittel und der seemännischen Ausrüstung, wurden hier bzw. in Zusammenarbeit mit den einzelnen Firmen betrieben.

Weiterhin war Warnemünde Standort der Seeflugzeug-Abnahmekommission (SAK), die sämtliche Serienmaschinen, die für die Marineflieger-

kräfte geliefert wurden, ausrüstete, einflog, abnahm und an an die einzelnen Flugstationen übergab. Nebenbei existierte noch eine relativ kleine Seefliegerstation, die Aufklärungsaufgaben im mittleren Ostseeabschnitt zu erfüllen hatte. Aufbau und Einrichtung dieser drei Abteilungen führten zum Entstehen zahlreicher neuer Bauten und Anlagen auf dem Warnemünder Flugplatz.

Während der ersten Mobilmachungstage waren jedoch die Verhältnisse auf dem Platz relativ chaotisch, wie sich aus dem Kriegstagebuch der Station Warnemünde ersehen läßt. Aufgrund der Vorbereitungen zum Seeflug-Wettbewerb waren am 2. August zwölf Offiziere, 24 Mannschaftsdienstgrade und die Vertreter, Piloten, Arbeiter und Monteure der am Ostseeflug teilnehmenden Fabriken, insgesamt 57 Personen, am Ort. Da außer dem Mobilmachungsbefehl keine weiteren Anordnungen eintrafen, arbeitete man an den Wettbewerbsmaschinen weiter, um sie möglichst schnell abnahmebereit zu haben. Alle Materialien der Firmen und sämtliche Vorräte an Benzin, Öl und anderen Betriebsstoffen in Rostock und Warnemünde wurden requiriert. Das ergab etwa 1 000 l Benzin und 300 l Öl.

Anfangs fehlten jegliche Waffen und Dienstvorschriften, auch elektrische Beleuchtung, Telefon- und Feuerlöschanlage waren nicht vorhanden. Gegen Mittag dieses Tages zog man die Reservisten unter den Anwesenden ein und vereidigte sie mit den Kriegsfreiwilligen. Die bewunderten Flieger, die vorher allabendlich in den Warnemünder Gaststätten und Hotels im Mittelpunkt des Interesses standen, wurden in das „Matrosenpäckchen" gesteckt und zur besonderen „Freude" der anwesenden aktiven Marineleute mit den „Grundbegriffen des militärischen Dienstes vertraut gemacht".

Kapitänleutnant Kuntze erhielt das Kommando als Flugplatzleiter. Zu seiner Unterstützung wurde Kapitänleutnant a. D. Hormel von seiner Stellung in

Marinefliegerstützpunkt im ersten Weltkrieg

Tabelle 1   Flugzeuge des Ostseeflugs Warnemünde 1914

Wettbew.-Nummer	Nenner	Bauart	Motor	Leistung kW	gemeldete Piloten	Motor bei Antritt	Leistung kW	Bauart	Marine-nummer
1	AEG	ED-FB	Benz	110	Schauenburg/Netzow				
2	AEG	DD-2s	Benz	110	Gruner/Petersen	Benz	110	DD-2s	63
3	Oertz	DD-FB	Daimler	118	Hammer/Stagge	Daimler	118	DD-FB	46
4	Aviatik	DD	Benz	110	Stoeffler/Ingold				
5	Aviatik	DD-1s	Rapp	110	Baierlein	Argus	147	DD-1s	48
6	FF	DD-2s	NAG	99	Schirrmeister	NAG	99	DD-2s	64
7	FF	DD-FB	Benz	110	Truckenbrodt				
8	FF	DD-2s	NAG	99	Gluer	NAG	99	DD-2s	62
9	Ago	DD-FB	Argus	129	Schüler/Bauringer	Argus	110	DD-2s	70
10	Ago	DD-FB	Argus	147	Kießling/Schweizer	Argus	110	DD-2s	71
11	Ago	DD-FB	OU	147	Marchal/Schumann	Gnôme	147	DD-2s	72
12	Rumpler	DD-1s	Benz	110	Basser	Benz	110	DD-2s	51
13	Rumpler	DD-FB	AD	88	Linnekogel/Friedrich	Gnôme	118	DD-1s	50
14	Rumpler	DD-1s	OU	118	v. Stoephasius	AD	88	DD-FB	47
15	Albatros	DD			Thelen/Schachenmeyer	Benz	110	DD-2s	55
16	Albatros	DD			Boehm/Landmann				
17	Albatros	DD			v. Loessl/Wiegand	Daimler	118	DD-2s	53
18	Albatros	DD			Krieger	Benz	110	DD-2s	52
19	GWF	DD-1s	Rapp	110	Dahm				
20	GWF	DD-1s	Benz	110	Schlegel	Argus	147	DD-2s	54
21	Beese	DD-FB	Daimler	70	Boutard/Beese	Benz	110	DD-2s	60
22	Hirth	DD			Hirth	Daimler	74	DD-2s	59
23	Hirth	DD			Kühne				
24	Hirth	DD			Länger	Benz	110	DD-2s	56
25	H.-Br.				Vollmoeller	Daimler	118	DD-2s	58
26	H.-Br.				Reiterer	Benz	110	DD-2s	57
19a	GWF					Rapp	110	DD-2s	61

DD — Doppeldecker; ED — Eindecker; FB — Flugboot; 1s — 1 Schwimmer; 2s — 2 Schwimmer

der Marine-Luftschifferabteilung entbunden und in die Marine-Fliegerabteilung übernommen. Als erste Aufgabe sollten die vorhandenen Flugzeuge beschleunigt übernommen und sämtliche Offiziere eine Seefliegerausbildung erhalten. Vier Offiziere bildeten die Abnahmekommission.
Von den gemeldeten Maschinen waren 21 eingetroffen. Diese mußten umgehend gekennzeichnet werden, indem die Friedensmarkierung (ein schwarzer Strich in Flugrichtung nahe den Flügelenden) zu einem Kreuz ergänzt wurde. Als Fahrzeuge standen der Station ein Torpedoboot, zwei Dampfbarkassen, ein Zivil-Motorboot und ein Hebeprahm zur Verfügung, dazu ein Privat-PKW eines Offiziers. Es gab nur sehr wenig Werkzeug und keine Werkzeugmaschinen auf dem Platz. Am Nachmittag dieses ersten Kriegstages erfolgte auch der Anschluß an das Strom- und Telefonnetz. Die Funkentelegraphieanlage Dr. Falkenbergs von der Rostocker Universität wurde übernommen und die Eignung des Warnemünder Leuchtturms als FT-Station geprüft.
Häufiger Beschuß deutscher Flugzeuge durch eigene Streitkräfte erforderte, die Kennzeichnung zu erweitern. Zu den auf der Ober- und Unterseiten der Tragflächen befindlichen kam ein ebenfalls schwarzes Kreuz am Seitenleitwerk. Diese bestanden aus zwei senkrecht übereinander angebrachten schwarzen Bändern. Bald wurde auch bei den Marineflugzeugen die erste provisorische Kennung durch das Eiserne Kreuz auf weißem Grund ersetzt, das bereits bei den Heeresflugzeugen gebräuchlich war.
Die ersten Wettbewerbsflugzeuge waren schon übernommen worden, so daß bereits am 3. August die Gotha-Maschine (Marinenummer 59) und der Brandenburg-Doppeldecker (Marinenummer 57) nach Kiel und das Rumpler-Flugzeug 51 nach Putzig flogen. Aus Schwerin wurde am gleichen Tag das erste Marine-Landflugzeug

14

Das zum Ostseeflug 1914 gemeldete Rumpler-Flugboot hat auf dem Breitling Wasser übernommen. Die Maschine trägt schon die Marinenummer 47 und das schwarze Kreuz am Leitwerk als erstes provisorisches militärisches Kennzeichen.

„101" von den dortigen Fokker-Werken geholt. An den verbliebenen Flugzeugen wurde gearbeitet und bereits Aufklärungsflüge über der Ostsee ausgeführt.

Am 9. August befahl das Reichs-Marine-Amt (RMA) die Einrichtung einer offenen Verankerungsstelle für Luftschiffe auf dem Platz. Die Arbeiten dazu begannen sofort. Auch Lager für Munition und Betriebsstoffe wurden errichtet bzw. erweitert. Am 12. August konnte neben der Fertigstellung des Luftschiffankers das Eintreffen eines Schutzkommandos in Stärke von 100 Mann und drei Offizieren und Unteroffizieren gemeldet werden. Über eine Landung eines Luftschiffes in Warnemünde ist nichts bekannt.

2.2. Ausbau zur Marine-Flugstation

Am 17. August 1914 traf als erstes neues Flugzeug ein Albatros-Doppeldecker in Warnemünde ein. Damit wuchsen die Aufgaben der Station allmählich zur späteren größeren Dimension. Der Ausbau des Platzes wurde systematisch geplant und in Angriff genommen. Aus den ersten Provisorien entstanden umfangreiche Anlagen und Organisationsformen, die schrittweise aufgrund der gesammelten Erfahrungen und Frontberichte vervollkommnet wurden.

Die Zahl der auf dem Flugplatz stationierten Soldaten und Offiziere stieg ständig. Zunächst belegte man die Warnemünder Hotels und Pensionen und errichtete dann auf dem Flugplatzgelände Kasernen und Baracken. Als erstes wurden

zwei Baracken im Dünenwäldchen östlich des Restaurants „Hohe Düne" errichtet, die aber nicht auf dem eigentlichen umzäunten Flugplatz, sondern nördlich der Strandbahn nach Markgrafenheide lagen. Die Kasernen und Offiziersunterkünfte entstanden ab 1915 an der Westseite des Platzes in der Nähe des Torgebäudes A. Für die Zeit der stärksten Belegung Ende 1918 gibt der Bericht der alliierten Kontrollkommission an, daß 1200 bis 1300 Mannschaften und etwa 60 Offiziere untergebracht werden konnten.

Als erster Hallenneubau im Krieg wurde im Sommer und Herbst 1915 rechts neben dem ehemaligen Marineschuppen die Halle IV von der Marine-Bauleitung Stolp (heute Słupsk) errichtet. Sie hatte eine Grundfläche von 72,5 × 26,0 m und war 16,1 m hoch. Auf der gesamten Länge waren zur Breitlingseite zehn Tore von je 7,25 m Breite angeordnet. Hinter der Halle befand sich ein Anbau mit Werkstätten, Büroräumen und Motorprüfständen. Der Bau schritt schnell voran, so daß die Bauzeichnungen erst nachträglich im Oktober 1915 beim städtischen Bauamt eingereicht werden konnten. Im November folgten die Pläne für die neuen Unterkunftsbauten am Torgebäude A, wo ein Offiziershaus, Kasernen, ein Decksoffiziershaus, Wirtschafts- und Krankengebäude entstanden.

Die alten Hallen benannte man jetzt ebenfalls um. Der ehemalige Industrieschuppen von 61 × 20 m Grundfläche erhielt die Bezeichnung Halle I. Es folgte weiter östlich die Halle II mit den Abmessungen 108 × 16 m, vorher der Gothaer Waggonfabrik gehörend. Weiter, als Halle III, der im Mai

Marinefliegerstützpunkt im ersten Weltkrieg

Dieses seltene Foto aus der Zeit um 1916 zeigt links vorn den Landflugplatz, rechts den Breitling und entlang des Bretterzauns an der Chaussee nach Markgrafenheide von links die Halle II, das Stabsgebäude des SVK, den Manoliturm, die Halle III und die erste neugebaute Halle IV.

Die Anfang 1918 errichteten Hallen VI (vorn) und V (dahinter) waren größer als die alten Vorkriegshallen und der Neubau von 1915 (Halle IV).

1914 zuerst fertig gewordene Marineschuppen von 41 × 21 m Fläche, flankiert vom Neubau Halle IV.

Neben den Flugzeughangars, in den Jahren 1916/17 wurden vier weitere errichtet, gingen auch andere Bauarbeiten zügig voran. Die Wege zwischen den Hallen und anderen Gebäuden wurden betoniert und an der Ostsee eine zweite hölzerne Ablaufbahn für das Zuwasserlassen der Flugzeuge errichtet. Weitere Baracken, Prüfstände und ein Verwaltungs- oder Stabsgebäude entstanden neben dem Eingang B.

Im März 1917 wurde die Entwässerungsanlage rekonstruiert und vergrößert. Bis zu diesem Zeitpunkt waren die Holzhalle (später Halle A genannt, Abmessungen 50 × 15 × 6 m), die Hallen I und II, das Verwaltungsgebäude und die Hallen III, IV und V fertig; weiterhin ein Seesteg, der

Diese etwa 1919 entstandene Aufnahme des Warnemünder Flugplatzes läßt deutlich die durch den Tormechanismus bedingte Form der im Vordergrund sichtbaren Hafenhalle I erkennen. Im Hintergrund liegen der Landflugplatz mit den Unterkunftsgebäuden am Tor A, ganz hinten der Ort Warnemünde und rechts die Hallen C, B, A und I.

Die beiden hölzernen Hafenhallen auf dem Breitling.

Die gegen Kriegsende gerade fertiggestellte Versuchshalle mußte auf Befehl der Siegermächte abgerissen werden.

mehr als 100 m in die Ostsee reichte, Kesselhäuser für die Heizung der Hallen und vier große Tankanlagen der Firma Martini & Hünicke mit 5000, 10000, 20000 und 30000 l Fassungsvermögen. Die hier erstmals genannte Halle V hatte eine Grundfläche von 120 × 40 m. Es folgten die Hallen B (83 × 20 × 5 m) und C (85 × 20 × 6 m). Letztere und die Halle VI, östlich neben der Ablaufbahn am Breitling liegend, konnten erst im Frühjahr 1918 fertiggestellt werden. Die Halle VI war eine Stahlträgerkonstruktion mit Ziegelfachwerkausfüllung und hatte die Abmessungen 87 × 27 × 7 m. Damit war praktisch kein aufgeschüttetes Baugelände mehr verfügbar.

Die Firma Carl Tuchscherer aus Breslau (heute Wrocław) errichtete deshalb ab Anfang 1918 eine sogenannte Hafenhalle. Das war ein Holzbau auf Pfählen, die in den Breitling gerammt waren. Als Besonderheit dieser im Wasser stehenden Halle galt das Tor von 27,5 m Breite, das es erlaubte, mit Hilfe eines um einen Punkt drehbaren hölzernen Floßes auch die neuen Großflugzeuge in den Innenraum zu bugsieren. Die Abmessungen des Gebäudes waren 70 m Länge, 42 m größte Breite und 12 m Höhe. Wegen des schwenkbaren Türfloßes war eine Hallendecke weggelassen worden, und die Wand verlief dort kreisförmig, dem Schwenkradius des Floßes entsprechend.

Die Heeresleitung und die Marinebehörden beschlossen im Sommer 1917 eine starke zahlenmäßige Aufstockung der Luftstreitkräfte. Dieser als „Amerikaprogramm" bekannte Rüstungsplan sollte dem Eintritt der USA in den Krieg Rechnung tragen.

Auch in Warnemünde war vorgesehen, die Anlagen zu erweitern. Zuerst plante man ab Sommer 1917 den Anschluß des Platzes an das Eisenbahnnetz mit Hilfe einer Fähre. Diese sollte am westlichen Warnowufer ein Anlegebecken erhalten. Der Baubeginn war auf April 1918 festgelegt. Statt dessen wurde beschlossen, die gesamte Flugplatzanlage beträchtlich in östlicher Richtung auszudehnen. Dazu beschlagnahmte die Marine das an die Gothaer Waggonfabrik und die Flugzeugbau Friedrichshafen GmbH verpachtete Gelände östlich des bisherigen Flugplatzes. Es wurde ab März 1918 durch Spülbagger ebenfalls erhöht. Auf dem neugewonnen Land baute man anschließend die sogenannte Riesenflugzeughalle VII und die Versuchshalle.

Dazu kam eine zweite Hafenhalle auf dem Breitling, die mit einer Torbreite von 50 m und den Außenmaßen von 148 × 60 × 15 m ebenfalls zur

Aufnahme der neuen Riesenflugzeuge (R-Flugzeuge) mit teilweise über 40 m Spannweite geeignet war. Der Bau dieser drei neuen Anlagen lief noch bei Kriegsende und konnte vor dem Waffenstillstand nicht vollständig abgeschlossen werden. Die große Halle VII, die mit 140 m Länge, 66 m Breite und einer Höhe von 18 m zum auffallendsten Bauwerk auf dem Platz wurde, hatte auf der Längsseite vier riesige Schiebetore auf Schienen. Eine Unterbringung von Luftschiffen war deshalb nicht möglich und auch nicht vorgesehen, da diese immer mit ihrer Spitze in die Frontseite der Halle geschoben werden mußten. Diese Bemerkung nur deshalb, weil die Größe der Halle oft dazu führt, sie als „Zeppelinhalle" zu bezeichnen. Eine Nutzung der Halle VII war erst möglich, als etwa zehn Jahre nach Baubeginn der Hallenboden und die Zufahrtwege betoniert wurden.

Bereits größtenteils in Betrieb befand sich bei Kriegsende jedoch die Versuchshalle. Dieses 55 × 30 × 12 m messende Bauwerk enthielt ein 8 × 10 m großes Wasserbecken zur Erprobung von Flugzeugschwimmern, dazu einen Deckenkran von etwa 5 t Tragfähigkeit. Weiterhin waren Einrichtungen zur statischen Belastungsprobe von Flugzeugrümpfen und -tragflächen vorhanden. In einem Anbau der Versuchshalle befanden sich weitere Laboratorien und Räume für die Erprobung von Bordgeräten. Ein Windkanal war noch im Bau, als der Krieg endete.

Zu den weiteren Bauten auf dem Platz gehörten eine Motorenwerkstatt mit 14 Prüfständen, mehrere Gebäude für Funk (FT)- Versuche, eine große Fotoabteilung und die Meteorologiestation im Stabsgebäude. Die Funkstation befand sich im Tor A, und die beiden Antennenmaste standen am Neuen Strom. Der vor Kriegsbeginn errichtete hölzerne Manoliturm war im Zuge der Verbreiterung der Zufahrtstraße zur Ostseeablaufbahn im April 1918 abgerissen worden.

2.3. Das Seeflugzeug-Versuchskommando Warnemünde

Bei Kriegsende hatte sich die Zahl der in Warnemünde stehenden Hallen von drei auf zwölf erhöht, dazu kamen die zahlreichen Gebäude und Anlagen für den Betrieb des Seeflugzeug-Versuchskommandos (SVK). Alle Einrichtungen und Ausrüstungen konnten erst während des Krieges entwickelt werden, da es Vorbilder praktisch nicht gab. Das nach dem Krieg herausgegebene Buch

„Die deutschen Luftstreitkräfte im Weltkrieg" charakterisiert dies folgendermaßen:
„Unsere ersten Kriegsflugzeuge waren alles anders als seefähig. Notlandungen bei Seegang führten meistens zum Bruch und zum Verlust von Flugzeugen und Besatzung ... Die Seeflugzeuge waren ... ohne praktische Erfahrung, lediglich auf Grund theoretischer Überlegungen entworfen worden und konnten von den Firmen ... nur auf Grund der Marineversuche verbessert werden ... Günstig für den Ausbau des Seeflugwesens war der ... Warnemünder Wettbewerb ... Aus diesen Anfängen entwickelte sich in Warnemünde das Seeflugzeug-Versuchskommando, das allmählich die Hauptarbeit in der Weiterentwicklung übernahm."

Trotz dieser anfänglichen Schwierigkeiten wurde der technische Stand der Seeflugzeuge den Anforderungen des Krieges angepaßt. Aus den unbewaffneten zweisitzigen Aufklärungsdoppeldeckern mit 74-kW-Motoren, die mit 90 km/h in etwa 1 000 m Flughöhe in vier Stunden einen Aktionsradius von 75 Seemeilen (137 km) hatten, entstanden zahlreiche Kategorien von leistungsfähigen Seeflugzeugen, die für verschiedene Einsatzzwecke ausgelegt waren.

Neben der reinen Flugzeugentwicklung waren die Leistung der Motoren zu erhöhen, eine den Aufgaben angepaßte Bewaffnung (mit Bordwaffen, Bomben, Minen und Torpedos), Funkanlagen, Navigationsgeräte, Luftbildgeräte und anderes zu entwerfen und zu bauen. Die entsprechenden Forderungskataloge, Versuchsmuster und Anregungen kamen von den in Warnemünde entstandenen Abteilungen. Weiterhin waren die zugehörigen Bedienungs- und Dienstvorschriften auszuarbeiten und dem Entwicklungsstand anzupassen.

Die Kommandostruktur in Warnemünde bildete sich ebenfalls erst nach und nach heraus. Als am 22. September 1915 die Marine den Flugplatz übernahm, wurde Korvettenkapitän Max Hering Kommandant der damals noch als Marine-Flug- und Versuchsstation bezeichneten Anlagen, die bald darauf als Seeflugzeug-Versuchskommando (SVK) firmierten.

Die Seeflugzeug-Abnahmekommission (SAK) wurde von Kapitänleutnant a. D. Walter Hormel von Kriegsbeginn bis zum September 1917 geleitet, der zeitweise auch als stellvertretender Flugplatzkommandant wirkte und ab September 1915 Referent beim SVK war. Die Gesamtleitung der Warnemünder Anlagen hatte Korvettenkapitän Hering inne, der der bei Kriegsbeginn geschaffenen Abteilung Lu (Luft) beim Waffendepartment des Reichs-Marine-Amts unterstellt war. Dieser von Kapitän zur See Starke geleiteten Abteilung unterstanden die gesamte Entwicklung, Beschaffung und Ausrüstung der Seeflugzeuge und Luftschiffe der Marine.

Die Gesamtzahl der von der deutschen Marine bis zum Waffenstillstand abgenommenen Seeflugzeuge wird mit 2 138 angegeben; davon wurden vor dem Krieg bereits 21 und während desselben 1 166 aus den Bestandslisten gestrichen. Zum besseren Verständnis der nachfolgenden Bemerkungen über die Entwicklung während des Krieges und der Arbeit des SVK, müssen die verschiedenen Bezeichnungen geklärt werden.

Alle Flugzeuge hatten eine vom Herstellerwerk gewählte Bezeichnung und eine Werknummer. Bereits während der Bestellung legte die Marine eine sogenannte Marinenummer fest. Diese wurde zuerst fortlaufend vergeben und unterschied zwischen Ein- und Doppeldeckern. Beispielsweise war die E 4 ein Eindecker Rumpler „Taube" auf Schwimmern und die D 15 ein Zweischwimmer-Doppeldecker der Firma Ago. Die Unterscheidung nach der Tragflächenzahl fiel noch vor dem Krieg weg, und die Flugzeuge erhielten fortlaufende Nummern.

Die Marinenummer wurde in großen schwarzen Ziffern auf beide Rumpfseiten gemalt. Ab November 1917 vergab man die Marinenummern wegen der besseren Übersichtlichkeit blockweise an die einzelnen Firmen, so daß der Hersteller aus der Nummer ersichtlich wurde. Diese Art der Vergabe begann ab Marinenummer 2201.

Ausrüstung und Verwendungszweck der Seeflugzeuge erfaßte ein weiteres marineseitiges Klassensystem. Dieses unterschied folgende Kategorien:

B.	Bombenflugzeug
B.FT.	Bombenflugzeug mit FT-Geber (Funksender)
HFT.	FT-Flugzeug mit Geber und Empfänger
C.	bewaffnetes zweisitziges Flugzeug mit einem MG
C.2MG.	bewaffnetes zweisitziges Flugzeug mit zwei MG
C.HFT.	bewaffnetes HFT-Flugzeug
E.	Einsitzer-Flugboot mit einem oder zwei starren MG
ED.	Einsitzer-Schwimmerflugzeug mit MG
T.	Torpedoflugzeug, auch zum Bomben- und Minenabwurf
G.	Großflugzeug, zweimotorig

R.   Riesenflugzeug, drei- und mehrmotorig
S.   Schuldoppeldecker
U.   Übungsflugzeug
V.   Versuchsflugzeug
Bu   U Boot Flugzeug

Dabei konnte die Einteilung der einzelnen Maschinen in die Klassen auch geändert werden, so beispielsweise, wenn ein vorheriges B- oder C-Flugzeug nach längerem Dienst frontuntauglich wurde und als Schulflugzeug weitere Verwendung fand. Im Juli 1916 erging der Befehl, alle zweimotorigen Flugzeuge ab 2×110 kW Motorenleistung als G-Flugzeug zu bezeichnen, da sie nicht nur zum Torpedoabwurf sondern auch als Bomber und Minenleger verwendet wurden. Die Bezeichnung Bu diente der Geheimhaltung des neuen Begriffs U-Boot-Flugzeug und wurde so im Juli 1918 befohlen.

2.4.   Die Tätigkeit des Seeflugzeug-Versuchskommandos

Seeflugzeugentwicklung während des Krieges

Aufklärungsflugzeuge

Hauptaufgabe der Seeflieger war die Aufklärung und erst in zweiter Linie der Angriff. Aus dieser Aufgabenstellung und den technischen Möglichkeiten resultierten die Anforderungen an das See-Aufklärungsflugzeug. Ende 1914 konnten durch Einführung der 88- und 110-kW-Motoren die Flugleistungen gesteigert werden, so daß die Flugdauer von vier auf sechs Stunden erhöht und etwa 20 kg Bomben zum Angriff auf entdeckte U-Boote mitgeführt werden konnten.

Ein wesentlicher Nachteil dieser frühen Aufklärer war das Fehlen einer Bordfunkanlage, da als Signalmittel nur eine Morse-Laterne, Winkflaggen und eine Signalpistole zur Verfügung standen. Mit diesen war der Beobachter erst bei Kontakt mit eigenen Flotteneinheiten oder Landstationen in der Lage, Nachrichten zu übermitteln. Der erste Auftrag zur Entwicklung eines Aufklärers mit Funkanlage ging im November 1914 an die Flugzeugbau Friedrichshafen GmbH. Die daraufhin entworfene Maschine der Klasse C.FT., Marinenummer 117, hatte die Werkbezeichnung FF 34. Ihr 177-kW-Motor Maybach Mb IV mit Druckschraube saß in einem kurzen Rumpf, während das Leitwerk von zwei Trägern gehalten wurde. Der Bau des Musters verzögerte sich jedoch, so daß das Flugzeug erst am 24. Januar 1916 beim SVK eintraf. Dort zeigte die Erprobung, daß diese Bauart ungeeignet war, und die Maschine wurde ein Vierteljahr später an das Werk zurückgeschickt, wo es in ein normales Rumpfflugzeug umgebaut wurde, das unter der neuen Typenbezeichnung FF 44, aber mit gleicher Marinenummer, am 4. Mai 1917 erneut nach Warnemünde kam. Doch auch in dieser Form wurde die

Das erste Versuchsmuster eines Seeaufklärers mit Funkgerät, die Friedrichshafen FF 34, während der kurzen Erprobung beim SVK im Frühjahr 1916.

Maschine abgelehnt und am 31. März 1918 aus den Marinelisten gestrichen.

Ebenso erfolglos blieb der zweite Versuch zur Schaffung eines Seeflugzeugs mit Funkgerät. Die Bestellung eines zweimotorigen Flugzeugs der Klasse C.B.FT. datiert vom Februar 1915, und am 2. Februar 1916 traf die Friedrichshafen FF 35, Marinenummer 300, in Warnemünde ein. Sie wurde am 24. Mai abgenommen, weitere Bestellungen des Typs gab es ebenfalls nicht.

Mitte 1915 kamen aber bereits einmotorige Maschinen mit 110- bis 118-kW-Motoren zur Auslieferung, die, mit Sendern ausgestattet, in Dienst gestellt wurden. Die Einführung von in Warnemünde getesteten Schwimmern mit Duralböden und später völlig aus diesem Material hergestellten sowie der Einbau eines beweglichen Maschinengewehrs im hintenliegenden Beobachtersitz brachte einen weiteren Anstieg der Leistungsfähigkeit.

Dabei besonders bewährt und deshalb mehrfach bestellt: der Typ Friedrichshafen FF 33E, dessen Musterflugzeug, Marinenummer 471, im April 1915 beim SVK angeliefert worden war. Die FF 33 blieb von 1915 bis 1918 in verschiedenen, den Einsatzzwecken angepaßten Varianten im Bau und diente auch als Vorlage für die erfolgreiche Weiterentwicklung FF 49C, die mit dem 147-kW-Motor Benz Bz IV in der Klasse C.HFT. im Jahre 1917 herauskam und den praktischen Abschluß der Entwicklung des einmotorigen Seeaufklärers darstellte. Die FF 33 war erstmals im Dezember 1914 bestellt worden (fünf Maschinen der Version FF 33a), diese Zahl stieg bis zum Juni 1918 auf 478 Exemplare der verschiedenen Versionen.

Nach dem Musterflugzeug der FF 33E mit der Marinenummer 471, das zur Klasse B.FT. gehörte, traf im Oktober 1915 die 510, ebenfalls eine FF 33E, beim SVK ein. Das war allerdings die erste Vertreterin der Klasse C. in der FF-33-Familie. Auch die Anforderungen der Klassen HFT., also Ausrüstung mit Funksende- und Empfangsanlagen, und C.HFT., mit zusätzlicher Bewaffnung, wurden von Varianten der FF 33 erfüllt. Die im Juni 1916 bestellten fünf Maschinen mit den Marinenummern 725 bis 729 trafen von Juni bis Oktober als HFT.-Flugzeuge ein. Erste Version der FF 33 mit Funkausrüstung und Bewaffnung war die FF 33L, deren Musterflugzeug 1004, am 13. Oktober 1916 bestellt, am 6. März 1917 in Warnemünde ankam und drei Wochen später abgenommen werden konnte.

Neben der Abwehrbewaffnung, die zuerst lediglich aus einem Karabiner oder einem automatischen Mehrladegewehr für den Beobachter bestand, bevor durch die stärkeren 110-kW-Motoren auch ein bewegliches Maschinengewehr mitgeführt werden konnte, arbeitete man in Warnemünde an der Entwicklung von Abwurfwaffen. Die ersten Abwurfversuche hatte die Marine bereits im Juli 1913 während der Kieler Flugwoche mit

Die Friedrichshafen FF 35 blieb ein Einzelstück. Hier aufgenommen am Breitling Anfang 1916.

Die Friedrichshafen FF 33E (Marinenummer 510) war die erste Vertreterin der bewaffneten Seeflugzeugklasse C. Hier liegt sie auf dem Breitling während der Erprobung beim SVK im Herbst 1915.

Landflugzeugen gegen das Zielschiff „Bayern" vorgenommen. Da man sich nur vom Reihenabwurf eine gewisse Trefferaussicht gegen Über- und Unterwasserschiffe versprach, wurden mindestens fünf 5-kg-Bomben mitgeführt. Die stärkeren 110-kW-Maschinen konnten sogar zehn Bomben mitführen, und mit weiter steigender Motorleistung ging man zu 10-kg-Bomben über.

Zum Auslösen des Wurfs stand eine Reihenabwurfvorrichtung zur Verfügung. Gezielt wurde mit dem Visierfernrohr für Geschoßabwurf, bevor im Juni 1916 das SVK das von der Herstellerfirma Carl Zeiss verbesserte Flugzeugzielrohr 1916 an die Flugstationen ausliefern konnte.

Da die Erfolgsaussichten beim Bombenangriff auf die Überwasserteile von Kriegsschiffen auch mit schweren Kalibern (man hatte 58-kg-Kugelbomben in Warnemünde erprobt) gering waren, ging man bald an die Entwicklung von Torpedoflugzeugen.

Torpedoflugzeuge

Versuche, Torpedos von Flugzeugen gegen Schiffe abzuwerfen, waren bereits vor dem Krieg in Italien, Großbritannien und in den USA relativ erfolglos ausgeführt worden. In Deutschland dachte man daran, als schnelle Lösung zunächst Landflugzeuge mit geteiltem Fahrgestell zur Mitnahme eines Marine-Bronze-Torpedos auszurüsten. Die Erprobung der beiden Mustermaschinen der Luftverkehrs-Gesellschaft und der Albatros-

Werke zeigte jedoch bald die Sinnlosigkeit dieser Versuche. Die Flugzeuge waren total überlastet und infolge ihrer dadurch zu geringen Reichweite und anderen gesunkenen Leistungsparameter nicht verwendungsfähig. Auch der Umbau eines Zweischwimmer-Doppeldeckers des Typs Albatros WDD brachte keinen Erfolg. Deshalb wurden Ende 1914 die Anforderungen an ein zu entwickelndes Torpedoflugzeug neu formuliert: zwei Mann Besatzung, ein etwa 700 kg schwerer Torpedo, drei bis vier Stunden Flugdauer und deshalb nur beschränkte Seefähigkeit.

Mit dem Einbau von zwei 110-kW-Motoren waren diese Forderungen annähernd zu erfüllen. Die Baufestigkeit mußte aber aus Massegründen auf das äußerste noch vertretbare Minimum beschränkt werden. Trotzdem blieben die Maschinen stark überlastet, und es gehörte eine lange Ausbildung und ein guter Flugzeugführer dazu, damit erfolgreiche Einsätze zu fliegen.

Entwicklungsaufträge gingen an die Firmen Albatros, Gothaer Waggonfabrik, Friedrichshafen und Hansa-Brandenburg. Als erstes Muster traf die Marinenummer 528 im Januar 1916 in Warnemünde ein. Sie war im September 1915 als Typ Hansa-Brandenburg GW bestellt worden. Die gleichzeitig in Auftrag gegebene Albatros W 3 kam erst am 1. Mai 1916 beim SVK an und wurde am 5. August abgenommen. Sie wurde in der verbesserten Ausführung als Typ W 5 bestellt, wovon fünf Stück vom Mai 1917 bis Januar 1918 geliefert

Ein Torpedobomber WD 14 der Gothaer Waggonfabrik während der Erprobung in Warnemünde. Im Durchgang zwischen den Hallen IV und V ist das Restaurant „Hohe Düne" sichtbar.

wurden (Marinenummern 845 bis 849). Anders die Brandenburg GW: Von dieser kamen nach der Erprobung des Prototyps 528 vom August 1916 bis November 1917 noch weitere 20 Maschinen zur Ablieferung (Marinenummern 620 bis 624, 646 bis 650, 700 bis 704 und 1080 bis 1084).

Die Bestellung der anderen Torpedoflugzeuge erfolgte erst etwas später. Dazu gehörten die Friedrichshafen FF 41A, deren Prototyp 678 am 19. Februar 1916 bestellt und am 30. August 1916 geliefert wurde. Weitere acht Serienmaschinen (Marinenummern 996 bis 1000 und 1208 bis 1210) trafen bis zum April 1917 in Warnemünde ein und gingen dann an die Flugstationen in Ost- und Nordsee. Noch erfolgreicher war die Gothaer Waggonfabrik mit ihren Mustern WD 11 und der stärkeren WD 14. Davon wurden insgesamt 17 bzw. sogar 66 bestellt. Bis September 1917 waren alle WD 11 geliefert, während die letzte Serie der WD 14 (Marinenummern 1946 bis 1970) bis Ende Juni 1918 noch nicht in Warnemünde eingetroffen war.

Nach der Aufstellung eines Torpedoversuchskommandos beim SVK, wurde 1916 in Flensburg ein Torpedoflugzeug-Sonderkommando unter Leitung von Kapitänleutnant Konrad Goltz eingerichtet. Dieser war vorher Kommandeur des Freiwilligen Marine-Flieger-Korps in Johannisthal gewesen und leitete später die Seeflieger in der Türkei, wo er Inspektor des türkischen Marine-Luftfahrtwesens war. Er wird uns später wiederbegegnen als Leiter der Warnemünder Seeflug GmbH.

Im Jahre 1916 kamen auch die ersten T-Staffeln an die Fronten in Kurland und Flandern. Wenn auch einige Handelsschiffe und ein russischer Zerstörer versenkt bzw. stark beschädigt werden konnten, standen die Erfolge in keinem Verhältnis zum Aufwand an Material und Ausbildungszeit. Deshalb wurden 1917 die Entwicklung der Torpedoflugzeuge eingestellt und die Staffeln aufgelöst. Die Erfahrungen beim Einsatz und Bau der

Maschinen fanden bei der Entwicklung von See-Fernaufklärern Berücksichtigung.

See-Fernaufklärer

Als im Jahre 1917 klar wurde, daß die bisher zur Fernaufklärung eingesetzten Luftschiffe durch die immer stärker gewordene britische Luftabwehr ihren Auftrag nicht mehr erfolgreich ausführen konnten, war es schwierig, in kurzer Zeit die nötigen Seeflugzeuge mit ausreichender Reichweite zu schaffen. Eine Behelfslösung bestand darin, daß man die nicht mehr benötigten Torpedoflugzeuge für den neuen Einsatzzweck modifizierte. Sie erhielten anstelle des Torpedos einen abwerfbaren Benzintank unter den Rumpf gehängt und Maschinengewehre als Abwehrbewaffnung. Zur Erhöhung der Seefestigkeit verstärkte man die Rumpfstruktur und das Schwimmergestell. So konnten Flugdauern von etwa acht Stunden bei durchschnittlich 125 km/h Marschgeschwindigkeit erzielt werden. Es zeigte sich jedoch bald, daß Seefähigkeit und Flugeigenschaften nicht ausreichend waren, weshalb auf diese Behelfslösung verzichtet wurde.

So kam es zur Entwicklung von mehrmotorigen Riesenflugzeugen mit einer Gesamtmotorenleistung von über 735 kW. Keine dieser Maschinen ist mehr zum regulären Fronteinsatz gekommen, doch die ersten Versuchsmuster wurden noch beim SVK erprobt.

Da die britischen Abwehrmaßnahmen die Luftschiffe in immer größere Höhen trieben und sie sich darum nicht mehr zur Aufklärung der feindlichen Schiffsbewegungen und Minenfelder eigneten, hatte der Befehlshaber der Marine-Luftstreitkräfte, Admiral Phillip, bereits am 26. Dezember 1916 die Entwicklung von Riesenflugzeugen gefordert. Priorität wies er dabei einem viermotorigen Aufklärungsflugzeug mit Abwehrbewaffnung und einer Flugdauer von zehn bis zwölf Stunden zu.

Ende 1916 konnte man bereits auf die Erfahrungen mit den ersten Riesenflugzeugen (R-Flugzeuge) des Heeres zurückgreifen, die ab Ende 1915 versuchsweise eingesetzt worden waren. Auch die Marine hatte das erste, vom Zeppelin-Konzern entwickelte R-Flugzeug V.G.O. I übernommen und als R.M.L. I an der Ostfront erprobt.

So ist es nicht verwunderlich, daß der erste Auftrag zur Entwicklung eines seegehenden R-Flugzeugs am 15. Februar 1917 ebenfalls dem Zeppelin-Konzern erteilt wurde, der in der Zwischenzeit eine Reihe erfolgreicher Maschinen dieser Größe in seiner Werft Staaken für die Heeresverwaltung gebaut hatte. Unter der Bezeichnung Staaken Typ L entstand eine Schwimmerversion der Staaken R VI, die die Marinenummer 1432 erhielt. Nach der Fertigstellung mit einem normalen Radfahrwerk im April wurde das Flugzeug nach Potsdam geflogen und erhielt dort seine beiden Schwimmer.

Nach Abschluß der Werkerprobung, zu der auch eine offizielle Vorführung am 8. September gehörte, sollte das Flugzeug am 12. November 1917 nach Warnemünde überflogen werden. Ab Neuruppin zwang das Wetter dazu, über den Wolken weiterzufliegen. An der Küste wasserte man dann auf dem Saaler Bodden bei Ribnitz, wobei das Flugzeug auf das Ufer lief. Wieder flottgemacht, wurde die Maschine am 14. November nach Warnemünde geflogen und dort einer gründlichen Erprobung unterzogen, um Beurteilungsgrundlagen für diese neue Kategorie von Seeflugzeugen zu erhalten.

Äußerlich unterschied sich die Staaken L nur wenig von der R VI. Die Tragflächen waren etwas vergrößert und leicht gepfeilt und die Ruder aerodynamisch ausgeglichen und verbreitert worden, um dem durch den Luftwiderstand der Schwimmer erzeugten Drehmoment entgegenzuwirken. Die aus Duraluminium gebauten Schwimmer waren in mehrere Sektionen unterteilt und mit Stahlstreben unter der Fläche befestigt. Der gesamte Treibstoffvorrat von 3785 l befand sich in 14 Rumpftanks, die den Platz der sonst mitgeführten Bomben einnahmen, in zwei 150-l-Behältern in den Motorgondeln und in einem 155-l-Falltank in der oberen Tragfläche. Das reichte für zehn Stunden Flugdauer. Während der Probeflüge konnte diese noch dadurch gesteigert werden, daß man nach Verbrauchen einer bestimmten Menge Treibstoff nur noch mit drei Triebwerken weiterflog. Gründlich wurde die eingebaute Funkanlage erprobt, die speziell für die Marine entwickelt wor-

den war. Sie wurde durch einen vom Luftstrom getriebenen Generator gespeist, während das Heer motorgetriebene Generatoren in seinen R-Flugzeugen einsetzte. Im Verlauf eines solchen Funkversuchsflugs stürzte die 1432 dann am 3. Juni 1918 wegen Triebwerkversagens über Land ab, wobei die Besatzung den Tod fand.

Untergebracht war die Staaken L in der neuen Hafenhalle I auf dem Breitling. Da die Spannweite von 42,2 m ein frontales Einbringen durch das 27,5 m breite Tor nicht erlaubte, war eine spezielle Technik entwickelt worden, die es gestattete, das Flugzeug seitlich in die Halle zu bugsieren. Der linke Schwimmer der Maschine wurde dazu auf dem Torfloß befestigt und das Flugzeug und das links angeschlagene Floß in die Halle geschwenkt, wobei es eine Drehung um 180° ausführte. Die Dachkonstruktion der hölzernen Halle hatte eine Tragfähigkeit von 12 t, so daß die leer 8,4 t wiegende Staaken L zur Untersuchung der Schwimmer angehoben werden konnte. Die ab 1918 im Bau befindliche Hafenhalle II war sogar für vier dieser Riesenflugzeuge ausgelegt.

Unter Berücksichtigung der während der Erprobung der Staaken L gewonnenen Erkenntnisse gab die Marine vor Kriegsende noch weitere sieben verbesserte Flugzeuge dieser Bauart in Auftrag. Sie sollten je vier Daimler-Motoren mit je 191 kW erhalten und bekamen die Marinenummern 8301 und 8302 (Bestellung im Dezember 1917) und 8303 (Januar 1918) oder vier Benz-Motoren mit je 368 kW (Marinenummer 8307, bestellt im Februar 1918). Wie der Staakener Chefkonstrukteur Prof. Alexander Baumann im Januar 1918 an seinen Bruder schrieb, hatte man bei der Marine zuerst sogar an eine Maschine mit 4413 kW Gesamtleistung gedacht, die dann aber wegen der nicht vorhandenen Triebwerke mit ausreichender Leistung zuerst auf 2942 und dann auf 1471 kW reduziert werden mußte. Nach Warnemünde gelangten nur die beiden Maschinen 8301 und 8302, die im Herbst 1918 eintrafen und auch noch geflogen werden konnten. Zu einer Abnahme der Maschinen vor dem Waffenstillstand kam es aber nicht mehr.

Wesentlich zukunftsweisender als die Staakener Riesenseeflugzeuge waren die in Lindau am Bodensee ebenfalls im Zeppelin-Konzern unter Leitung von Dipl.-Ing. Claude Dornier entwickelten Ganzmetallflugboote, deren erster Vertreter sogar noch vor der Staaken L in Warnemünde sein Debüt geben sollte. Die Arbeiten waren bereits im Januar 1914 auf Initiative des Grafen Zeppelin aufgenommen worden. Im August 1914 begann die Entwicklung des großen, Rs I genannten Flugbootes ohne staatlichen Auftrag und damit ohne Marinenummer. Am 12. Oktober 1915 fanden die ersten Schwimmversuche auf dem Bodensee statt. Die mit drei Maybach-Motoren HS (176 kW) ausgerüstete Maschine war damals mit ihren 43,5 m Spannweite das größte Flugzeug der Welt. Noch vor dem ersten Flug wurde es jedoch am 21. Dezember durch einen Föhnsturm völlig zerstört. Doch das zweite Flugboot, die Rs II, war bereits in Arbeit und konnte am 30. Juni 1916 seinen Jungfernflug ausführen. Nach einer Reihe von Versuchsflügen und einem Unfall wurden die ursprünglich drei im Rumpf liegenden Motoren durch vier Maybach-Triebwerke Mb IVa (180 kW) ersetzt, die oberhalb des Rumpfes, je zwei tandemartig hintereinander, angeordnet waren. Dazu kamen Veränderungen am Leitwerk und dessen Trägergerüst, so daß der von Juli bis 5. November 1916 laufende Umbau ein praktisch neues Flugzeug ergab, da auch die Form des Bootsrumpfes geändert worden war.

Am 11. und 13. November 1916 flog dann der Marine-Testpilot Leutnant zur See Tille vom SVK Warnemünde das neue Flugboot. In seinem Bericht bescheinigte er der Rs II durchaus befriedigende Flugeigenschaften.

Die Rs II wurde im Jahre 1917 zahlreichen Erprobungen unterworfen, die zum Teil vom SVK Warnemünde ausgingen. Im Ergebnis wurde am 25. April 1917 ein drittes Flugboot bestellt, das die Marinenummer 1431 zugewiesen bekam. Die vorher gebaute Rs II erhielt nachträglich die Nummer 1433. Im August 1917 sollte Rs II entlang des Rheins zur Seeflugstation Norderney und dann zum SVK Warnemünde geflogen werden. Der vorher angesetzte Sechsstunden-Probeflug endete aber mit einer Katastrophe, bei der durch einen Propellerbruch das Flugboot schweren Schaden erlitt. Danach wurde die Maschine verschrottet, wobei jedoch einige Einzelbauteile einer Bruchprobe unterzogen wurden, um Grundlagen für Konstruktion und Berechnung des dritten Bootes zu erhalten. Die Rs III war dann das erste Ganzmetallflugboote Dorniers, das in Warnemünde beim Seeflugzeug-Versuchskommando getestet werden und dann auch noch eine kurze Einsatzerprobung absolvieren konnte.

Konstruktion und Bau der Rs III verliefen in sieben Monaten sehr zügig, so daß am 31. Oktober 1917 die ersten Schwimmversuche auf dem Bodensee stattfanden. Nach dem Einfliegen und einer Reihe

relativ problemlos verlaufener Probeflüge, an denen auch die SVK-Piloten Weiss und Hammer teilnahmen, flog die Rs III schon am 19. Februar 1918 nach Norderney. Der Überführungsflug dauerte exakt sieben Stunden und verlief ohne größere Schwierigkeiten. Es folgten vier Monate Erprobung, bevor die 1431 von der Marine übernommen wurde.

See-Kampfflugzeuge

See-Kampfflugzeuge, heute würden wir See-Jagdflugzeuge sagen, waren eine weitere wichtige Kategorie von Marineflugzeugen, die ebenso wie alle anderen Arten, außer den Aufklärern, erst während des Krieges entstand. Mit ihrer Schaffung reagierte man auf die immer spürbarer werdende gegnerische Abwehr gegen die in Flandern, Kurland und in der Ägäis operierenden deutschen Seeaufklärer und zunehmende Angriffe auf deren Ausgangsbasen. Zunächst wurden kurzfristig See-Kampfeinsitzer, ähnlich den Jagdflugzeugen des Heeres, entwickelt. Dazu gab man Mitte 1916 zwei verschiedene Bauarten in Auftrag. Hansa-Brandenburg, Rumpler, Albatros und andere Firmen schufen Zweischwimmer-Doppeldecker, und aufbauend auf den österreichischen Erfahrungen entwarf der Chefkonstrukteur der Hansa- und Brandenburgischen Flugzeugwerke, Ernst Heinkel, auch eine Reihe von kleinen Jagdflugbooten, die allerdings bei der deutschen Marine, wie Flugboote überhaupt, nur wenig Verbreitung fanden. Schon 1915 war in Warnemünde ein Vorläufer der späteren Jagdflugboote erprobt worden, und er erwies sich als das seinerzeit schnellste Flugzeug der Marine. Diese als Hansa-Brandenburg AE bezeichnete Maschine war eigentlich eine Konstruktion der Wiener Firma Jacob Lohner & Co, die bereits am 17. August 1914 das erste Boot des Typs L an die österreichischen Seeflieger geliefert hatte. Aus diesem Doppeldecker-Flugboot für Aufklärungs- und Bombenflüge wurden dann später durch Verringerung der Spannweite und höhere Motorenleistung Seejäger abgeleitet.

Die Deutsche Aeronautische Gesellschaft bestellte eine Maschine des Typs L. Sie wurde am 17. Februar 1915 geliefert und am 25. April 1915 mit der Marinenummer 116 unter der Bezeichnung Hansa-Brandenburg AE vom SVK Warnemünde übernommen. Das Flugboot ging zu Bruch, als es am 21. Mai 1915 aus etwa 100 m Höhe über Land in der Nähe Warnemündes abstürzte. Die Besatzung blieb dabei unverletzt.

Die Hansa-Brandenburg AE (Marinenummer 116) war während ihrer Flüge in Warnemünde im Frühjahr 1915 das schnellste Flugzeug der deutschen Marine.

Über die Lieferung des ersten eigentlichen Jagdflugbootes Hansa-Brandenburg an die deutsche Marine gibt es widersprüchliche Angaben. Dieser von Heinkel konstruierte Typ CC, benannt nach den Anfangsbuchstaben des Namens des Werksbesitzers Camillo Castiglioni, wurde an die österreichischen und an die deutschen Seefliegerkräfte geliefert. Der deutsche Prototyp erhielt die Marinenummer 946 und ist nach dem geheimen „Atlas deutscher und ausländischer Seeflugzeuge", den das SVK im Jahre 1917 herausgab, am 25. September 1916 bestellt, am 6. November 1916 geliefert und am 14. Dezember 1916 abgenommen worden. Aus den an die Ausgabe 1918 dieses Werks angehängten „Statistischen Blättern über Bestellung und Ablieferung aller Seeflugzeuge in der Zeit vom 1. April 1914 bis 1. Juli 1918" sind allerdings als Bestell- und Liefermonat der 946 der Mai 1916 bzw. Februar 1917 zu entnehmen. Letztere Angaben scheinen aber zweifelhaft, da die mit der offiziellen Auftragserteilung vergebene Marinenummer 946 höher liegt, als die der anderen Prototypen der See-Kampfeinsitzer, die am 8. Juni 1916 erteilt wurden. Das waren sämtlich Zweischwimmer-Doppeldecker (Klasse E.D.): Albatros W 4 (Marinenummer 747), Hansa-Brandenburg KDW (748), Friedrichshafen FF 43 (749), Luftfahrzeug-Gesellschaft (LFG) W (750) und Rumpler 6B1 (751).

Nachdem von britischer Seite Landflugzeuge über dem Kanalgebiet eingesetzt wurden, waren ihnen die deutschen See-Kampfeinsitzer durch ihre Schwimmer in der Geschwindigkeit unterlegen. Ihre Aufgaben im Küstenvorfeld wurden von neu aufgestellten Marine-Jagdstaffeln übernommen, die mit landstartenden Jagdflugzeugen flogen.

Die Seeflieger an der flandrischen Küste forderten ein doppelsitziges See-Kampfflugzeug, das durch das Maschinengewehr des Beobachters über eine Verteidigungsmöglichkeit gegen Angriffe von hinten verfügen sollte. Die erste und zügigste Lösung bestand in der Schaffung einer schnellen, leistungsstärkeren Version des bewährten Seeaufklärers FF 33 vom Flugzeugbau Friedrichshafen. Dazu wurde die Spannweite der Normalausführung reduziert, und es gab nur noch zwei statt der üblichen drei Flügelstiele auf jeder Seite.

Das erste Versuchsmuster dieser Art war die FF 33E (Marinenummer 510). Sie hatte einen Benz-Motor (110 kW) und erhielt die Klassenbezeichnung C. Ende August 1915 bestellt, kam sie schon zwei Monate später nach Warnemünde zur Erprobung. Im gleichen Monat (Oktober 1915) bestellte man fünf weitere Maschinen dieser Art, die als FF 33F bezeichnet und mit den Marinenummern 534 bis 538 vom Dezember 1915 bis Februar 1916 ausgeliefert wurden.

Hauptvertreter der Zweisitzervarianten der FF 33 stellten die Versionen H und L dar, die in 45 bzw.

Marinenummer 932, der Prototyp des See-Kampfzweisitzers Friedrichshafen FF 33L, nach der Übergabe an das SVK im Dezember 1916. Dieses Flugzeug wurde auch als FF 33K bezeichnet.

sogar 135 Exemplaren bestellt und abgenommen wurden. Prototyp der FF 33H war die Marinenummer 596, die im März 1916 beim SVK eintraf. Die letzte der 45 Maschinen (Marinenummer 821) wurde bereits im Oktober des gleichen Jahres angeliefert.

Die Bestellung der ersten zehn FF 33L (Marinenummern 932 bis 941) ging am 2. September 1916 an den Hersteller, der noch am 21. Dezember die 932 in Warnemünde übergab. Dieses Flugzeug, das am 13. Januar 1917 in die Marine-Bestandslisten aufgenommen wurde, wird an einer Stelle auch als einzige FF 33K bezeichnet. Wodurch sie sich von den folgenden 134 FF 33L unterschied, war bisher nicht feststellbar. Im September 1917 wurden die letzten 13 FF 33L der SAK übergeben. Die FF 48, eine Weiterentwicklung der FF 33H, die anstelle des Benz-Motors Bz III (110 kW) mit dem stärkeren Maybach-Triebwerk Mb IV (176 kW) ausgerüstet war, wurde nur in drei Exemplaren abgenommen (Marinenummern 1472 bis 1474). Statt dessen ging die am gleichen Tage (2. April 1917) bestellte Hansa-Brandenburg W 19 in den Serienbau.

Die See-Kampfdoppelsitzer der Hansa- und Brandenburgischen Flugzeugwerke wurden durch ihre Einsatzerfolge, insbesondere an der flandrischen Küste, damals sehr bekannt und blieben in ihrer letzten Entwicklungsform als Tiefdecker noch lange Jahre nach dem ersten Weltkrieg in mehreren Staaten im Einsatz oder wurden dort nachgebaut. Sie stellten auch die Vorläufer der später von Ernst Heinkel im eigenen Werk in Warnemünde gebauten See-Tiefdecker dar.

Anfangsglied der Entwicklung war die W 12, ein Zweischwimmer-Doppeldecker mit glattem Sperrholzrumpf, der hinten in einer Schneide auslief, an der das Seitenruder befestigt war. Eine Seitenflosse im üblichen Sinne gab es nicht. Die ebenfalls aus Holz gebauten Tragflächen hatten ein relativ dickes Profil und genügende Festigkeit, so daß die sonst übliche Verspannung zwischen den Flächen weggelassen werden konnte. So erreichte die zweisitzige Maschine mit nur 110 kW Motorleistung fast 160 km/h Geschwindigkeit und trug eine Bewaffnung von zwei oder drei Maschinengewehren.

Der Entwicklungsauftrag über sechs Maschinen (Marinenummern 1011 bis 1016) der Klasse C.2MG. erging am 15. Oktober 1916. Als erstes Flugzeug traf die 1014 am 20. Februar des Folgejahres beim SVK ein. Wegen der zugefrorenen Gewässer um Brandenburg war keine vorherige Werkerprobung möglich gewesen.

Beim ersten Flug, den der SVK-Testpilot Stagge ausführte, zeigte sich, daß die neue Maschine schwanzlastig und nur mit Mühe in der Luft zu halten war. Der im Beobachtersitz mitfliegende Technische Assistent Heinkels, Josef Köhler, hatte alle Mühe, den Piloten zum Weiterfliegen zu bewegen. Nachdem dem Kontrolloffizier für Typenmaschinen, Oberleutnant v. Dewitz, ein Probeflug noch am gleichen Tag ausgeredet werden konnte, gelang es Köhler und den mit angereisten Werk-

Ein Hansa-Brandenburg See-Kampfdoppeldecker W 12 (Marinenummer 2001) während der Erprobung in Warnemünde.

Die aus der W 12 abgeleitete Hansa-Brandenburg W 29 war das erfolgreichste See-Kampfflugzeug der letzten Kriegsjahre.

monteuren in der Nacht, die obere Tragfläche um einige Zentimeter nach hinten zu versetzen und den Spannturm und die Flügelverstrebung entsprechend zu ändern. Diese „Nacht- und Nebelaktion" war so erfolgreich, daß die Maschine schon drei Tage später, am 23. Februar 1917, ihren Abnahmeflug absolvieren konnte.

Die W 12 wurde dann das erfolgreichste deutsche Seeflugzeug seiner Zeit, von dem bis zum Juni 1918 insgesamt 136 Maschinen bei der SAK eintrafen. Dazu kam dann noch die vergrößerte, zweistielige W 19 mit dem Maybach-Triebwerk Mb IV (176 kW). Sie gehörte zur Kategorie C.3MG. Ausnahmen bildeten die Maschinen mit den Marine-

nummern 1469 bis 1471, die nur ein starres Maschinengewehr hatten, und die 2237, die im Heckstand mit einer 20-mm-Becker-Maschinenkanone ausgerüstet war. Von den insgesamt bestellten 55 Maschinen wurden 53 vom November 1917 bis Mai 1918 an das SVK abgeliefert.

Weitere Versuche zur aerodynamischen und damit leistungsmäßigen Verbesserung der W 12 stellten die Typen W 27 und W 32 dar, die sich vom Ausgangsmuster hauptsächlich durch den Ersatz der normalen Flächenstielpaare durch profilförmig verkleidete I-Streben und stärkere Flügelstaffelung unterschieden. Auch die Spanntürme auf dem Rumpf waren als I-Stiele ausge-

Ende 1918 trafen die drei Ganzmetall-Tiefdecker Junkers J 11 in Warnemünde ein.

führt. Dazu kamen stärkere Triebwerke. Die W 27 und W 32 kamen nicht mehr zum Kampfeinsatz, sondern dienten Schul- und Erprobungszwecken, da ihnen der in der Zwischenzeit von Ernst Heinkel entwickelte Eindecker W 29 überlegen war.

Die ersten Flüge des neuen Musters auf dem Plauer See bei Brandenburg ergaben hervorragende Leistungsdaten. Die Marinenummer 2204 traf am 4. April 1918 in Warnemünde ein und konnte bereits am folgenden Tag abgenommen werden. Die Angaben über die Anzahl der gebauten W 29 sind in der Literatur widersprüchlich. Oft ist es nicht mehr nachweisbar, ob ein bestimmtes Baulos noch ausgeliefert wurde oder nicht. Auch wurden vergebene Marinenummern von Weiterentwicklungen übernommen. Dazu gehörten vor allem die etwas größeren und verstärkten Ausführungen W 33, W 34 und W 37, die teils noch gebaut und an die Marine geliefert, teils nach dem Waffenstillstand ins Ausland verschoben wurden oder nur Entwürfe blieben. Wahrscheinlich sind noch über 100 W 29 und mindestens die ersten drei W 33 (Marinenummern 2538 bis 2540), deren Auftragserteilung im April 1918 erfolgte, gebaut worden.

Ebenfalls noch 1918 trafen in Warnemünde die ersten Versuchsmuster einer neuen Generation von See-Kampfdoppelsitzern zur Erprobung beim SVK in Warnemünde ein. Es waren die Junkers CLS.I (Werkbezeichnung J 11) und die Zeppelin-Lindau (Dornier) CS.I. In ihrer Auslegung folgten beide Muster dem Vorbild der Hansa-Brandenburg W 29; neu war die Ganzmetallbauweise. Von beiden Maschinen wurden je drei Stücke bestellt und gebaut. Die Erprobung konnte jedoch nicht mehr abgeschlossen werden, auch zu einem Einsatz

kam es trotz erfolgversprechender Leistungen nicht mehr.

Das im Dezember 1917 bestellte Junkers-Muster (Marinenummern 7501 bis 7503) stellte eine Schwimmerausführung der Junkers J 10 (CL I) dar. Der SVK-Flugzeugführer Oberflugmeister Richard Thiedemann, der später Werkpilot und Direktor bei Junkers in Dessau wurde, stellte der J 11, nachdem er sie im Oktober 1918 in Warnemünde geflogen hatte, ein hervorragendes Zeugnis aus.

Jagdflugboote als Weiterentwicklung des Typs CC waren die Hansa-Brandenburg W 18 und W 23. Die W 18 war für Österreich-Ungarn entwickelt worden, und die Phönix-Flugzeugwerke AG in Wien-Stadlau, ein ebenfalls Castiglioni gehörendes Unternehmen, übernahm den Serienbau. Insgesamt 47 Stück erhielt die k.u.k.-Marine. Eine Maschine mit einem Benz-Motor Bz III (110 kW) anstelle des sonst eingebauten Hieronymus-Triebwerks (147 kW) übernahm im Dezember 1917 das SVK zur Erprobung. Die Marinenummer war 2138. Von der W 23, die sich hauptsächlich durch eine gepfeilte untere Tragfläche vom Vorläufer CC unterschied, waren im Juni 1917 drei Stück bestellt worden (Marinenummern 1647 bis 1649), die im Dezember 1917 und Januar 1918 abgenommen wurden. Sie hatten als Besonderheit für einsitzige Flugzeuge eine 20-mm-Becker-Maschinenkanone und ein Maschinengewehr als Bewaffnung.

Weitere Einzelstücke lieferte die Berliner Firma Sablatnig mit den zweisitzigen Seejägern SF 3 und SF 7. Davon wurden ein (Marinenummer 619) bzw. drei Exemplare (1475 bis 1477) gebaut. Dieser Hersteller lieferte auch zwei Prototypen der SF 4, einmal als Doppeldecker (Marinenum-

29

mer 900) und dann als Dreidecker (901). Das waren einsitzige Muster mit dem Benz-Motor Bz III. Wenig ist über den See-Jagdeinsitzer bekannt, der in Berlin-Johannisthal von der während des Krieges gegründeten Lufttorpedo-Gesellschaft (LTG) gebaut wurde. Am 8. Februar 1917 erhielt dieser Betrieb den Auftrag, drei Maschinen der Klasse C.2MG. mit Benz-Motor Bz III (110 kW) zu bauen (Marinenummern 1299 bis 1301). Im Mai wurde der Auftrag auf sechs Flugzeuge erweitert (1518 bis 1520). Als Musterflugzeug beim SVK diente die 1518, die, am 4. März 1918 eingetroffen, vier Tage später ihren Abnahmeflug absolvierte. Als Werkbezeichnung des Musters wurden sowohl FD 1 als auch 5D1 genannt. Weiter ist bekannt, daß die erste Maschine dieses Typs bereits im Mai 1917 in Warnemünde eintraf.

Neben diesen bisher behandelten Hauptarten von Seeflugzeugen entstanden während des ersten Weltkrieges noch die sogenannten Bordflugzeuge, die von Schiffen getragen, weit außerhalb ihrer normalen Reichweite operieren konnten.

Bordflugzeuge

Schon vor dem Krieg hatte die Marine für ihre Flugzeuge die Möglichkeit des Heißens gefordert, so auch in der Ausschreibung für den Ostseeflug 1914. Alle, auch die zwei- und mehrmotorigen Maschinen, mußten eine aus drei Heißstropps bestehende Aufhängevorrichtung besitzen, um sie mit Hilfe eines Kranes auf See aussetzen bzw. an Bord nehmen zu können.

Zur Vergrößerung der Reichweite von Seeflugzeugen wurde bereits Anfang 1915 von Zeebrügge aus der Versuch unternommen, ein Flugzeug, achtern quer auf ein U-Boot gestellt, weiter in Richtung England zu befördern. Ähnliche Versuche gab es ebenfalls noch 1915 in der Ostsee, als Torpedoboote je ein Seeflugzeug an Bord nahmen, das dann in Entfernungen bis zu 500 Seemeilen von der Heimatstation entfernt operieren konnte. Noch im gleichen Jahr begann auch der Umbau der ehemaligen Handelsschiffe „Santa Elena" und „Answald" zu Flugzeugmutterschiffen, die alle zum Betrieb der Maschinen notwenigen Einrichtungen, u. a. an Deck aufgestellte Hallen für vier Flugzeuge, erhielten.

Sehr bekannt wurde damals auch das an Bord des Hilfskreuzers „Wolf" mitgeführte Flugzeug „Wölfchen", eine Friedrichshafen FF 33E (Marinenummer 841). Speziell für die Ausrüstung solcher Kaperschiffffe, die weit entfernt von der Küste gegne-

rische Handelsschiffe aufbrachten, entwickelte man daraufhin beim Flugzeugbau Friedrichshafen den Typ FF 64. Er war mit einem Funkgerät ausgerüstet, und die Tragflächen konnten zur leichteren Unterbringung an Bord zurückgeklappt werden. Im März 1918 wurden drei Maschinen (3061 bis 3063) bestellt, und im Oktober war das Muster einsatzbereit, kam aber wegen des Kriegsendes nicht mehr an die Front.

Als spezielle Bordflugzeugkategorie entstanden dann noch die U-Boot-Flugzeuge, die aus Gründen der Geheimhaltung die Abkürzung Bu erhielten. In einem auf dem Boot angebrachten Druckbehälter mit 6 m langem Innenraum von 1,9 m Durchmesser sollte das zusammengeklappte Flugzeug untergebracht werden.

Am 30. April 1917 erhielten die Hansa- und Brandenburgischen Flugzeugwerke einen Entwicklungsauftrag für drei Maschinen (1551 bis 1553). Dort wurde daraufhin ein kleines einsitziges Flugboot mit Oberursel-Umlaufmotor (59 kW) entworfen, das in etwa zwei Minuten zerlegt und in etwa gleicher Zeit auch wieder aufgebaut werden konnte. Die 1552 kam am 9. März 1918 in Warnemünde an und wurde acht Tage später abgenommen. Die drei Flugzeuge hatten unterschiedliche Tragwerke, da sich die ursprüngliche Befestigung des Oberflügels als nicht stabil genug erwies. Zu einem Einsatz oder Reihenbau dieses Typs W 20 kam es nicht.

Auch ein bei der Werft Stralsund der Luft-Fahrzeug-Gesellschaft (LFG) von Gotthold Baatz entwickeltes U-Boot-Flugzeug in Ganzmetallbauweise, die V 19 mit Oberursel-Motor (81 kW), war erst gegen Kriegsende fertiggestellt. Es mußte aufgrund der Waffenstillstandsbedingungen zerstört werden.

Andere Arbeitsgebiete des SVK

Die Prüfung neuer Flugzeuge, Waffen und Ausrüstungen und die Aufstellung entsprechender Forderungen für Neuentwicklungen und Auftragserteilung stellten die Hauptaufgaben des SVK dar. Im Januar 1917 wurde für die Erprobung der ersten Typenflugzeuge neubestellter Muster, aufgrund derer dann die Nachbestellung späterer Serien oder etwaige Änderungen beschlossen wurden, vorgesehen, in jedem Einzelfall eine Typen-Flugzeugabnahmekommission zusammenzustellen. Dieser sollten Vertreter des Reichs-Marine-Amtes (RMA), des Befehlshabers der Marine-Fliegerkräfte (FdL), der Seeflugzeug-Abnahmekom-

Dieser erbeutete britische Sopwith-Seedoppeldecker wurde im September 1916 in Warnemünde erprobt.

mission (SAK) sowie mehrere Frontflieger und Beobachter angehören.

In Warnemünde fanden auch Ausbildungslehrgänge für Beobachter, Lichtbildpersonal und Funker statt. So veranstaltete Prof. Miethe von der TH Berlin Mitte Mai 1917 einen fünftägigen Kursus beim SVK über das Luftbildwesen.

Der FdL befahl am 29. September 1916, daß die Flugstationen und Luftschifftrupps ihr gesamtes verarbeitetes Film- und Plattenmaterial ab 15. Oktober mit den zugehörigen Angaben an das SVK zu senden haben. Dort wurde ein Archiv eingerichtet, das sämtliches Material sammeln und sichten und später die benötigten Abzüge für die beteiligten Dienststellen liefern sollte. Die an der Front erbeuteten gegnerischen Seeflugzeuge waren ebenfalls an das SVK zur Untersuchung und gegebenenfalls Erprobung zu senden.

Reparatur, Überholung und Ersatzteilbeschaffung für Bordgeräte, Kameras, Funkgeräte und andere Ausrüstungsgegenstände wurden von entsprechenden Abteilungen in Warnemünde ausgeführt. Spezielle Abteilungen des SVK befaßten sich mit der Weiterentwicklung und dem Einbau von Bomben, Abwurfvorrichtungen und Maschinenwaffen in Seeflugzeugen. Im April/Mai 1917 erprobte man beispielsweise Tauchzünder der Firma Erich & Grätz für Bomben zum Einsatz gegen U-Boote. In Warnemünde war im Mai 1917 eine 3,7-cm-Kanone der Deutschen Waffen- und Munitionsfabrik eingetroffen, die in der zweimotorigen Gotha WD 7 (Marinenummer 676) auf einer beweglichen

Lafette eingebaut und erprobt wurde. Sie wurde im September von der Marine abgelehnt. Zur gleichen Zeit untersuchte man auch den starren Einbau einer 2-cm-Becker-Flugzeugkanone im Oertz-Flugboot und eine elektrische Maschinengewehrsteuerung anstelle des üblichen mechanischen Schußunterbrechers in der Albatros W 4 (Marinenummer 965). Die Versuche mit der starr eingebauten 2-cm-Kanone wurden im August abgeschlossen und für Einsitzer als unbrauchbar abgelehnt. Auch die elektrische Steuerung war in der vorliegenden Ausführung nicht einsatzfähig.

Ebenso wie die Flugzeugkanone, die man als wirkungsvolle Waffe gegen leichte Überwasserstreitkräfte und U-Boote ansah, förderte die Marine die Entwicklung anderer Maschinenwaffen. So war der Referent der Waffenabteilung des SVK im April 1917 bei der Firma Bosch in Stuttgart, wo ein Motorgewehr des Konstrukteurs Dr. Stein vorgeführt wurde, das eine maximale Feuergeschwindigkeit von 700 Schuß/Minute erreichte.

Im Februar 1918 untersuchte man erstmals den beweglichen Einbau der 2-cm-Becker-Kanone im Erprobungsträger Gotha WD 7, wie vorher die 3,7-cm-Kanone. Im April 1918 konnte das Anschießen der ersten mit einer 2-cm-Kanone im Beobachterstand ausgerüsteten Hansa-Brandenburg W 19 (Marinenummer 2237) in Warnemünde vorgenommen werden.

Im Juni 1918 beendete die Waffenabteilung die Erprobung einer selbst gebauten Abwurfvorrichtung für zwölf 50-kg-Bomben für ehemalige Torpedoflugzeuge. Die an der Front nur wenig genutzte Möglichkeit, eine 600-kg-Ankertau-Mine unter einem Torpedoflugzeug mitzuführen, war ebenfalls von der Waffenabteilung des SVK erprobt worden.

Die Arbeiten beim SVK wurden teilweise noch nach dem Waffenstillstand fortgesetzt, wobei die Flugzeugfirmen und Marineflieger auch versuchten, die letzten gelieferten Maschinen ausländischen Interessenten anzubieten und zu verkaufen. Diese Bestrebungen unterband der Beschluß der Alliierten, alle deutschen Flugzeuge wegen Nichterfüllung der Bedingungen des Versailler Vertrages zu beschlagnahmen.

2.5 Demontage und Abbruch nach Kriegsende

Nach dem Waffenstillstand am 11. November 1918 ging sämtliches Kriegsmaterial in die Verwaltung des Reichsschatzamtes über. Damit begann ein kurzer Zeitabschnitt, der durch die ungeklärte Situation des endgültigen Verbleibs der ehemaligen Militärflugzeuge gekennzeichnet war. Das Seeflugzeug-Versuchskommando (SVK) in Warnemünde blieb zunächst bestehen, und auch die Erprobung neuer Seeflugzeuge wurde bis Ende 1918 und darüber hinaus fortgesetzt. Neugegründete Luftverkehrsunternehmen und Luftverkehrsabtei-

Während des Abbruchs der großen Hafenhallen auf dem Breitling brachte ein starker Sturm in der Nacht zum 31. Dezember 1920 die riesigen hölzernen Dachträger zum Einsturz.

Die in Warnemünde verbliebenen Militärflugzeuge wurden auf Befehl der Entente zerstört. Im Vordergrund das Wrack eines See-Fernaufklärers Gotha WD 20 (Marinenummer 1517).

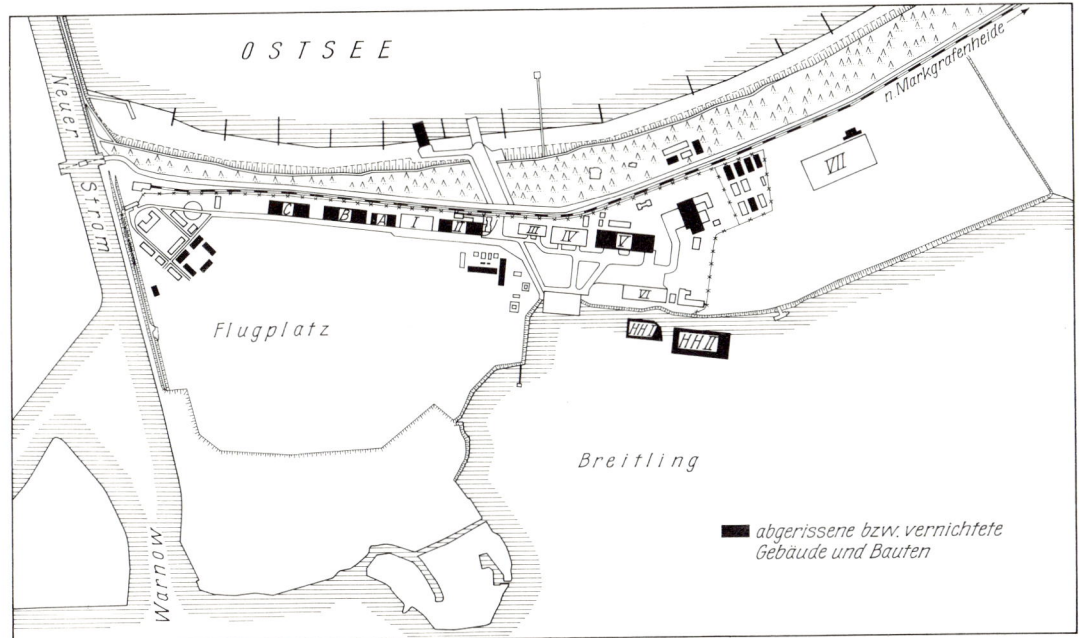

Der Flugplatz Warnemünde Ende 1920.

lungen der Flugzeugwerke versuchten, mit notdürftig umgebauten Militärmaschinen oder Neukonstruktionen den Luftverkehr aufzunehmen.

Diese Periode endete mit dem Inkrafttreten des Versailler Vertrages am 10. Januar 1920, der in seinem Artikel 202 auch die Auslieferung und Vernichtung sämtlicher Militärflugzeuge innerhalb von drei Monaten festlegte. Für Flugplätze und andere militärische Anlagen galt ähnliches. Ausnahmen wurden nur bei Hallen und Gerät gemacht, wenn es zivile Eigentümer gab.

Zur Kontrolle der Durchsetzung dieser Bestimmungen hatten die Siegermächte die Interallied Aeronautical Commission of Control (Interalliierte Luftfahrt-Überwachungs-Kommission) geschaffen, die unter ihrer Abkürzung ILÜK bekannt wurde. Deren deutscher Partner war die Luftfahrt-Friedenskommission (Luftfriko). Die ILÜK besichtigte 1920 die Warnemünder Anlagen und stellte

fest, daß die dortige Seefliegerstation klein war und lediglich acht Seeflugzeuge besaß.

Das Gelände des SVK wurde ebenfalls in Augenschein genommen. Ausnahmen bildeten nur die Hallen der Deutschen Luft-Reederei (DLR) und des Luftverkehr Sablatnig. Diese zivilen Nutzer belegten damals auf dem Flugplatz die Hallen III, IV und B.

Im August 1920 waren die Plätze festgelegt, auf denen einige Hangars und Anlagen für den zivilen Luftverkehr erhalten bleiben sollten. Dazu gehörte auch Warnemünde. Neben den beiden durch Brand vernichteten Hallen II (28. November 1918) und V (23. Januar 1920) wurden im Jahre 1920 sechs weitere abgerissen und das Baumaterial verkauft. Das waren die beiden Hafenhallen auf dem Breitling, die Versuchshalle und die Hallen A, B und C. Die noch vorhandenen Militärflugzeuge wurden größtenteils zerstört.

3. Warnemünde als Polizeifliegerstandort und Versuchsanlage

Nach dem Ende des ersten Weltkrieges kam es zu einer Vielzahl von Versuchen verschiedener Stellen der Weimarer Republik, die zum großen Teil von ehemaligen Militärs besetzt waren, die Bedingungen des Versailler Vertrages zu umgehen, die u. a. eine vollständige Auflösung der Militärfliegerverbände und Flugplatzeinrichtungen forderten. Zäh wurden entsprechende Auslegungen des Vertragstextes verteidigt oder ehemals militärisch genutzte Anlagen einer durch Reichsmittel subventionierten „zivilen" Verwendung zugeführt.

Eine Episode dieser Entwicklung war der Versuch, Polizeifliegerverbände zu schaffen. Diese wurden im Rahmen der Sicherheitspolizei aus Angehörigen der ehemaligen Luftstreitkräfte aufgestellt und mit dafür bereitgestellten Heeresflugzeugen ausgerüstet, die, zivil zugelassen, ohne Bewaffnung fliegen sollten. Die Polizeifliegerstaffeln waren den einzelnen Landespolizeibehörden zugeordnet.

Die Planungen für Mecklenburg-Schwerin sahen im September 1919 neben der Aufstellung einer Staffel in Schwerin-Görris mit vier C-Flugzeugen (zweisitzige Aufklärungsdoppeldecker) und zwei D-Flugzeugen (einsitzige Jagdflugzeuge) und einer entsprechenden Anzahl Reservemaschinen und -motoren auch eine Wasserflugzeuggruppe in Warnemünde mit zwei doppelsitzigen Seeflugzeugen und zwei Reservemaschinen vor. Der Mannschaftsbestand dieser Einheiten sollte neun Offiziere und 73 Unteroffiziere, davon in Warnemünde fünf Offiziere und 38 Unteroffiziere, betragen.

Während sich die Landstaffel in Schwerin noch formierte und im Dezember 1919 aus den vom Reichsschatzministerium verwalteten Heeresbeständen 15 Maschinen erhielt (vier LVG C VI, zwei LVG C V, zwei DFW C V, eine Hannover CL II und fünf Fokker D VII), wurden die beim Chef der Admiralität beantragten Seeflugzeuge nicht geliefert, da der Marine lediglich 100 Maschinen zur Minensuche bis zum 1. Oktober 1919 genehmigt worden waren. Der Bedarf der acht geplanten Seeflugstationen der Polizei in Königsberg (heute Kaliningrad), Danzig (heute Gdańsk), Stettin (heute Szczecin), Warnemünde, Kiel, Hamburg, Wilhelmshaven und Friedrichshafen hätte allein schon 50 Flugzeuge betragen.

Das von August Euler geleitete Reichsamt für Luft- und Kraftfahrwesen teilte mit Schreiben vom 22. Dezember 1919 mit, daß „die Polizei-Fliegerstaffel Schwerin unter Nr. 34 zum Luftverkehr in Deutschland zu landespolizeilichen Zwecken zugelassen ist". Fünf Flugzeugführer erhielten die Luftverkehrszulassungen Nr. 216 bis 220, und ebenso wurden fünf der bereits erwähnten Flugzeuge mit den Kennungen D-427 bis D-431 in die Luftfahrzeugrolle eingetragen.

Obwohl bereits am 18. Februar 1920 von den Siegermächten die Auflösung der Polzeifliegerverbände angeordnet worden war, wurde versucht, dies zu verhindern bzw. noch Teile der Ausrüstung oder Flugzeuge und Motoren vor der Ablieferung zu bewahren. So sollen noch im März 1920, als Flugzeuge der Mecklenburgischen Polizei-Fliegerstaffel während der sogenannten Märzunruhen im Auftrag der Reichswehr-Brigade 9 nach Berlin und Rostock starteten, vier Maschinen durch Zusammenstoß in der Luft oder Notlandung zerstört worden sein.

Nach Abgabe des verbliebenen Fluggeräts übernahm ein Teil der Polizei-Fliegerstaffel als neue Tätigkeit die Überwachung des Luftverkehrs. Dazu wurden Luftwachen auf den Plätzen in Warnemünde und Schwerin-Görris eingerichtet. Die offizielle Dienstaufnahme war am 1. bzw. 9. Juli 1920.

Die Flugwache in Warnemünde bestand aus einem Oberbeamten und fünf Unterbeamten. Dies bedeutete das endgültige Scheitern der Pläne zur Stationierung eines Wasserflugzeugzuges der

Polizei. Den Luftverkehr in Warnemünde überwachte 1919 noch das Seeflugzeug-Versuchskommando (SVK) der Marine. Anfang 1920 übernahm dies wegen Personalmangel beim SVK die Reichsvermögensstelle, die auf dem Platz eingerichtet worden war, um das dort vorhandene staatliche Eigentum zu verwalten.

Die Aufgaben der Flugwache waren in einer Dienstvorschrift zusammengefaßt. Die Haupttätigkeit bestand in der Kontrolle der auf dem Flugplatz startenden und landenden Maschinen auf Vollständigkeit und Korrektheit der Zulassungspapiere für Flugzeug und Personal. Darüber wurde Buch geführt. Ebenso gehörten Meldungen über Außenlandungen und andere besondere Zwischenfälle in den Aufgabenbereich. Maßgebend waren die vom Reichsamt für Luft- und Kraftfahrwesen herausgegebenen Richtlinien. Die erhalten gebliebenen Monatsmeldungen für die Zeit vom Juli bis November 1920 geben eine Übersicht über die Art und Anzahl der in Warnemünde ausgeführten Flüge (siehe auch Grafik S. 43).

Ein weiterer Versuch, die Warnemünder Anlagen zu nutzen, scheiterte ebenfalls. Dabei ging es um eine Übernahme der Einrichtungen des SVK durch die Deutsche Versuchsanstalt für Luftfahrt e. V. (DLV). Ende Mai 1919 hatte eine Kommission aus Vertretern des Reichsministeriums des Innern, des Reichsschatzministeriums, des Reichsverwertungsamtes, des Reichspostministeriums, des Reichsluftamtes, des Preußischen Ministeriums der öffentlichen Arbeiten, des Chefs der Admiralität, des Preußischen Kriegsministeriums und des Mecklenburg-Schwerinschen Ministeriums des Innern das SVK in Warnemünde besichtigt und einmütig beschlossen, „die Anlagen in irgendeiner Form zunächst an die DVL zu übergeben …, die das einzige Organ des Reiches für solche Zwecke darstellt".

Die DVL stellte am 2. Juni 1919 einen entsprechenden Antrag an das Reichsschatzministerium, wo am 10. September eine erneute Besprechung stattfand. Man beschloß die Übergabe an die DVL zum 1. Oktober 1919, da an diesem Tag die Verwaltung durch die Marine endete. Am 9. dieses Monats stimmte jedoch das Reichsschatzministerium lediglich einer Verpachtung der Versuchsanlage zu, wobei die Pachtsumme sich als zu hoch für die DVL erwies. An dieser Forderung und der nicht zustandekommenden Stellung der notwendigen Mittel durch andere Ministerien scheiterte der Plan der Schaffung einer Nebenstelle der DVL in Warnemünde. Die DVL betonte dabei mehrfach, daß sie diese nur unter dem Gesichtspunkt der „Erhaltung der Anlagen für das Reich", sprich späterer erneuter militärischer Nutzung, übernehmen würde, da ansonsten keine weitere zwingende Notwendigkeit dafür vorläge.

4. Der Verkehrsflugplatz Warnemünde nach dem Ende des ersten Weltkrieges

4.1. Transitflugplatz nach Skandinavien

Am 19. März 1910 landete Oberflugmeister Nolting mit einem Passagier und Zeitungspost auf einem Sablatnig-Doppeldecker um 16.30 Uhr auf dem Flugplatz Warnemünde. Er war um 14.45 Uhr in Berlin-Johannisthal gestartet. Das war der erste Verkehrsflug nach dem Krieg, der den Warnemünder Platz berührte. Damit begann ein täglicher Anschlußflugverkehr der Firma Sablatnig GmbH von Berlin zur Fähre nach Gedser in Dänemark. Die Maschine flog gegen 9.00 Uhr in Johannisthal ab und benötigte für die Strecke je nach Wind- und Wetterverhältnissen 90 bis 105 Minuten. Um 15.00 Uhr begann der Rückflug.

Geflogen wurde mit ehemaligen Nachtbombern des Typs Sablatnig N I mit umgebautem Beobachtersitz, der Platz für zwei bis drei Passagiere oder eine entsprechende Menge Post bot. Der Preis für einen Flug Berlin–Warnemünde betrug 450 Mark. Ab 1. April unternahm auch die Deutsche Luft-Reederei (DLR) Gelegenheitsflüge von Warnemünde nach Berlin und Hamburg. Dabei setzte man neben umfunktionierten ehemaligen Aufklärungs-Doppeldeckern für zwei Passagiere auch erstmals sogenannte G-Flugzeuge ein. Das waren zweimotorige Bombenflugzeuge, die mit einer Kabine für sechs Fluggäste ausgestattet waren. Der Tarif betrug auf der Strecke nach Berlin 400 Mark, für Hin- und Rückflug 600 Mark. Für den Flug nach Hamburg waren 350 bzw. 500 Mark zu bezahlen. Die Tickets hatten 30 Tage Gültigkeit und galten auch für die Beförderung mit Automobilen von und zum Flugplatz sowie für die leihweise Überlassung der notwendigen Flugbekleidung.

Am zweiten Osterfeiertag, dem 21. April, startete dann Dr. Sablatnig, der Firmeninhaber und Pilot war, mit Erlaubnis der dänischen Regierung um 12.40 Uhr in Warnemünde und landete 45 Minuten später mit einem dänischen und einem deutschen Fluggast in Kopenhagen. Das war der erste deutsche Verkehrsflug ins Ausland nach dem Ende des Krieges. Die Flugdauer für die gesamte Strecke Berlin–Kopenhagen betrug vier Stunden und eine Minute. Darin eingeschlossen war aber ein zweieinhalbstündiger Aufenthalt in Warnemünde zur Aufnahme des in Berlin nicht beschaffbaren Benzins.

Benutzt wurde eine sogenannte Luftdroschke des Typs Sablatnig P I. Die beiden Fluggäste saßen in einer geschlossenen, heizbaren Kabine vor dem Piloten. Die Konstruktion stammte vom Chefkonstrukteur der Firma Sablatnig, dem gebürtigen Warnemünder Dr. Hans Seehase. Das Flugzeug blieb in Kopenhagen und wurde auf der am 13. April eröffneten Luftfahrtausstellung zusammen mit einer ebenfalls „zivilisierten" LVG C VI gezeigt, die am 22. April ohne Zwischenlandung direkt aus Berlin auf dem Luftweg eingetroffen war.

Die Strecke Warnemünde–Berlin war im ersten Jahr nach dem Weltkrieg gut beflogen. Bis zum 20. April hatte der Luftverkehr Sablatnig bereits 100 Personen in beiden Richtungen befördert. Insbesondere die mit der Fähre von und nach Skandinavien reisenden Geschäftsleute waren gefragte Passagiere, da sie in Devisen zahlten, während das deutsche Geld zunehmend an Wert verlor. So warben die Piloten selber bei Ankunft der Fähre um Fluggäste mit Rufen wie: „Ich bringe Sie sicher nach Berlin!" oder „Schnell und bequem durch die Luft!"

Dazu kam, daß im April der Eisenbahnverkehr in Deutschland wegen Kohlenmangels teilweise zusammenbrach. Dadurch wurden für einen Flug nach Berlin sogar bis 1500 Mark bezahlt, und die Nachfrage überstieg oftmals das Angebot.

Am 10. Mai flog Dr. Josef Sablatnig erneut von Berlin nach Kopenhagen. Diesmal hatte er vier Passagiere an Bord und setzte den Flug am fol-

Werbung aus dem
Jahre 1919.

Luftverbindung
Warnemünde- Berlin-Warnemünde.

Flugzeit: 1¹/₂—2 Stunden.
Beförderung von Personen u. Gepäck
mit bestbewährten Flugzeugen.
Auskunft erteilt:

Luftverkehr Sablatnig.

Berlin, Unter den Linden, Ecke Wilhelm-
straße, Fernsprecher Lützow 8954.

Warnemünde, Am Strom 66,
Fernsprecher 88.   [15845

Die „Luftdroschke"
Sablatnig P I mit ge-
schlossener Passagier-
kabine eröffnete den
Luftverkehr nach
Skandinavien.

genden Tag bis zur schwedischen Hauptstadt Stockholm fort. Die Flugdauer betrug für den ersten etwa drei und für den zweiten Abschnitt vier Stunden. Ebenfalls am 10. Mai eröffnete die DLR den regelmäßigen Luftverkehr zwischen Berlin und Warnemünde mit je einem Hin- und Rückflug täglich. Ankunft in Warnemünde war um 11.00 Uhr, der Abflug nachmittags 14.00 Uhr. Die Flugdauer auf der 220 km langen Strecke betrug etwa zwei Stunden.

Angaben aus einem Bericht der DLR über ihre Flugtätigkeit im Mai 1919 lassen interessante Einblicke in diese Pionierzeit des Luftverkehrs in Deutschland zu. Beflogen wurden vier Linien im regelmäßigen Betrieb:

I Berlin—Leipzig—Weimar
seit 5. Februar 1919,
II Berlin—Hamburg
seit 1. März 1919,
III Berlin—Hannover—Rheinland—Westfalen
seit 15. April 1919,
IV Berlin—Warnemünde
seit 15. April 1919.

Der regelmäßige Flugverkehr auf der Strecke nach Warnemünde konnte nicht wie geplant am 15. April aufgenommen werden. Bis zum 10. Mai gab es keine täglichen Flüge. Einer Tageszeitungsmeldung ist zu entnehmen, daß vom 14. April bis 4. Mai 30 Flüge stattfanden. Anfang Juni konnte wegen Betriebsstoffmangels nur noch bedarfsweise geflogen werden.

Natürlich war trotz aller Anstrengungen der beteiligten Flieger und Arbeiter kein Luftverkehr nach heutigen Maßstäben möglich. Zu groß waren die durch Versorgungsengpässe, politische Unruhen und die technischen Mängel der benutzten ehemaligen Militärflugzeuge verursachten Ausfälle. Trotzdem wurden ständig neue Strecken eröffnet und weitere Dienstleistungen angeboten. So meldeten die örtlichen Tageszeitungen Anfang Juli 1919 die Aufnahme eines Seebäder-Flugdienstes nach Warnemünde, der aber sicher auch nur unregelmäßig war. Die Planung sah um 6.00 Uhr und 16.00 Uhr Starts in Johannisthal und Rückflüge jeweils 14.00 Uhr und 18.00 Uhr aus Warnemünde vor. Mitgeführte Zeitungen aus Berlin sollten dann zwischen 8.00 und 8.30 Uhr sowie 18.00 und 18.30 Uhr paketweise am Kurhaus in Heiligendamm und am Strand von Arendsee und Brunshaupten (heute Kühlungsborn) abgeworfen werden. Ab Ende Juli beförderte man auch Luftpostpakete.

Am 7. Juli mußte das Postflugzeug aus Berlin wegen Propellerbruchs bei Waren notlanden und konnte erst abends den Flug fortsetzen, nachdem eine neue Luftschraube aus Warnemünde eingetroffen war. Drei Tage später kam es zu einem Unfall, als das Flugzeug bei Düsterförde wegen eines nahenden Gewitters niederging und sich überschlug. Dabei wurde der Fluggast schwer verletzt. Die damaligen Passagiere fanden allgemeine Bewunderung, denn es war durchaus nichts Alltägli-

Bei Sablatnig in Lizenz gebauter Seeaufklärer Friedrichshafen FF 49 mit Kabinenaufbau für Fluggäste.

ches, sich den primitiven Flugapparaten anzuvertrauen. Die Luftreisenden mußten einige umständliche Prozeduren über sich ergehen lassen, wozu neben dem manchmal nötigen Wiegen auch das Anlegen wärmender Fliegerschutzbekleidung gehörte, da der Aufenthalt im offenen Passagiersitz recht „luftig" war.

Eine genaue Statistik der Flugtätigkeit in Warnemünde läßt sich für 1919 nicht angeben. Es ist beispielsweise nicht geklärt, ob die geplante Linie Kopenhagen–Warnemünde–Hamburg–Bremen–Amsterdam, deren Eröffnung am 1. Oktober wegen Benzinmangels ausfiel, überhaupt beflogen wurde. Vorgesehen war der Einsatz von zweimotorigen G-Flugzeugen. In der Zeit von August bis Oktober 1919 war an einen geregelten Luftverkehr wegen der Treibstoffknappheit meist nicht zu denken. Für Luftpostsammler sei noch angemerkt, daß ab 15. Oktober auch Drucksachen als Flugpost zugelassen waren.

Im Juli 1920 erhielt die Nutzung einiger Flugplatzgebäude durch die Fluggesellschaften eine rechtliche Basis, als entsprechende Mietverträge mit dem Reichsfiskus, vertreten durch das Reichsvermögensamt Lübeck, abgeschlossen wurden. Die DLR mietete rückwirkend vom 1. Oktober 1919 bis 31. März 1923 die Hallen III und IV mit Anbauten und einige kleinere Gebäude und Werkstätten. Der Luftverkehr Sablatnig nutzte ab 1. Juli 1920 bis vorläufig 1. Juli 1922 die Flugzeughalle I, das Instrumentenhaus und das FT (Funken-Telegraphie)-Versuchsgebäude.

Ein bereits eingekleideter Fluggast vor dem Abflug aus Warnemünde in einer umgebauten LVG C VI.

Für die Kinder besonders interessant: eine Friedrichshafen FF 49 der Deutschen Luft-Reederei (DLR) mit der Flottennummer W 7 in Warnemünde.

Dieser während seiner Zwischenlandung in Warnemünde fotografierte Bomber AEG G V flog weiter nach Schweden, wo er sofort wieder seine „zivilen" Kennzeichen, die Reichspostflagge und die DLR-Flottennummer, verlor.

Ein Bomber AEG G V in der von der DLR genutzten Halle IV im Jahre 1919. Rechts die im Januar 1920 abgebrannte Halle V.

Die DLR begann ab 15. Juli 1920 wieder mit ihrem regelmäßigen Luftpostdienst Berlin–Warnemünde und eröffnete am 1. April die Linie Warnemünde–Hamburg mit Anschluß nach Bremen–Amsterdam bzw. Kopenhagen–Malmö. Der Flugplan der DLR sah täglich Verbingungen Berlin–Malmö vor, dazu dreimal wöchentlich Anschlußflüge von Bremen (am Montag, Mittwoch und Freitag) und Rückflüge von Warnemünde (am Dienstag, Donnerstag und Sonntag). Wie die Aufschlüsselung der Betriebsleistungen zeigt, bestritt die Deutsche Luft-Reederei den Löwenanteil der Flüge über Warnemünde. Der Anteil der anderen Gesellschaften blieb dagegen vergleichsweise gering.

Bemerkenswert ist die Benutzung des Platzes durch skandinavische Gesellschaften. Det Danske Luftfartselskab A/S (DDL), am 29. Oktober 1918 gegründet, eröffnete mit einem Friedrichshafen Wasser-Doppeldecker ihre erste Linie am 7. August 1920. Es war die Strecke Kopenhagen–Malmö–Warnemünde. Die Zuverlässigkeit auf dieser Strecke wurde mit 84 Prozent angegeben. Als zweites ausländisches Unternehmen flog die Svenska Lufttrafik A/B (Schweden) Warnemünde an.

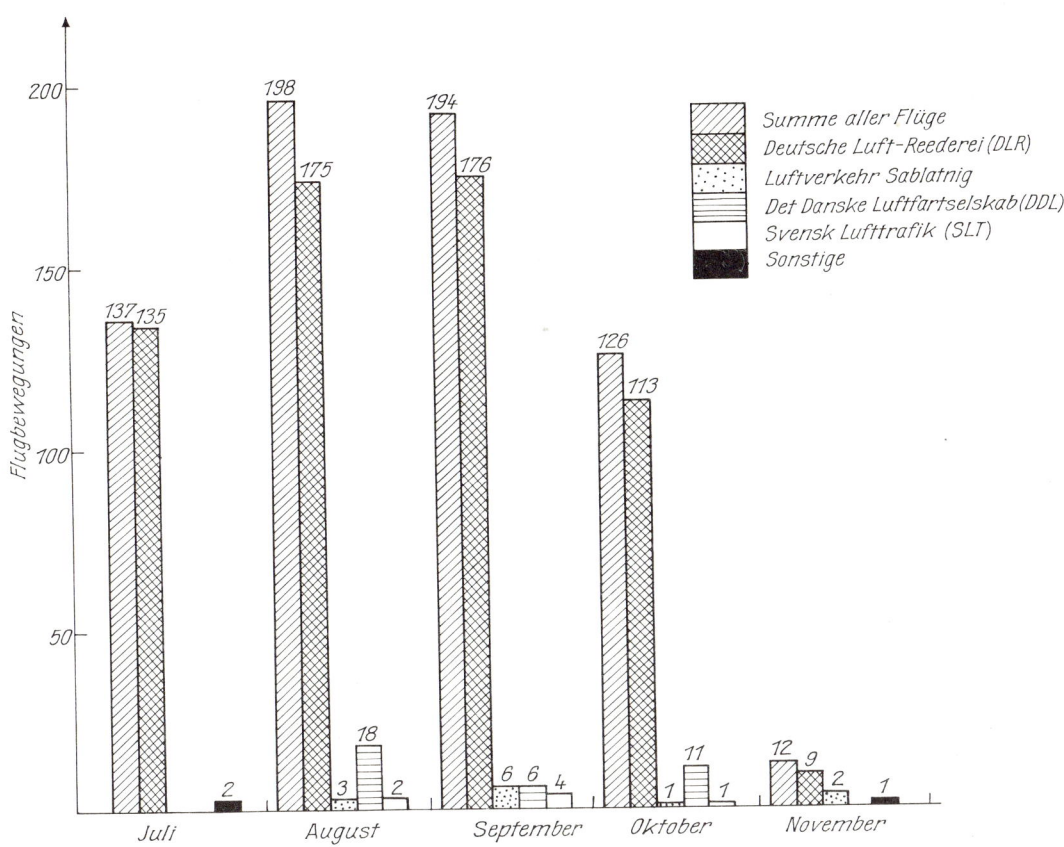

Flugplatzstatistik aus dem Jahre 1920 über Flugbewegungen, aufgeschlüsselt nach Flugzeughaltern.

Die Aufschlüsselung der Flüge am Beispiel der DLR zeigt, daß die Auslands- und Postflüge den größten Anteil am Verkehrsaufkommen hatten. Dazu muß noch bemerkt werden, daß ein Teil der Inlandpassagierflüge Angestellte der Luftlinie auf den Fluggastlisten hatte. Sicher ist dies auch auf den Umstand zurückzuführen, daß für jede beförderte Person vom Staat Subventionen bezahlt wurden.

Bei der Bewertung der Grafiken zur Verkehrsstatistik des Flugplatzes Warnemünde ist zu beachten, daß neben den Passagierrundflügen über Warnemünde auch Rundflüge über anderen Ostsee-Badeorten, wie Brunshaupten, Arendsee, Heiligendamm und Müritz stattfanden, die in der Auflistung für Warnemünde lediglich einmal in der Rubrik „Starts und Landungen nach und von deutschen Orten" auftauchten.

Nach einer Meldung der „Königsberger Hartungschen Zeitung" beflog im Oktober 1920 ein Wasserflugzeug der DLR „zur Vorbereitung eines im Frühjahr 1921 zu eröffnenden Luftverkehrs" die Strecke Warnemünde–Königsberg (heute Kaliningrad)–Mitau (heute Jelgava)–Riga probeweise. Zu einer Aufnahme des Dienstes auf dieser Auslandslinie kam es aber nicht mehr. Der Luftverkehr über Warnemünde war insgesamt rückläufig, was hauptsächlich auf den Ausfall der Strecke nach Dänemark zurückging, die von der Entente untersagt worden war.

Im Jahre 1921 wurden in der Hauptsache Probe-, Rund- und Bedarfsflüge ausgeführt. Im April waren es insgesamt 73, davon 52 durch die DLR (31 Probeflüge). Den Rest teilten sich der Lloyd Luftverkehr Sablatnig (LLS), ein am 6. Oktober 1920 gegründeter Nachfolger der Sablatnig Luft-

Eine Friedrichshafen
FF 49 mit der Zivilzu-
lassung D 43.

Luftverkehr Sablatnig
Täglich Rundflüge
über Rostock, Warnemünde und den
angrenzenden Seebädern. [31343]
Geschlossene zugfreie Passagierkabine.
Grösste Bequemlichkeit.
Anmeldungen im Büro:
Am Strom 61, Hotel Reichshof.
Telephon 66.

Der Luftverkehr
Sablatnig offeriert
sein Verkehrsangebot.

verkehr GmbH, mit zwei Probe- und einem Rundflug, die Svenska Lufttrafik A/B (zwei Probeflüge)
und die Junkers Flugzeugwerke A.G., die
14 Probe- und zwei Passagierflüge ausführte. Re-
gelmäßig wurde in diesem Jahr nur noch die sogenannte Ostseebäderlinie Travemünde–Warnemünde–Saßnitz–Swinemünde (heute Świn-
oujście) von der DLR und dem LLS betrieben.
Warnemünde war der Heimathafen der Seeflugzeuge der Deutschen Luft-Reederei. Der Lloyd
Luftverkehr Sablatnig und die DLR waren auch
noch 1922 auf dem Platz tätig. Es kam aber zu keinem regelmäßigen Liniendienst mehr, und Warnemünde hörte vorerst auf, eine Rolle im Luftverkehr zu spielen.

4.2. Nachtflugversuche und Nachtflugverkehr

In den Jahren 1924/25 wurde Warnemünde noch einmal Verkehrslandeplatz, als die Abteilung Luftverkehr der Junkers Flugzeugwerk A.G. in Dessau die Strecke Berlin–Warnemünde–Karlskrona–Stockholm beflog und dabei erstmals in Europa eine Nachtfluglinie erprobte.
Die Anregung dazu kam vom Verkehrsministerium. Dabei baute man auf den Erfahrungen der Nachtbombenflüge im Weltkrieg auf und übernahm einige der damals erprobten Methoden. Andere Erfahrungen und technische Einrichtungen mußten erst gesammelt bzw. entwickelt werden, was diese Probestrecke von etwa 900 km Länge, die gleichzeitig auch einen großen Teilabschnitt über See aufwies, ermöglichte.
Der spätere Ozeanflieger Hermann Köhl berichtete mehrmals über die ersten Versuche. Er war von Anfang an dabei und später Nachtflugleiter

der im Jahre 1926 gegründeten Deutschen Luft Hansa.
1924 war er Offizier eines Pionierbataillons der Reichswehr und beteiligte sich in seinem Sommerurlaub an der Organisation der ersten Versuchsflüge nach Warnemünde. Zur Festlegung der Strecke, Auskundschaften der möglichen Notlandeplätze und Vorbereitung der Streckenbeleuchtung war er in dieser Zeit wochenlang auf dem Fahrrad in der Mark und im Mecklenburgischen Seengebiet unterwegs, bevor der langerwartete erste Start vollzogen werden konnte. Ausgangspunkt war der „Flughafen" Tempelhof, dessen Gebäude allerdings nur aus wenigen Bretterbuden bestanden. Köhl beschrieb die Szene wie folgt:
„Man hatte, wie es im Felde üblich war, als Landebeleuchtung einige aus Akkumulatoren gespeiste elektrische Stativscheinwerfer als Eingangslichter und ein rotes Auslauflicht aufgebaut, wodurch die Start- und Landebahn bezeichnet wurde. Zur Er-

Flugbewegungen der DLR auf dem Flugplatz Warnemünde im Jahre 1920.

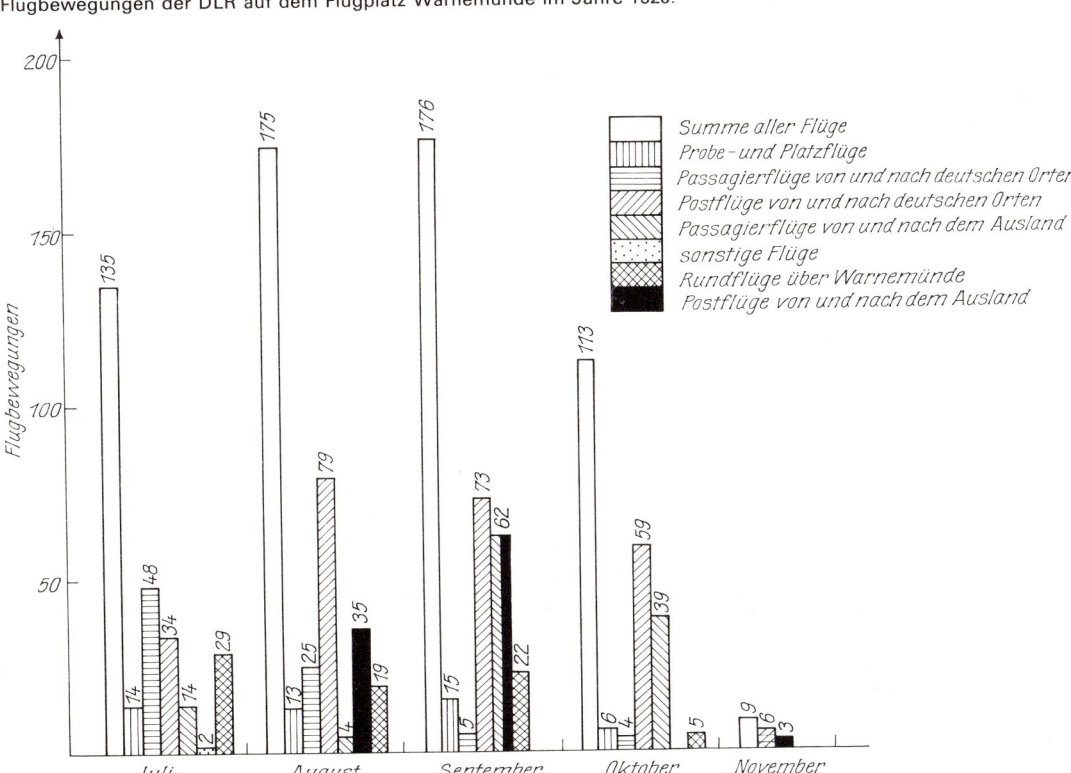

leichterung der Landung war abseits davon, nur als dunkles Ungetüm zu erkennen, ein auf Rädern plump montierter starkkerziger Scheinwerfer. Durch ein frei über den Rasen und Sand hinwegführendes Kabel wurde der Strom von einer Bretterbude hergeleitet, die in der Nähe der Holzhallen, am Nordrande des Platzes stand. Von dort her hörte man das emsige Summen eines Benzinaggregates. Plötzliches lautes Knallen zeigte an, daß das Erlöschen des Scheinwerfers auf eine Motorpanne zurückgeführt werden mußte ..."

Das war die „technische Ausstattung" dieses ersten Versuchs. Dann rollte die Maschine heran — „eine Junkers A 20 mit einem der ersten Junkers L 2 Motoren. Das Charakteristische dieser Nachtmaschine waren die roten und grünen Positionslampen, die beim ersten Motorgerassel durch die Vibrationen meist zum Erlöschen gebracht wurden. Das Flugzeug startete und verschwand in der dunklen Nacht. Nur am Brummen des Motors konnte man es noch verfolgen. Während die Zuschauer sich um den Scheinwerfer gruppiert hielten, sah man plötzlich, wie ein dunkler Schatten sich in umgekehrter Richtung, wie vorher beim Start, auf das Feld niederbewegte, gerade auf die Stativscheinwerfer zu. Das Flugzeug hatte Motordefekt. Bei der Landung bekam es mit dem Fahrgestell einen der beiden Stativscheinwerfer zu fassen. Der Scheinwerfer wurde zertrümmert, und das Fahrgestell knickte beim Aufsetzen ein. Das Benzin ergoß sich in Strömen auf das grüne Feld". Im Jahre 1925 quittierte Köhl den Dienst bei der Reichswehr und ging zum Junkers Luftverkehr.

Zunächst gab es zahlreiche Schwierigkeiten, und die Verkehrsflieger hatten wenig Interesse, sich dem unbequemen Nachtflug zu widmen. Mit der steten Verbesserung der technischen Ausstattung der Flugzeuge und der Streckenbeleuchtung zeigte sich jedoch bald, daß die Nachtlinien ebenso sicher zu befliegen waren, wie die Tagesstrecken. Als die Direktion noch die Kilometergelder der Piloten bei Nachtflügen verdoppelte, „befreundeten sich auch die alten und bewährten Flugzeugführer mit dieser neuen Sparte des Luftverkehrs". Gegen Ende der Flugsaison erprobte man bereits eine der neuen dreimotorigen Junkers G 24 auf der Nachtstrecke.

Doch zurück ins Jahr 1924: Zwischen Berlin und Warnemünde wurden Notlandeplätze und Signalfeuer angelegt und in ihrer Ausstattung ständig verbessert. Die Polizei-Flugwache Warnemünde stellte Streckenbeobachtungsposten in Breesen bei Laage, Dersenthin bei Lalendorf und Erlenkamp bei Röbel. Junkers richtete eine Nachtflug-Betriebsleitung unter v. Schroeder in Berlin und eine Streckenleitung in Warnemünde unter Carl August Freiherr v. Gablonz ein. Die Strecke sollte am 15. Juli eröffnet werden. Die Einweisung der Streckenposten in die Beleuchtungsordnung und ähnliches begann jedoch erst am 21. Juli. Auch der zweite angekündigte Streckeneröffnungstermin (24. Juli) konnte wegen anhaltender technischer Schwierigkeiten nicht gehalten werden.

Nach unregelmäßigen Versuchsflügen ab 21. Juli begann am 15. August der planmäßige Linienverkehr auf der Nachtflugstrecke Warnemünde—Berlin. Benutzt wurden dabei offene Junkers-Ganzmetalltiefdecker vom Typ A 20. Ab 18. des Monats wurde an jedem Werktag geflogen, und die Wasserflugstrecke nach Stockholm, mit einer Zwischenlandung in Karlskrona, kam am 19. August dazu. Gleichzeitig beflog man am Tage eine Unterstützungsstrecke Berlin—Warnemünde und zurück mit Verkehrsflugzeugen Junkers F 13.

Die Seestrecke verlief so, daß die für die Schifffahrt vorhandenen Leuchttürme als Ansteuerungspunkte benutzt werden konnten. Beim Passieren des Postflugzeugs gaben die Leuchtturmwärter telefonisch die Zeit an die Streckenleitung durch. Dadurch ergab sich eine gewisse Kontrolle über den korrekten Flugverlauf, da die Maschinen keine Funkgeräte an Bord hatten. Bei stark diesigem und schlechtem Wetter war es allerdings schwierig für die Flugzeugführer, die oft weit auseinander liegenden Leuchtfeuer zu finden.

Die Aufgaben der Streckenposten bestanden hauptsächlich in der stündlichen Wettermeldung an die Streckenleitung und im Betreiben der Streckenbefeuerung und Beleuchtung der Notlandeplätze nach der Meldung der Starts aus Berlin bzw. Warnemünde. Erprobt wurden unterschiedliche Arten der Beleuchtung für die Strecke und die vorgesehenen Notlandeplätze sowie die Ausstattung der Flugzeuge mit Positionslampen, Landescheinwerfern, beleuchteten Geräten usw. Südlich von Kremmen und nördlich der Müritz errichteten die AEG und bei Röbel und Laage die Siemens-Schuckert-Werke Orientierungslichter. Scheinwerfer für die Notlandeplätze lieferte die Firma Goerz und Acetylen-Beleuchtungsanlagen die Autogen-Gas-Akkumulatoren AG.

Die Nachtflug-Betriebsleitung in Berlin gab am 8. Juli 1924 eine Signalordnung heraus. In ihr war die einfache Regel enthalten: „Durch weiß auf rot landen!" Das hieß, die Landerichtung wurde durch zwei weiße und eine rote Lampe festgelegt. Die weißen Lichter markierten den Beginn der Landestrecke und waren torartig im Abstand von drei bis vier Flugzeugbreiten aufzustellen. Das rote Feuer zeigte die Landerichtung und stand in 200 bis 400 m Entfernung von den weißen Lampen. Das Ende der Rollbahn war durch ein oder mehrere grüne Lichter markiert.

Da immer gegen den Wind gestartet und gelandet werden mußte, war es nachts oft notwendig, die Befeuerung umzusetzen, wenn sich der Wind gedreht hatte. Das war keine leichte Aufgabe für die Streckenposten, die nur aus jeweils zwei Beamten bestanden, da die Acetylen-Lampen wegen der zugehörigen Gasflaschen recht schwer waren. Dazu kam, daß der Dienst durch die Wetterverhältnisse oder technische Verzögerungen die ganze Nacht in Anspruch nahm, wenn der Flugplan nicht exakt eingehalten werden konnte.

Am 15. Oktober 1924 endete der Betrieb auf dieser ersten Nachtflugversuchsstrecke und der Tageslinie Berlin—Warnemünde. Auf der Nachtstrecke konnten trotz des noch experimentellen Charakters 84 Prozent der vorgesehenen Flüge absolviert werden. Nach diesem dreimonatigen Probebetrieb sollte 1925 bereits am 1. Mai ein regelmäßiger Verkehr auf der gleichen Linie aufgenommen werden.

Die Nachtflugstrecke Berlin—Warnemünde vom Juni 1925 (links) und Oktober 1925 (rechts).

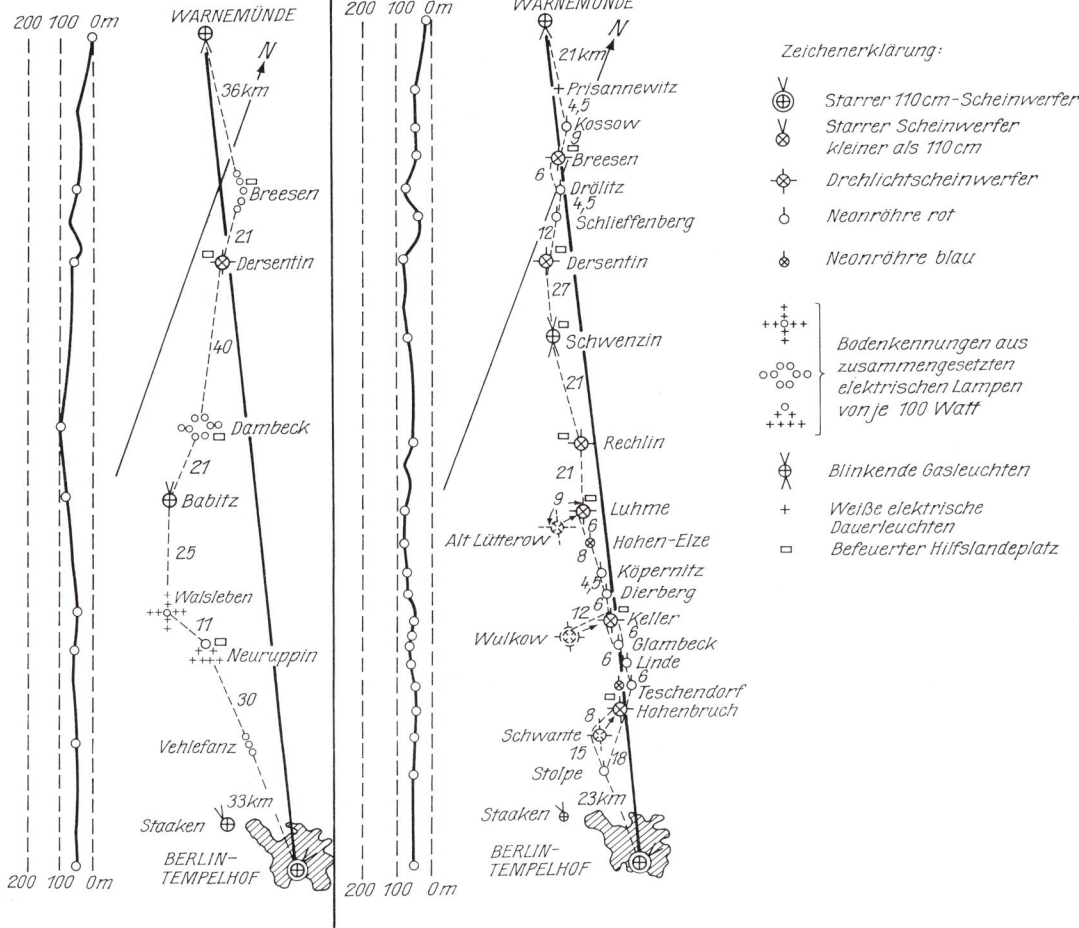

Die Junkers-Nachtflugstrecke „NW" Berlin–Warnemünde–Karlshamn–Stockholm wurde 1925 erneut ab 18. Mai täglich, außer sonntags, beflogen. Der Flugzeugführer Gerhard Hubrich, der 1925 diese Strecke flog, schilderte in seinen Lebenserinnerungen einige dieser Nachtlandungen, bei denen sich der Pilot vollkommen auf sein Glück und seine Intuition verlassen mußte. Lediglich in Warnemünde, wo auf dem Breitling, einem Gewässer ohne Strömung, gelandet wurde, hatte man eine primitive Landehilfe für die Piloten gebaut. Sie bestand aus einer Reihe aneinander gebundener Fässer, die sich, vom Wind getrieben, in dessen Richtung legten. Um die Fässer waren Gestelle mit senkrechten Stangen gebaut, die oben mit Lampen versehen waren, deren erste in etwa 5 m Höhe stand. So konnte der Pilot neben dieser Lichterkette hinabgleiten.

Im September 1925 wurde versuchsweise ein Nachtflugpostdienst zwischen Warnemünde und Kopenhagen aufgenommen. Es flogen Junkers-Flugzeuge der dänischen Gesellschaft DDL und des Junkers Luftverkehr. Diese Verbindung existierte bis zum 1. Dezember, danach holte man nur noch einzelne Flüge nach. Zum gleichen Zeitpunkt wurde auch der Betrieb auf der Strecke nach Schweden eingestellt.

Streckenbeobachtungsposten der Flugwache Warnemünde waren 1925 in Breesen bei Laage, Dersenthin, Schwenzien bei Waren und in Rechlin an der Müritz eingerichtet. Sie unterstanden während der Betriebszeit der Abteilung Nachtflug der Junkers Luftverkehr A.G. und wurden in ihrer Tätigkeit von Hermann Köhl angeleitet. Auf den von diesen Streckenposten betreuten Zwischenlandeplätzen kam es zu einer Reihe von Notlandungen, die meist durch Motorschwierigkeiten oder Nebel und Schneetreiben bedingt waren, da der Betrieb diesmal bis in den beginnenden Winter hinein aufrecht erhalten wurde.

In diesem Jahr waren die Ausrüstungen der Flugzeuge und der Strecke aufgrund der gemachten Erfahrungen weiter verbessert worden. Im Herbst erprobte man erstmals Neonröhren zur Streckenbefeuerung, die Maschinen erhielten einen Zeiss-Scheinwerfer in der Flügelvorderkante und elektrisch zu zündende Magnesiumfackeln an den Flächenenden sowie Leuchtbomben zum Erhellen von Notlandeplätzen.

Als die Deutsche Luft Hansa im Jahre 1926 als Einheitsfluggesellschaft den Betrieb aufnahm, wurde der Nachtflugverkehr nur noch auf den wichtigen Linien Hamburg–Kopenhagen–Malmö und Stockholm–Stettin (heute Szczecin) in Partnerschaft mit skandinavischen Gesellschaften beflogen. Die wertvollen Erfahrungen, die man auf den Nachtstrecken über Warnemünde erworben hatte, kamen dem Betrieb auf diesen und weiteren, später folgenden Nachtfluglinien zugute. Warnemünde war jedoch als Verkehrsflugplatz unwirtschaftlich und entfiel. Wegen der relativ guten Eisenbahnverbindung gab es auch keinen Seebäderflugverkehr nach Warnemünde, wie er beispielsweise zu den Nordseeinseln oder nach Sellin auf Rügen noch jahrelang in den Sommermonaten existierte.

5. Flugzeugbau in Warnemünde

5.1. Die Werft Warnemünde der Flugzeugbau Friedrichshafen GmbH

Nachdem die Stadtverwaltung bereits 1912 Kontakte mit interessierten Flugzeugwerken wegen einer Ansiedlung in Rostock aufgenommen hatte, kam es im März 1914 zum Vertrag mit der Abteilung Flugzeugbau der Gothaer Waggonfabrik. Diese wollte eine Fliegerschule eröffnen und später die Fabrikation von Seeflugzeugen aufnehmen. Die Firma ließ auf dem Flugplatz eine Halle errichten, die aber nach Kriegsausbruch von der Marine übernommen wurde.

Anfang 1916 schloß man dann erneut Verträge mit der Gothaer Waggonfabrik (GWF) und der Flugzeugbau Friedrichshafen GmbH über die Einrichtung von Flugzeugfabriken. Beide Firmen erhielten jeweils eine Fläche beiderseits des Laak-Kanals am westlichen Warnowufer für den Bau der Fabrikationsstätten zugewiesen und sogenannte Erweiterungsgebiete östlich des Flugplatzes, wo Flugschulen zur Ausbildung von Marinefliegern entstehen sollten.

Zur Vorbereitung des Geländes, bestehend aus der Aufschüttung von 2,2 m Baggerspülgut, Verlegen der Versorgungsleitungen für Wasser und Elektrizität und den Anschluß an das Verkehrsnetz, wurden im Mai des Jahres 230000 Mark aus der Stadtkasse vorgesehen. Die vorbereiteten Flächen wurden am 24. Oktober 1917 an die beiden Fabriken als Pächter übergeben. Während der Flugzeugbau Friedrichshafen ab Frühjahr 1917 mit der Errichtung der Werksanlagen begann, passierte von seiten der Gothaer Waggonfabrik nichts. Sie bat im Oktober 1919 um Entlassung aus den Verträgen, was zum 29. Januar 1920 geschah.

Die Flugzeugbau Friedrichshafen GmbH, die am 17. Juni 1912 von Graf Brandenstein-Zeppelin, dem Schwiegersohn des bekannten Luftschiffbau-

ers Graf Ferdinand v. Zeppelin, und Dipl.-Ing. Theodor Kober gegründet worden war, lieferte während des Krieges fast 40 Prozent der deutschen Seeflugzeuge. Die Fabrikationsanlagen in Friedrichshafen am Bodensee genügten bald nicht mehr, den ständig steigenden Bedarf zu befriedigen. So dachte man, auch wegen der Lage nahe der Grenze zu Frankreich, an eine zumindest teilweise Verlegung der Anlagen.

Die Aufgaben waren zwischen dem Stammwerk in Friedrichshafen und dem offiziell als Werft Warnemünde der Flugzeugbau Friedrichshafen GmbH bezeichneten Zweigstelle so verteilt, daß in Warnemünde bis zum Kriegsende nur Schwimmer und Tragflächen hergestellt und außerdem etwa 50 Maschinen des Typs FF 49C aus Teilen, die das Hauptwerk lieferte, in Warnemünde montiert, eingeflogen und zum Teil noch an die Marineverwaltung abgeliefert wurden. Die Leitung der Werft Warnemünde hatte Walter Hormel, der dazu am 15. Oktober 1917 aus dem aktiven Marinedienst beim Seeflugzeug-Versuchskommando (SVK) entlassen worden war. Technischer Leiter der Werft Warnemünde war Dipl.-Ing. Karl Grulich, der vor dem Krieg die erfolgreichen Harlan-Eindecker konstruiert und bereits im Jahre 1910 seine Flugzeugführerprüfung mit der Nummer 46 bestanden hatte.

Nachdem im März 1918 im Rahmen einer beträchtlichen Erweiterung des SVK das östlich des Flugplatzes gelegene Gelände der GWF und des Flugzeugbaus Friedrichshafen von der Marine benötigt wurde, stellte am 16. Juli 1918 der Flugzeugbau Friedrichshafen einen Antrag an die Stadtverwaltung, neues Land kaufen zu können, da man Anlagen für die Herstellung von sogenannten Riesenflugzeugen (R-Flugzeugen) errichten wollte. Ebenso war vorgesehen, in Warnemünde den Metallflugzeugbau zu beginnen.

Nach dem Waffenstillstand im November 1918 be-

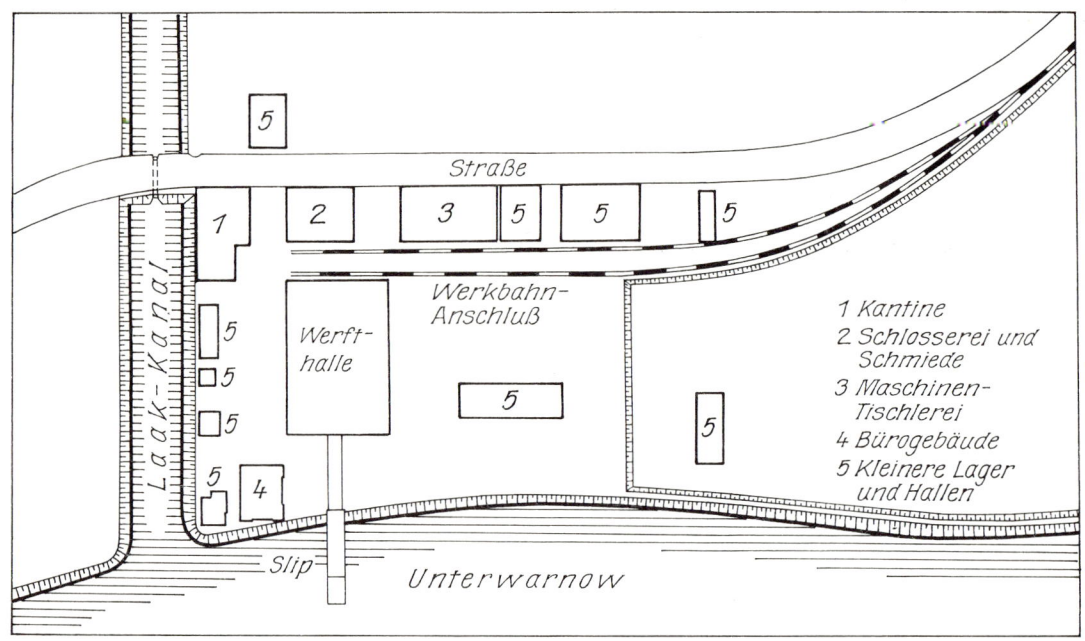

Die Werft Warnemünde der Flugzeugbau Friedrichshafen GmbH im Jahre 1918.

gann sofort die Umstellung der Produktion auf „friedliche" Erzeugnisse. Dies geschah, um die Anlagen und den herangebildeten Facharbeiterstamm zu erhalten, wobei offensichtlich auch das Reichs-Marine-Amt fördernd eingriff, um trotz des verlorenen Krieges einige der Rüstungsbetriebe zu erhalten. Man begann den Bau von Kleinschiffen aus Holz und Eisen, wobei besonders Fischkutter, Motorboote und Eissegeljachten entstanden. Die Aufträge kamen von staatlicher und privater Seite und auch aus dem Ausland (Dänemark, Norwegen), womit der Bau kleiner Serien gesichert war. Der Chef der Admiralität unterstützte diese Tätigkeit bei der Werft Warnemünde des Flugzeugbaus Friedrichshafen und der Luftfahrzeug-Gesellschaft, Werft Stralsund, durch Intervention beim Reichswirtschaftsministerium, das entsprechende Subventionen zum Erhalt der Fabrikation genehmigte.

Nach Übernahme des Betriebes durch die „Dinos"-Automobil-Werke AG Charlottenburg im November 1920 wurde der Name in „Dinos"-Automobilwerke AG, Zweigniederlassung Werft Warnemünde, geändert. Damit gehörte das Werk zum Stinnes-Konzern, der seinerzeit einen großen Einfluß in der deutschen Wirtschaft hatte.

In der Werft Warnemünde entstanden bis 1924 keine Flugzeuge mehr. Die Produktion wurde erst im Jahre 1925 wieder aufgenommen. In der Zwischenzeit hatten sich jedoch zwei weitere Flugzeugbaufirmen auf dem Platz angesiedelt.

5.2. Die Ernst Heinkel Flugzeugwerke Warnemünde

Im Februar 1922 wollte Walther Bachmann auf dem Flugplatz eine Motorenüberholungswerkstatt einrichten. Bachmann war Leutnant d. R. der Marine und hatte als Seeflieger hauptsächlich im Ostseebereich Dienst getan. Von Juli 1917 bis Kriegsende war er beim Seeflugzeug-Versuchskommando (SVK) in Warnemünde tätig gewesen. Im September 1922 zog er jedoch seinen Antrag zurück. Als neuer Bewerber trat Ernst Heinkel von den Travemünder Flugzeugwerken auf.

Dieser hatte im Jahre 1910 als Student der Technischen Hochschule Stuttgart nach dem Muster von Henri Farman den Bau eines Doppeldeckers begonnen und diesen im Juli 1911 geflogen. Bei einem Absturz am 19. Juli 1911 wurde er schwer verletzt. Nach seiner Genesung brach er das Studium ab und arbeitete als Konstrukteur bei der Luftverkehrs-Gesellschaft (LVG) und den Albatros-Flugzeugwerken in Berlin-Johannisthal. Ab Mai 1914 war Heinkel Chefkonstrukteur und Technischer Direktor der Brandenburgischen Flugzeugwerke GmbH (später Hansa- und Brandenburgische Flugzeugwerke) in Briest an der Havel. Seine erste dortige Konstruktion, der See-Doppeldecker Typ W, wurde gerade noch zum Beginn des Ostseefluges fertig. Zwei dieser Maschinen kamen mit den Wettbewerbsnummern 25 und 26 nach Warnemünde. Sie waren im wesentlichen eine Ableitung aus der Albatros WDD, die ebenfalls am Ostseeflug teilnahm.

Inhaber der Brandenburgischen Flugzeugwerke waren zwei Österreicher, der Flugpionier und Unternehmer Igo Etrich und Camillo Castiglioni, dem auch die beiden Schwesterfirmen „Phönix"-Flugzeugwerke AG in Wien-Stadlau und Ungarische Flugzeugwerke AG (UFAG) in Budapest-Albertfalva gehörten.

Diese bauten deshalb zahlreiche der von Heinkel bei Hansa-Brandenburg entworfenen Flugzeuge in Lizenz für Heer und Marine der österreichisch-ungarischen Monarchie. Deutschland dagegen kaufte nur Marineflugzeuge der Firma Hansa-Brandenburg. Ernst Heinkel hatte dadurch am Ende des Krieges besondere Erfahrungen auf dem Gebiet des Seeflugzeugbaus. Sehr bekannt wurden seine ab 1918 gebauten See-Kampftiefdecker W 29 und W 33. Auch Spezialflugzeuge, wie Torpedobomber und kleine, leicht demontierbare Maschinen zur Mitnahme auf U-Booten, waren unter seiner Leitung entstanden.

Auf der Grundlage dieser Arbeiten begann dann auch Heinkels erneute Tätigkeit als Flugzeugkonstrukteur, nachdem er kurze Zeit, von 1919 bis 1921, in seinem schwäbischen Heimatort Grunbach eine kleine Elektrowarenfabrik und den Umbau von Armeeautomobilen für zivile Nutzer betrieben hatte.

Bei den Caspar-Flugzeugwerken in Travemünde entwickelte Heinkel zuerst ein U-Boot-Flugzeug für die US-amerikanische Marine. Dieser als U 1 bezeichnete freitragende Doppeldecker ohne Flächenverspannung hatte einen Siemens-Sternmotor (37 kW) und zwei Schwimmer. Die gänzlich aus Holz gebaute Maschine konnte mit wenigen Handgriffen zerlegt und in einem druckdichten Zylinder zur Unterbringung auf dem Trägerschiff verstaut werden. Obwohl der Flugzeugbau in Deutschland verboten war, hatten die Amerikaner dieses Flugzeug in zwei Exemplaren bestellt. Dabei war im Kontrakt der Typ als Caspar-Heinkel-Seeflugzeug bezeichnet und die Firmenadresse mit Stockholm angegeben worden.

Eine leicht veränderte Ausführung entstand anschließend in ebenfalls zwei Exemplaren für Japan. Eine weitere Maschine des Typs U 1 tauchte kurzzeitig in der deutschen Luftfahrzeugrolle unter der Zulassung D-293 auf.

Mit diesem U-Boot-Flugzeug hatte Ernst Heinkel das erste Militärflugzeug nach dem Krieg in Deutschland entwickelt. Dies sollte symptomatisch für seine weitere Arbeit sein und auch die Tätigkeit des in Warnemünde entstehenden Werkes prägen.

Als am 5. Mai 1922 die Einfuhr und der Bau von zivilen Flugzeugen in Deutschland durch die alliierten Siegermächte wieder freigegeben wurden und etwa gleichzeitig die Ausschreibung für einen Flugzeugwettbewerb in Gothenburg (heute Göteborg) erschien, entschloß sich Heinkel zur Gründung einer eigenen Firma und trennte sich von Caspar.

Diese Travemünder Flugzeugwerke hatten eine Belegschaft von fünf Konstrukteuren und sechs Tischlern. In einem gemieteten Raum von etwa 48 m² Fläche baute man Schwimmer für die schwedische Marine. Im Nebenzimmer einer kleinen Gastwirtschaft begann die Konstruktion der HE 3 für den Göteborger Wettbewerb. Auf der Suche nach geeigneten Betriebsräumen mietete Heinkel zum 1. Dezember 1922 die durch die Betriebseinstellung der DLR leerstehende Halle III des ehemaligen SVK in Warnemünde. Später wurde dieses Datum als Gründungsdatum der Warnemünder Firma betrachtet.

Die Werkstätten und Büros wurden ab Januar 1923 eingerichtet, wobei Werkzeuge und Maschinen billig auf dem Platz erworben werden konnten. Am 5. März 1923 kam es zur Eintragung ins Rostocker Handelsregister als Firma Ernst Heinkel Flugzeugwerke mit Sitz Warnemünde und dem Inhaber Ingenieur Ernst Heinkel zu Travemünde.

Der Bau der ersten Maschine wurde sofort begonnen. Es war eine HE 3 (Werknummer 201), die am Sportflugzeugwettbewerb in Göteborg teilnehmen sollte. Entwurf, Leistungs- und Festigkeitsberechnungen stammten von Karl Schwärzler, der bei Caspar als Ingenieur seine Arbeit begonnen hatte und dann zum Chefkonstrukteur der Heinkel-Werke wurde. Er war am 26. Januar 1901 in Linz an der Donau geboren worden und hatte von 1916 bis 1920 an der Ingenieurschule in Mittweida Maschinenbau und Elektromaschinenbau studiert.

Ernst Heinkel mit seinem ersten in Warnemünde gebauten Flugzeug HE 3 im Kreise seiner damaligen Mitarbeiter.

Die HE 3 konnte schnell von den Schwimmern auf ein Radfahrgestell umgerüstet werden.

Schwärzler, den Heinkel einen „begnadeten Techniker und ein unfehlbares Genie bei der Austüftelung scheinbar unlösbarer Konstruktionspläne" nannte, begleitete die erste Maschine nach Göteborg. Gebaut unter denkbar ungünstigen Verhältnissen, die gemietete Halle III war nicht heizbar, absolvierte sie gerade noch rechtzeitig die Probeflüge, um dann von Travemünde auf einem kleinen Frachter nach Schweden zu gelangen. Dort angekommen, rollte Carl Clemens Bücker das Fahrzeug nach der Montage zum Flugplatz, wo es zuerst ausgestellt wurde. Aufsehen erregte die schnelle Demontierbarkeit der Tragflächen und das ebenso leicht mögliche Auswechseln des

Fahrwerks gegen zwei Schwimmer, was durch besondere, patentierte Anschlüsse möglich war. Ebenso neuartig war die Verwendung eines elektrischen Bosch-Anlassers für den Motor.

Die Internationale Luftfahrtausstellung in Göteborg fand in der Zeit vom 20. Juli bis 12. August 1923 statt. Neben der Vorstellung neuer Flugzeugtypen aus Großbritannien, Deutschland, Schweden, der Tschechoslowakei, Italien und den Niederlanden gab es verschiedene Einzelwettbewerbe. Zunächst wurde am 4. August ein Flug auf der Strecke Rotterdam–Bremen–Kopenhagen–Göteborg veranstaltet. Die Reihenfolge der Ankunft ergab die Wertungsnote. Drei Tage später

Die HE 1 (Kennung D-945) war das achte in Warnemünde bei den Heinkel-Werken gebaute Flugzeug.

folgte ein Vergleich für Verkehrsflugzeuge, den der Engländer Cobham auf einer De Havilland DH 50 vor zwei Junkers F 13 knapp gewann.

Die Konkurrenz für Sport- und Reiseflugzeuge war für die deutschen Firmen besonders interessant, da nur zivile Muster mit Motoren bis höchstens 81 kW Leistung starten durften. Es waren maximal 1000 Punkte zu erreichen, die für solche Faktoren wie geringer Kraftstoffverbrauch, maximale Geschwindigkeit, größte Differenz der Geschwindigkeiten und konstruktive Durcharbeitung vergeben wurden. Den ersten Platz belegte Bücker auf Heinkel HE 3 mit 837,3 Punkten. Auf den Plätzen zwei bis sechs lagen ebenfalls deutsche Flugzeugmuster.

Für die junge Warnemünder Firma bedeutete der Sieg neben dem Gewinn von 5000 Schweden-Kronen auch den Beginn einer langjährigen Zusammenarbeit mit diesem skandinavischen Land, wobei die bestellten Flugzeuge über die von Bücker unter Beteiligung von Heinkel gegründete Firma Svenska Aero A.B. geliefert wurden. Von den drei gebauten HE 3 kaufte die schwedische Marine zwei als Schulflugzeuge und setzte sie mit den Nummern „11" und „12" unter dem Namen „Paddan" (Unke) ein.

Neben den drei HE 3 entstanden noch im Jahre 1923 die ersten Militärflugzeuge bei Heinkel. Es waren Seeaufklärer des Typs HE 1, die sich nur unwesentlich von den bei Caspar gebauten S 1 unterschieden. Den Auftrag dazu erteilte gleich nach der Besetzung des Ruhrgebiets durch französische Truppen im Januar 1923 die Reichsmarine. Natürlich nicht offen, sondern über den „Pri-

vatmann" Kapitänleutnant a. D. Walter Hormel, der im Krieg zeitweise Stellvertreter des Flugplatzkommandanten in Warnemünde gewesen und nun beim Stinnes-Konzern in Hamburg bzw. in dessen Werft Warnemünde Direktor war. Später wird er auch einige Jahre Direktor bei Heinkel.

Die angeblich für Argentinien bestimmten Maschinen mit den Heinkel-Werknummern 202 bis 211 wurden in Warnemünde gebaut und anschließend, in Kisten verpackt, nach Stockholm gebracht, wo sie eingeflogen und von der Bücker-Firma Svenska Aero A.B. im Freihafen gelagert wurden. Mitte der zwanziger Jahre tauchten sie dann mit zivilen Zulassungen bei der Severa GmbH in Deutschland auf, die ein Tarnunternehmen der Marine war. So wurden schon im ersten Existenzjahr der neuen Firma „die Weichen gestellt" für die künftige, hauptsächlich militärisch orientierte Tätigkeit im Auftrage sowohl ausländischer Besteller als auch für die im geheimen arbeitenden „Fliegerstellen" der Marine und der Reichswehr.

5.3. Die Aero-Sport GmbH

Zur zweiten Firmengründung auf dem Flugplatz Warnemünde kam es Ende 1923. Walther Bachmann, der schon vorher eine Motorenüberholungswerkstatt einrichten wollte, ließ seine Firma Aero-Sport GmbH am 19. Dezember 1923 in das Handelsregister eintragen. Neben Bachmann war der Rostocker Kaufmann Richard Louis als Geschäftsführer benannt.

Die FF 71a (Kennung D-120), die der Aero-Sport GmbH als Rundflug- und Schulmaschine diente, flog vorher beim Lloyd Luftverkehr Sablatnig.

Die D-1141 (Werknummer 111), eines der Schulflugzeuge S I der Aero-Sport GmbH, vor der Riesenflugzeughalle VII.

Die mit einem Stammkapital von 110 Billionen Mark (man befand sich in der Inflation!) gegründete Gesellschaft gab als vorgesehene Tätigkeiten an: „Erwerb, Vertrieb, Herstellung und Reparatur von Luftfahrzeugen jeglicher Art und deren Ersatzteilen, Betrieb von Luftverkehrsverbindungen, Einrichtungen einer Fliegerschule und Aufnahme ähnlicher Geschäftszweige." Dies war ein recht weit gespanntes Programm, das aber in den Folgejahren in kleinem Maßstab verwirklicht werden konnte. Allerdings blieb der Betrieb immer relativ klein und beschäftigte meist nur ein bis zwei Dutzend Personen.

Aber auch die Aero-Sport GmbH begann bereits im ersten Betriebsjahr eine Tätigkeit, deren Hintergrund weniger friedlich war, als es der Firmenzweck angab. Ehemalige Flugzeugführer der Marine schulten schon 1924 bei der neuen Gesellschaft und bildete so durch Erhalt ihrer Fähigkeiten den Bestand einer Kaderreserve für die eventuelle Aufstellung neuer Marinefliegerkräfte. Der Firmengründer Bachmann flog selbst, und das Ausbilden von Flugschülern sowie Rund- und Gelegenheitsflüge blieben ein Hauptbetriebszweig. Später nahm man auch den Bau von Holzschwimmern auf, für die aufgrund zahlreicher Brüche während der Seefliegerausbildung immer Bedarf vorhanden war.

Als Nachbau des bewährten Schulflugzeugs B III der Luftverkehrs-Gesellschaft (LVG) in Berlin aus der Zeit des Weltkrieges stellte man die Aero-Sport S 1 her, die, ausgerüstet mit Daimler-Motoren D II (89 kW), in den zwanziger Jahren in wenigen Exemplaren (etwa zehn Stück) entstand. Aus der deutschen Luftfahrzeugrolle sind acht Eintragungen dieses Musters bekannt. Eine Maschine soll angeblich nach Südamerika geliefert worden sein.

Im Jahre 1926 wurde vom Interalliierten Luftfahrt-Garantie-Komitee, das die ILÜK nach dem Mai 1922 abgelöst hatte, unter der Nummer 208 auch ein Seeflugzeug Aero-Sport W 1 mit Daimler-Motor D II als ziviles Muster bestätigt. Wahrscheinlich handelte es sich dabei nur um den Versuch, eine S 1 auf Schwimmer zu setzen. Bisher ist unbekannt, ob dieses Muster gebaut wurde, da keine Zulassung oder Fotos bekannt sind.

Später wuren auch Reparaturen und die Verschrottung von Flugbooten der Luft Hansa bzw. der Severa in das Arbeitsprogramm des kleinen Unternehmens aufgenommen. Diese Arbeiten fanden im Nebengebäude der nach dem Krieg abgerissenen Versuchshalle statt. Ebenfalls zeitweise von der Aero-Sport belegt waren die Riesenflugzeughalle VII, die am Breitling liegende Halle VI und anfangs die Halle I.

6. Der Flugplatz Warnemünde in der Zeit der Weimarer Republik

6.1. 1923 – Der Platz wird Reichseigentum

Am 16. Februar 1923 ging der Flugplatz Warnemünde offiziell in Reichseigentum über. Nach dem bereits am 28. Juli bzw. 23. August 1922 unterzeichneten Vertrag erhielt die Stadt Rostock dafür 800 000 Mark. Diese durch die Inflation „aufgeblähte" Summe war lächerlich gering, da sie nur etwa 2700 Goldmark entsprach. Die Stadt hatte allein in den Jahren 1913 und 1914 für Aufbau und Herrichtung des Flugplatzes 38 000 Mark investiert.

Unter Androhung der Enteignung übernahm der Staat sämtliche Anlagen, so daß die von der Stadt ausgegebenen Steuergelder keinerlei Nutzen für die Bürger brachten. Bestrebungen, zum Betrieb des Flugplatzes ein gemischtwirtschaftliches Unternehmen zu gründen, an dem sich auch die Junkers-Werke Dessau beteiligen wollten, scheiterten an der Haltung der zuständigen Behörden der Weimarer Republik.

6.2. 1924 – Erster Flugtag und neue Flugzeuge

Flugtag der Aero-Sport GmbH

Für die Einwohner von Rostock und Warnemünde besonders attraktiv war der von der Aero-Sport GmbH am Sonntag, dem 24. August 1924, veranstaltete Flugtag. Es war die erste Veranstaltung dieser Art in Warnemünde seit dem durch

Dieses Luftbild aus der Mitte der zwanziger Jahre zeigt vorn den Ort Warnemünde und dahinter den Flugplatz. Dort sind als markante Punkte die große Halle VII und die helle Schneise im Dünenwäldchen für die Ostseeablaufbahn sichtbar.

den Kriegsausbruch ausgefallenen Ostseeflug 1914, so daß viele Zuschauer kamen, um die angekündigten Vorführungen zu sehen. Von der Aero-Sport waren sechs Land- und fünf Seeflugzeuge aufgeboten worden. Dazu kamen noch einige Maschinen der Hamburger Gesellschaft für Luftverkehrsunternehmungen und der Junkers-Werke in Dessau.

Zur Eröffnung um 14.30 Uhr wurden Gruppenflüge gezeigt. Anschließend ein Kunstflugprogramm mit einem Sporthochdecker des Typs Stahlwerk Mark R III. Gegen 18.00 Uhr war der Absprung des „Fallschirm-Piloten" Hinderlich aus einer von Bachmann gesteuerten Maschine eine Sensation. Die Kabinenmaschine LFG V 13 der Aero-Sport GmbH führte bis 21.00 Uhr abends Passagierflüge aus.

Heinkel-Konstruktionen

Bei Heinkel wurden im Jahre 1924 drei neue Typen entwickelt, von denen aber nur wenige Exemplare gebaut werden konnten. Als Weiterentwicklung der HE 3 entstand die HE 18, ebenfalls ein Sport- und Schultiefdecker, dessen Fahrgestell leicht gegen Schwimmer getauscht werden konnte. Im Gegensatz zu ihrem Vorläufer hatte die HE 18 einen aus Stahlrohr geschweißten Rumpf mit Stoffbespannung und gegen den Rumpf abgestrebte Tragflächen, die an diesen angeklappt werden konnten. Zwei Maschinen mit den Zulassungen D-475 (Werknummer 214) und D-596 (Werknummer 215) konnten verkauft werden.

Eine der beiden HE 18 mit angeklappten Tragflächen.

Im Jahre 1924 entstanden in Warnemünde zwei Aufklärer für die US-amerikanische Firma Cox-Klemin. Die Werknummer 216 hatte einen britischen Napier-Motor „Lion".

Die Werknummer 217 besaß ein US-amerikanisches Triebwerk „Liberty".

Eine der drei bei Heinkel gebauten HD 21 vor der Halle IV.

Der nächste Entwicklungsauftrag kam aus den USA. Mit der Typenbezeichnung HD 17 entstanden in Warnemünde unter strengster Geheimhaltung zwei einstielige Doppeldecker als Nahaufklärer. Die Werknummer 216 hatte einen britischen Napier-Motor „Lion" (331 kW) und die 217 das amerikanische Triebwerk „Liberty" (294 kW). Beide Maschinen wurden nach den Vereinigten Staaten verschifft und nahmen dort an einem Vergleichsfliegen neuer Militärflugzeuge in Dayton/Ohio teil. Allerdings waren sie als Muster CO-1 bzw. CO-2 der amerikanischen Firma Cox-Klemin mit den Zulassungszeichen P-377 und P-379 deklariert. Im November 1924 reiste Ernst Heinkel dann in die USA, um diesen Flugwettbewerb zu beobachten und eventuell weitere Geschäftsabschlüsse zu tätigen.

Literaturangaben, die besagen, daß die HD 17 in Schweden bei der Schwesterfirma Svenska Aero und bei Arado/Warnemünde in Lizenz gebaut wurden, sind falsch. Sie beruhen auf der damals betriebenen Verschleierung der gegen den Versailler

Die örtliche Lage der
späteren Arado-Flug-
zeugwerke.

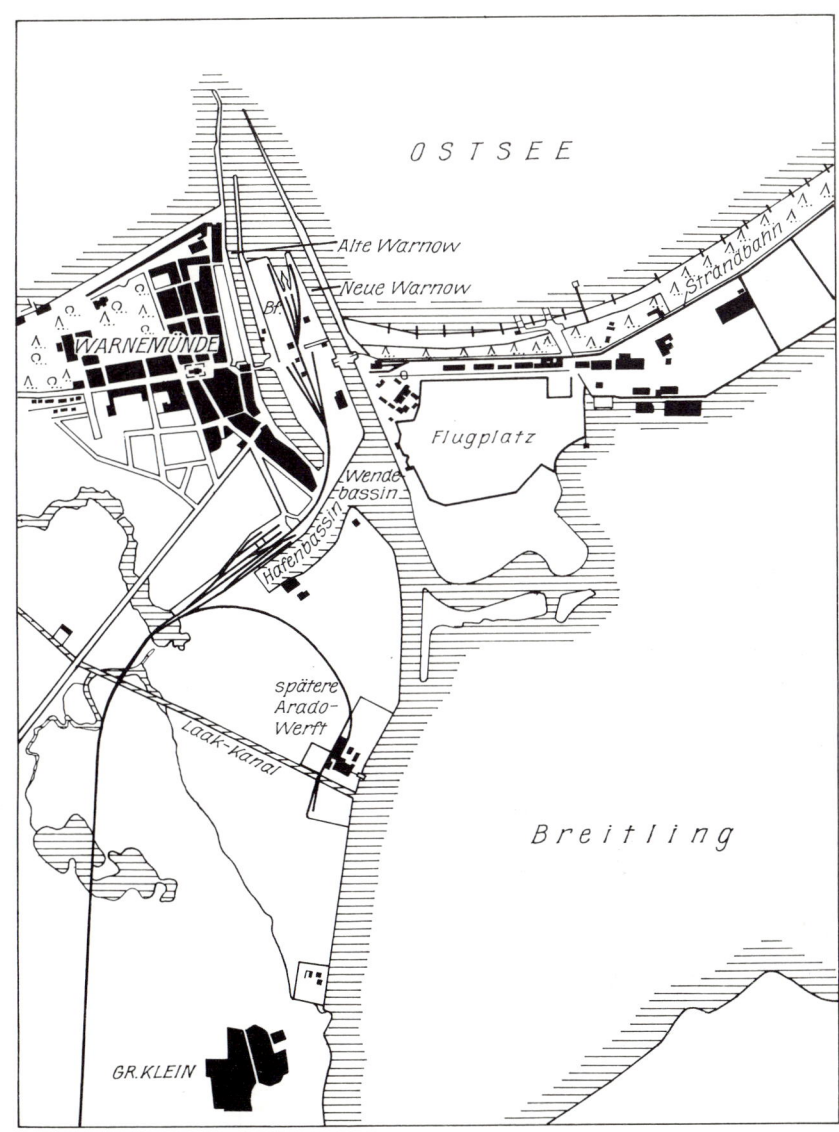

Vertrag verstoßenden Bautätigkeit. Die Gebäude des Warnemünder Flugplatzes auf den Abbildungen zeigen den Herstellungsort. Direktor Carl Clemens Bücker von Svenska Aero wurde am 24. Oktober 1924 Prokura der Firma Ernst Heinkel Flugzeugwerke Warnemünde erteilt. So tauchte auf den Lieferpapieren der HD 17 in die USA eben die Svenska Aero A. B. als Exporteur auf.

Als drittes im Jahre 1924 entwickeltes Muster ist das Schul- und Übungsflugzeug HD 21 zu nennen. Das war ein konventioneller Doppeldecker in Holzbauweise mit einem Motor Daimler D II (98 kW) oder dem Daimler D I (74 kW). Davon baute Heinkel in Warnemünde nur drei Exemplare, die als D-499, D-540 und D-680 (Werknummern 218 bis 220) zugelassen wurden.

Der verbotene Bau der für die Reichswehr bestimmten HD 17 in Warnemünde erfolgte komplett mit Bewaffnung.

Fünf HD 32 im Bau bei Heinkel: vorn die D-627 (Werknummer 229).

6.3. 1925 – Arado und Seeflug GmbH treten auf

Auch im Jahre 1925 war Warnemünde wieder Zwischenlandeplatz des Nachtluftpostverkehrs der Junkers-Werke. Obwohl nach dessen Einstellung Ende des Jahres die Benutzung des Platzes als Verkehrsflughafen endete, nahm die fliegerische Tätigkeit am Ort zu. Die ehemalige Werft Warne-

münde des Flugzeugbau Friedrichshafen begann wieder mit der Flugzeugherstellung, und neben der Aero-Sport GmbH wurde eine zweite Flugschule eröffnet. Auch der in diesem Jahr zum zweiten Mal ausgetragene Deutschlandflug berührte Warnemünde.

Arado-Handelsgesellschaft und Heinkel bauen Flugzeuge

Diese Neugründungen bzw. Umstrukturierungen der Firmen auf dem Platz sind bisher nie gründlich untersucht worden, lassen aber bei genauer Betrachtung einige Zusammenhänge erkennen, die, sicher nicht zufällig, immer wieder auf gedeckt im Hintergrund operierende militärische Stellen und Auftraggeber hindeuten.

Nachdem im Februar 1925 die Werft Warnemünde der „Dinos"-Automobilwerke AG, deren Eigentümer Hugo Stinnes war, der AG Hugo Stinnes in Hamburg unterstellt worden war, erfolgte am 18. Juni die Registrierung der neuen Firma Arado-Handelsgesellschaft mbH mit Sitz in Hamburg und Zweigniederlassung in Warnemünde. Geschäftsführer waren die „Kaufleute" Kapitänleutnant a. D. Walter Hormel und Oberstleutnant a. D. Felix Wagenführ. Die neue Gesellschaft übernahm die Anlagen der Werft Warnemünde der „Dinos" AG, deren Erlöschen im November handelsrechtlich bekanntgegeben wurde. Schon ein Jahr vorher war mit Sitz in Berlin die „Aquila"-Verkehrs GmbH gegründet worden. Ihre Aufgabe sollten Bau und Vertrieb von Flugzeugen sein. Geschäftsführer war Major a. D. Erich Serno.

In einer später veröffentlichten Geschichte der Arado-Flugzeugwerke heißt es: „An dieser Gesellschaft (der „Aquila", d. Verf.) wurde im Jahre 1925 der Flugzeugkonstrukteur Ernst Heinkel beteiligt. Heinkel betrieb mit finanzieller Unterstützung der ‚Aquila' die Neuentwicklung von Flugzeugen, die Serienfabrikation wurde in der Werft Warnemünde vorgenommen, die der ‚Aquila' zu diesem Zweck zur Verfügung stand." Als in diesem Auftrag entwickelte Muster wurden die HD 21, HD 17 und HD 32 genannt. Daraus resultiert dann die später zu lesende Behauptung vom Bau der HD 17 bei Arado. Nicht beachtet wurde dagegen dieser einzige Hinweis auf eine Finanzierung der Heinkel-Werke von außen.

In allen von Heinkel veröffentlichten Stellungnahmen wird betont, daß er keine Subventionierung erhielt. Die Finanzierung erfolgte sicherlich durch die am 7. August 1925 ins Handelsregister eingetragene Ernst Heinkel Flugzeugwerke GmbH mit Sitz Warnemünde. Deren Gesellschaftsvertrag war am 22. Juli unterzeichnet worden. Geschäftsführer mit Alleinvertretungsbefugnis waren Ernst Heinkel und Felix Kasinger. Von den 50 000 Reichsmark Stammkapital hatte Heinkel 44 000 Reichsmark in Form seines bisherigen Betriebes einge-

bracht. Kasinger, der bereits 1914 ziviler Direktor des Flugplatzes Warnemünde gewesen war, saß in zahlreichen Aufsichtsräten und Vorständen von Gesellschaften.

Daß hinter diesen formal handelsrechtlichen Veränderungen das Militär stand, zeigt sich einmal in den zahlreichen ehemaligen Offizieren, die verschiedene Direktorenposten besetzten, als auch in den oben erwähnten bestellten Mustern. Die Heinkel HD 21 und HD 32 waren Schul- und Übungsflugzeuge, die von den gerade gegründeten Fliegerschulen der Sportflug GmbH übernommen wurden. Diese „zivilen" Flugzeugführerschulen dienten eindeutig der Ausbildung eines fliegerischen Nachwuchses für später aufzustellende Luftstreitkräfte und wurden vollständig vom Staat finanziert. Das dritte Flugzeug, die HD 17, war eine Ableitung aus dem für die USA entwickelten gleichnamigen Muster. Ebenfalls ausgerüstet mit einem Napier-Motor „Lion", hatte diese Variante einen N-förmigen anstelle des I-Stiels zwischen den Tragflächen und ein etwas verändertes Seitenleitwerk.

Sieben dieser HD 17 wurden 1926 bei Heinkel in Warnemünde gebaut und dann bei der geheimen Reichswehr-Fliegerausbildungs- und Erprobungsstelle in Lipezk (UdSSR) als leichter Bomber und Aufklärer geflogen.

Die beiden erstgenannten Muster HD 21 und HD 32 wurden 1924 und 1925 in drei bzw. sieben Exemplaren bei Heinkel und in Lizenz auch bei der Arado Handelsgesellschaft gefertigt, die damit wieder den Flugzeugbau aufnahm. Dies begann mit 15 HD 21 (Werknummern 1 bis 15), und von der HD 32 folgten vier Exemplare (Werknummern 16 bis 19). Für sechs der bei Arado produzierten HD 21 und HD 32 lassen sich keine deutschen Zivilzulassungen feststellen. Sie sind entweder ins Ausland verkauft worden, was aber bisher nicht belegbar ist, oder ebenfalls bei der geheimen Fliegerausbildung der Reichswehr außerhalb Deutschlands benutzt worden. Eine HD 21 mit der Arado-Werknummer 6 gehörte noch 1929 zum Bestand in Lipezk.

Die Werknummer 7 gehörte als D-677 im April 1928 den Albatros-Flugzeugwerken. Diese waren ebenfalls eng mit der Reichswehr verflochten und oft Halter von Prototypen, die einer militärischen Erprobung unterzogen wurden. Sie traten anfänglich auch als Besitzer der späteren Erprobungsstelle der Luftwaffe in Rechlin an der Müritz auf. Die D-677 wurde im September 1929 nach Schweden verkauft und erhielt die Zulassung SE-ACY. Als

Endmontage des für Schweden bestimmten Torpedobombers HD 14.

Die in nur vier Wochen gebaute HD 27 für den US-amerikanischen Postdienst mit geöffneten Frachtluken.

Maschine des Roten Kreuzes kam sie dann im Dezember 1935 nach Äthiopien, wo sie in dem vom faschistischen Italien überfallenen Land verscholl. Neben diesen von der Reichswehr bestellten Muster entstanden im Jahre 1925 bei Heinkel noch eine Reihe anderer Maschinen, meist im ausländischen Auftrag. Ein von Schweden bestellter Torpedobomber mit Fiat-Motor A-14 (441 kW) für drei Mann Besatzung wurde nach der Erprobung in Stockholm im Juli und August wegen ungenügender Leistungen nicht abgenommen. Diese HD 14 stand dann noch jahrelang als Vorführungsobjekt im Warnemünder Werk bzw. diente als „Sicherheit" bei Kreditaufnahmen.

Am 14. Februar 1925 erhielt Heinkel einen US-amerikanischen Auftrag für ein Postflugzeug mit Liberty-Motor (294 kW) und 570 kg Nutzlast. Bedingung war die Lieferung innerhalb sechs Wo-

Erprobung der Bord-
aufklärer und der zu-
gehörigen Startbahn
für Japan in Warne-
münde: die HD 25
während der Startvor-
bereitung. Während
hier im Hintergrund
die Gebäude des Flug-
platzes zu erkennen
sind, ...

... hat der Retuscheur
diese beim Foto des
Abhebens der HD 26
beseitigt.

chen nach Auftragserteilung. Bereits zwei Wochen nach Konstruktionsbeginn begann der Bau,
wobei die Zeichnungen teilweise direkt auf die
Sperrholzplatten übertragen wurden. So konnte
die Maschine nach nur vierwöchiger Bauzeit vom
damaligen Werkpiloten Leutert eingeflogen und
Ende März in Hamburg verschifft werden. Unter
dem Namen HD 27 „Night Hawk" ist sie dann drei
Jahre erfolgreich im amerikanischen Postdienst

eingesetzt worden, bevor ein Wirbelsturm sie in
ihrer Halle vernichtete.
Anfang 1925 erhielt Heinkel vom japanischen Ma-
rineattaché in Berlin Entwicklungsaufträge für
zwei Seeaufklärer zum Einsatz von Bord schwerer
Schlachtschiffe. Daraufhin stellte man in Warnemünde je zwei Exemplare der Muster HD 25 und
HD 26 her (Werknummern 222 bis 225). Auf einer
eigens dafür errichteten Startbahn von etwa 20 m

Zwischenlandung der einzigen HD 29 während des Deutschen Rundflugs 1925 in Warnemünde. Ernst Heinkel und sein Chefkonstrukteur Karl Schwärzler begrüßen die Flieger.

Teilmontage des Aufklärers HD 33 vor dem Verschiffen zur Erprobung nach Schweden.

Länge am Breitling wurden Startversuche gegen den Wind unternommen. Die Maschinen rollten darauf mittels eines kleinen Startwagens mit voller Motorkraft. Am Ende der Bahn wurde der Wagen abgebremst, und das Flugzeug hob ab. Beide Muster waren Doppeldecker in Gemischtbauweise mit leicht demontierbaren Tragflächen und Schwimmern. Die zweisitzige HD 25 hatte den Motor Napier „Lion" (331 kW) und die einsitzige HD 26 ein Hispano-Suiza-Tiebwerk (221 kW).

Nach den ersten erfolgreichen Startversuchen in Warnemünde erhielt Heinkel eine Einladung, der Erprobung in Japan beizuwohnen. Er fuhr mit seinem Chefkonstrukteur Schwärzler Anfang August per Schiff über die USA nach Japan. C C. Bücker, der die Maschinen vorfliegen sollte, reiste mit der

Ansicht des Flugplatzes um etwa 1925. In der Mitte des Bildes ist zwischen der großen betonierten Fläche vor dem Breitling und der Chaussee nach Markgrafenheide das eingezäunte Gelände der Heinkel-Werke erkennbar. Die Riesenflugzeughalle VII rechts ist noch ungenutzt und liegt außerhalb der Platzumzäunung.

Eisenbahn über Sibirien. In Japan demonstrierte Bücker zuerst den Aufstieg von der an Land aufgebauten Startbahn, bevor er von der auf einem Geschützturm des Schlachtschiffes „Nagato" montierten Anlage startete. Die japanische Marine erwarb die Nachbaurechte für die Startbahn und beide Maschinen.

In nur jeweils einem Stück wurden im Jahre 1925 zwei weitere Muster gebaut. Die HD 29 unterschied sich als Variante der HD 21 von dieser äußerlich nur durch einen etwas geänderten Strebenbock zwischen Rumpf und oberer Tragfläche. Das einzige gebaute Exemplar war die D-689 (Werknummer 227), die auch an dem im gleichen Jahr stattfindenden „Deutschen Rundflug" teilnahm. In Aufbau und Leistungsparametern der HD 21 entsprechend, ist dieses Flugzeug in der Luftfahrzeugrolle dann auch als HD 21 aufgeführt.

Die Entwicklung des Aufklärungs-Doppeldeckers HD 33 wurde für das Reichsverkehrsministerium vorgenommen, d. h. für die Reichswehr. Dieses Flugzeug mit einem Motor BMW VIa (515 kW) wurde folgerichtig von der Luftfahrt-Garantie-Kommission der Siegermächte als Militärflugzeug bezeichnet und sein Bau verboten. Deshalb brachte man die einzelnen Baugruppen unter Leitung des Meisters Emil Schneider nach Stockholm, wo sie montiert und die Maschine eingeflogen wurde. Als später die Baubeschränkungen wegfielen, konnte das Flugzeug auch in Deutschland als D-1205 (Werknummer 237) zugelassen und geflogen werden.

Das Jahr 1925 markiert den Beginn einer für die Heinkel-Werke bis etwa 1930 reichenden typischen Periode als reines Entwicklungswerk, in dem viele verschiedene Prototypen von Flugzeugen unterschiedlicher Zweckbestimmung entwickelt wurden, die dann meist als Muster für die Lizenzproduktion ins Ausland gingen. Der größte Teil der Entwürfe berücksichtigte militärische Einsatzmöglichkeiten. Auftraggeber waren auch Marine und Reichswehr der Weimarer Republik, die so versuchten, zumindest technisch den Anschluß an die Rüstung des Auslands zu behalten. Da dies gegen die Versailler Vertragsbestimmungen verstieß, fand alles unter den unterschiedlichsten Tarnungen statt. Daß sich unter Heinkels Auftraggebern auch Vertreter der Siegermächte des ersten Weltkrieges wie die USA und Japan befanden, erleichterte dies.

Heinkel hat dazu später folgendes geschrieben: „Meine alte Schwäche war der Typenbau — jeden Tag etwas Neues, zahlreiche verschiedenartige Typen. Wir haben fast nur Militärflugzeuge gebaut, denn gerade das, was zu bauen verboten war, hat mich gereizt. Wir haben damit eine notwendige Arbeit geleistet, eine Arbeit allerdings auch, die uns dauernder Gefahr aussetzte, wie sie keinem anderen Werk drohte, das sich den gegebenen Verhältnissen durch den Bau reiner Verkehrstypen anpaßte." Dieses Zitat stammt aus den dreißiger Jahren und zeigt deutlich das Bemühen Ernst Heinkels, sich in seiner Rolle als „Pionier der Aufrüstung" den neuen faschistischen Machthabern zu präsentieren. Dies insbesondere, da er früher zumindest mit den örtlichen NSDAP-Vertretern Schwierigkeiten hatte.

In den zwanziger Jahren festigte sich die wirtschaftliche Position des kleinen Warnemünder Werkes, wenn auch Heinkel selbst wegen seines Äußeren und seines manchmal etwas cholerischen Temperaments einigen Ärger mit dem provinziell und nationalistisch eingestellten Rostokker Bürger- und Beamtentum hatte. Es gab eine Reihe von Klagen und Gegenklagen, meist wegen Beleidigung, die in der örtlichen Presse und im Schöffengericht ausgetragen wurden. Auslöser waren größtenteils gegen Heinkel und seine Familie gerichtete antisemitische Beschimpfungen, die insbesondere aus Nazikreisen kamen. Aber auch die sich mehr „seriös" gebenden bürgerlichen Presseorgane berichten genüßlich über diese Prozesse. Der örtliche Arbeitgeberverband „legte durchaus kein Gewicht auf die Mitgliedschaft" von Heinkel, dem seinerseits ebenfalls nur wenig an solchen „Vereinen" lag.

Zwischenlandeplatz des „Deutschen Rundflugs"

Das größte flugsportliche Ereignis des Jahres 1925 war zweifellos der „Deutsche Rundflug", der erstmals nach dem Krieg ausgetragen wurde. Für die in drei Leistungsgruppen startenden Flieger standen insgesamt 400 000 Reichsmark (RM) an Preisen zur Verfügung. Es mußten fünf Streckenflüge mit verschiedenen Zielpunkten und Landeplätzen in je zwei Tagen absolviert werden. Ausgangs- und Endpunkt lagen jeweils auf dem Flugplatz Berlin-Tempelhof. Warnemünde war „Zwangslandeplatz" für die Gruppe C auf der fünften und letzten Schleife.

Die Rostocker Stadtverwaltung hatte einen Sonderpreis von 500 RM gestiftet. Für die Organisation der Veranstaltung bildete sich ein Komitee aus Mitgliedern des Rostocker Aero-Clubs und der Ortsgruppe des Deutschen Luftflotten-Vereins. Die Post legte einen speziellen Fernsprechanschluß zum Flugplatz, und die Küstenfunkstelle der Marine, die im ehemaligen Torgebäude des Flugplatzes stationiert war, übernahm ebenfalls die Streckenberichtsübermittlung. Deren Inhalte wurden dem Publikum auf einer Anzeigetafel dargestellt. Die Verpflegung der zwischenlanden-

den Besatzungen organisierten die Heinkel-Werke. Da die letzte Rundstrecke am Montag, dem 8. Juni, oder am folgenden Dienstag geflogen wurde, gab es nur mäßigen Zuschauerbesuch auf dem Warnemünder Flugplatz. Es konnten nur etwa 800 Karten verkauft werden. Die zu befliegende Strecke führte von Tempelhof über Liegnitz (heute Legnica), Breslau (heute Wrocław), Frankfurt/Oder, Stettin (heute Sczcecin), Stralsund und Warnemünde zurück nach Berlin. Dabei waren von der Gruppe A (Leichtflugzeuge bis 30 kW Motorleistung) Landungen in Liegnitz und Stettin, von der Gruppe B (Kleinflugzeuge mit 30 bis 59 kW) in Breslau und Stralsund und von der Gruppe C (Sportflugzeuge mit 60 bis 88 kW) in Frankfurt/Oder und Warnemünde auszuführen. Die anderen Flugzeuge hatten nur jeweils eine Wendemarke zu umfliegen, konnten aber auch zum Tanken oder aus anderen Gründen zwischenlanden. Wertungsschluß war 21.00 Uhr.

Zur letzten Etappe erschienen am Start in Berlin noch 37 Flugzeuge, die anderen waren durch Bruchlandungen ausgeschieden oder hatten aufgegeben. Schnellster war Paul Bäumer auf seiner B II „Sausewind" (Kennung D-639), die ihrem Namen alle Ehre machte und die 1034 km lange Strecke in einer Flugzeit von 8 Stunden und 8 Minuten zurücklegte. Zweiter an diesem letzten Tag wurde Polte auf dem Kleinverkehrsflugzeug Udet U 8 (Kennung D-670) und Dritter Basser auf der Heinkel HD 21 (Kennung D-680). Bäumer lag ab Breslau an der Spitze des Feldes und landete von Stralsund kommend um 11.25 Uhr in Warnemünde. 16 Minuten später ging es auf den letzten Streckenabschnitt. Bis Wertungsschluß hatten 30 Maschinen Warnemünde vorschriftsmäßig überflogen oder waren gelandet. Zwei blieben auf der Strecke, so daß man für Dienstag noch fünf Teilnehmer erwartete.

Das Ergebnis des Rundflugs war relativ positiv für die Heinkel-Werke, die mit zehn Maschinen der Typen HD 21 und HD 32 praktisch ein Fünftel der Teilnehmer stellten. Sie durchflogen auch zu einem großen Teil die Gesamtstrecke und konnten mehrere vordere Plätze belegen.

Auslandsaufträge und ein neuer Flugtag

Für Schweden wurde das Schulflugzeug HD 35 entwickelt, dessen Baujahr bisher immer mit 1926 angegeben wurde. Das stimmt nicht, da das in Warnemünde gebaute Musterflugzeug (Werknummer 235) zusammen mit den Typen HD 21,

Die zweite HD 35 wurde in Deutschland als D-1319 zugelassen.

HD 29 und HD 32 am 16. Dezember 1925 von den Heinkel-Werken auf dem Berliner Flugplatz Tempelhof Vertretern in- und ausländischer Behörden vorgeführt wurde. Danach konnten die anwesenden Piloten sie auch fliegen. Trotz Sturm- und Schneewetters fand das Vergleichsfliegen statt. Dabei erhielt die neue HD 35 sehr gute Beurteilungen als geeignetes Anfangsschulflugzeug.

Die schwedische Armee kaufte die HD 35 und setzte sie unter der Bezeichnung Sk 5 (Skolflygplan – Schulflugzeug) von 1925 bis 1929 ein. Später flog das Flugzeug noch bis 1940 mit der Zulassung SE-SAM für verschiedene zivile schwedische Eigentümer. Die zweite gebaute HD 35 (Werknummer 236) wurde in Deutschland als D-1319 zugelassen.

Wie im Vorjahr veranstaltete die Aero-Sport GmbH an einem Sonntag (26. Juli 1925) einen großen Flugtag auf dem Warnemünder Flugplatz. Da zuvor ein starker Regen niederging, waren nur etwa 1500 Zuschauer anwesend, die diesmal aber durch eine veränderte Absperrung näher an die Flugzeuge herankamen und damit unmittelbar am Fluggeschehen teilnahmen. Die Aero-Sport hatte vier Maschinen im Einsatz und zeigte neben einem Formationsflug der Piloten Bachmann, Bartholomäus und Edler auch Kunstflugvorführungen. Dazu gehörte eine sogenannte Ballonjagd, die im Einholen und Zerstören kleiner, wasserstoffgefüllter Ballons mit dem Flugzeug be-

stand. Die besondere Attraktion waren zwei Absprünge des Hamburger „Fallschirmpiloten" Merckelbach aus 300 m Höhe.

Gründung der Seeflug GmbH

Im Rostocker Handelsregister tauchte am 26. August 1925 die Seeflug GmbH mit Sitz in Warnemünde auf. Damit schuf sich die Marine eine Ausbildungsstätte für Seeflugzeugführer und -beobachter. Da dies verboten war, wurde es unter dem Deckmantel einer privaten Gesellschaft betrieben. Geschäftsführer und Leiter der Schule wurde Korvettenkapitän a. D. Konrad Goltz, der im Krieg hohe Kommandoposten in der deutschen und türkischen Marinefliegerei innegehabt hatte. Zur Illustration der damals betriebenen Tarnung sei aus der anfangs genannten Eintragung zitiert: „In das Handelsregister ist heute die Firma Seeflug GmbH mit dem Sitz Warnemünde eingetragen. Der Gesellschaftsvertrag ist am 23. Juli 1925 abgeschlossen. Gegenstand des Unternehmens ist die Förderung der deutschen See- und Sportfliegerei. Die Gesellschaft hat die Flugausbildung unter Gewährung besonderer finanzieller Vergünstigungen zum Ziele und will somit wesentlich der Förderung minder bemittelter Volksgenossen dienen. Zur Beschaffung der hierzu erforderlichen Mittel befaßt sie sich mit der Einrichtung von Sport- und Werbeflug-Unternehmungen und der

Tabelle 2   Heinkel-Flugzeuge von 1921 bis 1925

Typ	Besatzung	Motor	Leistung kW	Spannweite m	Flügelfläche m²	Länge m	Leermasse kg	Startmasse kg	Höchstgeschwindigkeit km/h	Landegeschwindigkeit km/h	Steiggeschwindigkeit m/s	Gipfelhöhe m
U 1	1	SH	44	7,20	14,0	6,20	350	500	150		2,8	3000
HE 1	2	RR „Eagle IX"	265	17,43	52,3	12,66	1800	2474	180	84	3,3	3800
HE 3L	3–4	SH 12	74	12,00	20,0	7,12	556	936	150	78	3,0	4200
HE 3W	3	SH 6	74	12,00	20,0	7,80	605	985	140	80	2,6	3800
HE 18L	2	SH 5	59	11,10	17,4	7,20	490	720	145	78	1,9	3200
HE 18W	2	SH 5	59	11,10	17,4	7,80	545	775	140	80	1,2	2500
HD 17	2	Napier „Lion"	331	12,80/ 11,40	40,6	11,80	1380	2200	220	90	4,8	6500
HD 21	2–3	Daimler D II	88	10,00/ 9,40	27,4	7,20	680	980	142	73	2,8	4000
HD 32	2	SH 12	74	10,50/ 9,00	24,3	6,80	520	900	140	70	2,2	3800
HD 14	3	Fiat	441	19,00/ 19,00	103,3	14,70	3400	5600	175	89	2,0	4000
HD 27	1	Liberty	294	13,60	51,6	9,20	1275	2330	205	81	5,4	6500
HD 25	2	Napier „Lion"	331	14,85/ 14,15	55,8	9,60	1550	2500	190	77	5,5	5800
HD 26	1	Hispano	221	11,80	37,8	8,30	1100	1677	185	77	4,2	5200
HD 29	2–3	Daimler D I	74	10,50	27,7	7,20	680	950	135	70	1,8	3100
HD 33	2	BMW VI a	515	12,80/ 11,40	43,3	9,40	1600	2730	246	90	5,4	6200
HD 35	2–3	Daimler D II	88	11,00/ 9,84	32,4	7,50	760	1060	138	71	1,8	3300

Friedrichshafen-Doppeldecker FF 49 bildeten die Erstausstattung der Seeflug GmbH und später der DVS-Zweigstelle Warnemünde.

Beteiligung an solchen, sowie mit Geschäften jeder Art, die der Finanzierung solcher Unternehmungen dienen, insbesondere betreibt sie die Sammlung und Verwaltung von Spenden zur Förderung des Sportfluges. Das Stammkapital beträgt 5000 RM ... Alleiniger Geschäftsführer ist der Kaufmann Konrad Goltz zu Berlin."

Der Schulbetrieb wurde mit drei See-Doppeldeckern des Typs Friedrichshafen FF 49 aufgenommen. Zuerst schulten ehemalige Marineflieger, damit sie als „Sportflieger" wieder ihren Flugzeugführerschein erhielten. Zur Absolvierung dieser Ausbildungsphase wurden die Offiziere von der Marine „beurlaubt". Der nächste Schritt, des ab 1925 von Fregattenkapitän Lahs in der Seetransportabteilung des Allgemeinen Marineamtes geleiteten Aufbaus einer Marinefliegertruppe war der Beschluß, jährlich zwölf Seekadettenanwärter vor ihrem Eintritt in die Marine als Flieger auszubilden. Nach einem seemännischen Grundkurs an der ebenfalls von der Marine geschaffenen „Hanseatischen Yachtschule" in Neustadt/Holstein kamen diese „Jungmärker" als Flugschüler nach Warnemünde, von wo sie nach ihrer Flugausbildung zur Marine eingezogen wurden. Weitere Auffrischungslehrgänge und Spezialschulungen vollzogen sich dann zeitweilig während sogenannter „Beurlaubungen vom Dienst". Damit war nach außen der „zivile Charakter" dieses Ausbildungsgangs gewahrt.

Auf dem Flugplatz Warnemünde existierten im Jahre 1925 neben den drei Firmen Aero-Sport GmbH, Ernst Heinkel Flugzeugwerke GmbH und Seeflug GmbH noch die sogenannte Radio-Werft, die Maschinenbau und Autoreparaturen betrieb, die Küstenfunkstelle der Marine und die Hilfsstelle des Finanzamtes, die die Leitung des Flugplatzes als Reichsbehörde versah. Letztere befand sich in der ehemaligen FT-Versuchsbaracke des Seeflugzeug-Versuchskommandos, weitere zwei Baracken hatte der Mecklenburgische Aero-Club gemietet.

6.4. 1926 – Der „Deutsche Seeflug-Wettbewerb"

Die „Pariser Vereinbarungen"

Das Luftfahrtgeschehen im Deutschland des Jahres 1926 war entscheidend durch die sogenannten Pariser Vereinbarungen vom 21. Mai 1926 beeinflußt. Darin wurden die ab 5. Mai 1922 geltenden Begriffsbestimmungen, die die Leistungsdaten der Deutschland gestatteten Zivilflugzeuge festlegten, aufgehoben. Bestehen blieb das Verbot, Militärflugzeuge und Luftstreitkräfte zu unterhalten. Allerdings konnten jetzt in beschränktem Umfang in Deutschland Flugzeuge gebaut werden, deren Leistungsparameter denen der modernen Kampfflugzeuge des Auslands ebenbürtig waren, wenn auch „nur" für „zivile" Zwecke. Ebenfalls verboten wurde nun jedoch die Förderung des Flugsports durch die „öffentliche Hand".

Die D-939, eine der bisher in Schweden gelagerten HE 1, ist, 1926 für die Severa zugelassen, bei Heinkel für den Seeflug-Wettbewerb vorbereitet worden. Vor dem Flugzeug steht eine chinesische Delegation, der die Maschine vorgeführt wurde.

Planung des Seeflug-Wettbewerbs

Warnemünde war in diesem Jahr Austragungsort eines großen Seeflugzeugwettbewerbs. Es war die erste Veranstaltung dieser Art nach dem Krieg, dessen Ausbruch den geplanten „Ostseeflug 1914" enden ließ, bevor er richtig begann. Seitdem hatte die Flugzeugentwicklung große Fortschritte gemacht. Die durchschnittliche Motorenleistung war beispielsweise von etwa 110 auf 340 kW gestiegen.

Auch 1926 war die Marine der eigentliche Initiator des Wettbewerbs, konnte aber nicht öffentlich in Erscheinung treten. Deshalb fungierte als Veranstalter offiziell der „Deutsche Luftfahrt-Verband e. V." (DLV), der im Februar die erste vorläufige Ausschreibung herausgab. Als Zweck der Veranstaltung galt die „Züchtung eines seetüchtigen, leistungsfähigen und betriebstüchtigen Postflugzeugs". Die für Fliegerfragen zuständige Gruppe BSx der Marineleitung dachte dabei natürlich an einen leistungsfähigen Seeaufklärer. Gleichzeitig sollten möglichst viele Flugzeugbaufirmen in Deutschland angeregt werden, sich mit Seeflugzeugen zu beschäftigen.

Die Maschinen konnten bis zum 1. März benannt werden. Offizieller Nennungsschluß war der 15. Juni. Gegen entsprechende Nachgebühren war eine Meldung noch bis 1. Juli möglich. Im Wettbewerb waren eine technische Leistungsprüfung in der Zeit vom 12. bis 23. Juli und anschließende vier Streckenflüge über insgesamt etwa 4000 km längs der gesamten damaligen deutschen Ost- und Nordseeküste vorgesehen. Dazu kam eine Seetüchtigkeitsprüfung, die bei Seegang 4 stattfinden sollte.

Wettbewerbsvorbereitung und andere Arbeiten bei Heinkel

Auch bei Heinkel arbeitete man an Maschinen für den Wettbewerb. Die Entwicklungsaufträge kamen von Reichsverkehrsministerium (RVM), das damit die entsprechenden Forderungen der Marineleitung weitergab. Daneben liefen auch Arbeiten für ausländische Auftraggeber und die Reichswehr. Durch die Aufhebung der Baubeschränkungen war der größte Teil der 1926 zur Ausführung kommenden Entwürfe für das RVM bestimmt. Insgesamt bauten die Heinkel-Werke in diesem Jahr acht verschiedene Muster neu. Die Zahl der Beschäftigten hatte sich gegenüber dem Vorjahr mehr als verdoppelt, da im Jahresdurchschnitt

113 Arbeiter und 55 Angestellte im Betrieb tätig waren.

Zunächst entstand für den Berliner Ullstein-Verlag ein Spezialflugzeug für den Zeitungstransport. Die auf den Erfahrungen mit dem im Vorjahr nach den USA gelieferten Postflugzeug HD 27 basierende HD 39 wurde als Einzelstück (Werknummer 238) gebaut und ab April 1926 mit einer auffallenden Reklamebemalung aus schwarz-gelben Streifen unter dem Namen „B. Z. I" (Zulassung D-889) geflogen. Das Flugzeug besaß eine spezielle Abwurfvorrichtung, die es dem Piloten erlaubte, einzelne der Zeitungspakete von je 50 kg Masse mit einem Hebel über Seilzüge auszuwählen und an bestimmten Orten abzuwerfen. Erstmalig kam bei diesem Muster die neue Ganzmetall-Luftschraube der Firma Aeron-Reed zum Einsatz. Die Maschine bewährte sich im täglichen Einsatz, und bereits elf Monate später, im April 1927, konnte das Zurücklegen von 100000 Flugkilometern in der Ullstein-Presse gefeiert werden.

Nach diesem Spezialflugzeug folgte der Bau einer Serie von sieben Landaufklärern für die geheime Reichswehr-Ausbildungsstelle in Lipezk (UdSSR). Es waren Maschinen des Typs HD 17, abgeleitet aus dem 1924 in zwei Exemplaren nach den USA gelieferten gleichnamigen Muster. Als Motor fand wieder der Napier „Lion" Verwendung. Im Gegensatz zu den beiden Mustermaschinen hatten die 1926 hergestellten Flugzeuge N-förmige Flügelstiele und ein geändertes Seitenleitwerk mit Hornausgleich am Ruder.

Der Bau dieser offensichtlichen Militärflugzeuge, der komplett mit Bewaffnung in Warnemünde erfolgte, erforderte natürlich besondere Sicherheitsvorkehrungen, um vor Überraschungen durch das Interalliierte Luftfahrt-Garantie-Komitee, das nach Ende des Bauverbots 1922 die ILÜK ersetzt hatte, sicher zu sein. Wenn eine Inspektion bevorstand, erhielt Heinkel eine kurze telefonische Warnung durch die deutschen Begleitoffiziere dieser Kommission oder durch die dazugehörenden Japaner. Sofort verlud man die verbotenen Maschinen auf Wagen und brachte sie in die angrenzende Rostocker Heide, bis der unerwünschte Besuch vorüber war. Daß dieses leicht zu durchschauende System über Jahre funktionierte, zeigt deutlich, wie halbherzig von seiten der ehemaligen Gegner die Abrüstung Deutschlands betrieben wurde. Es ist unwahrscheinlich, daß die Sicherheitsdienste, beispielsweise der Briten, nicht gewußt haben, was hier gespielt wurde. Man glaubte aber nicht an eine reale Gefahr und hoffte gleichzeitig auf

Das Zeitungsflugzeug HD 39 nach seiner Fertigstellung vor der Halle IV in Warnemünde. Das damalige orthochromatische Filmmaterial läßt das Gelb der Reklamebemalung dunkel erscheinen.

Eine der für die Reichswehr gebauten HD 17 nach der Fertigstellung in Tarnbemalung, aufgenommen auf dem südlichen Teil des Warnemünder Flugplatzes.

Das Musterflugzeug der HE 4 (Werknummer 246) während der Werkerprobung in Warnemünde.

eine einseitige Orientierung des so am Leben erhaltenen deutschen Militarismus auf eine spätere „Ostexpansion".

Nach den sieben HD 17 (Werknummern 239 bis 245) wurde in Warnemünde der Prototyp der HE 4 als Weiterentwicklung der in Schweden eingesetzten Muster HE 1 (S. I) und HE 2 (S. II) für die dortige Marine gebaut. Nach Fertigstellung und Erprobung des Musterflugzeugs (Werknummer 246) in Warnemünde übernahm der Auftraggeber die mit einem Rolls-Royce-Motor „Eagle IX" (265 kW) ausgerüstete dreisitzige Maschine mit der Dienstnummer 47. Im Februar 1927 kam sie zur Flygvapnet (jetzt als 247) und blieb bis zu ihrer Abschreibung im Oktober des Jahres 1931 im Dienst.

Svenska Aero nannte das Muster S. IIa oder auch S. III. Die schwedische Militärbezeichnung war S 4 oder „Hansa Typ 47". Svenska Aero baute 1926/27 sechs HE 4 in Lizenz. Diese erhielt die lettische Marinefliegerdivision, die sie bei ihrer 1. Aufklärungsgruppe einsetzte.

Die nächsten Heinkel-Werknummern (247 bis 250) belegten die für den Seeflug-Wettbewerb gebauten Muster HE 5 und HD 24. Da höchstens zwei Maschinen eines Typs teilnehmen durften, meldeten die Heinkel-Werke zwei HE 5 mit unterschiedlichen Motoren und zwei HD 24 an. Erstere waren die Seeaufkärler HE 5a (Werknummer 247) mit dem wassergekühlten Motor Napier „Lion" (331 kW) und die HE 5b (Werknummer 248) mit luftgekühltem Triebwerk Gnôme-Rhône „Jupiter" (309 kW).

Die HD 24 (Werknummern 249 und 250) waren See-Schulflugzeuge, die aber schnell und komplikationslos in Landflugzeuge umgebaut werden konnten.

Verlauf des Seeflug-Wettbewerbs

Zum Meldeschluß Mitte Juni für den nach zwölfjähriger Pause wieder in Warnemünde stattfindenden Wettbewerb waren 13 Flugzeuge in die Startliste eingetragen. Diese Zahl erhöhte sich bis zum Beginn der Veranstaltung auf 17. Neben drei zu jener Zeit bereits im Gebrauch befindlichen Mustern, Junkers A 20, Heinkel S 1 und LFG Stralsund V 59, waren alle anderen gemeldeten Flugzeuge speziell für den „Deutschen Seeflug-Wettbewerb" (DSW 1926) entwickelt worden.

Am 10. und 11. Juli trafen die Maschinen in Warnemünde ein. Mit Zustimmung aller Teilnehmer wurde auch die verspätet gemeldete Udet U 13 mit der Wettbewerbsnummer 18 zugelassen. Die Gerbrecht W 3 kam unvollendet per Bahn an. Ihre Fertigstellung übernahm die Arado-Werft. Die Luftfahrzeug-Gesellschaft Stralsund zog ihr Muster V 59 zurück, während die Caspar-Werke in Travemünde Pech hatten, als ihre C 29 während der Werkerprobung verbrannte. Die beiden Dornier-Flugboote Do E/72 nahmen auch nicht an den Wertungsflügen teil. Eine der beiden Maschinen, die am 17. Juli in Warnemünde eintrafen, wurde der Wettbewerbsleitung zur Verfügung gestellt.

Am 12. Juli begannen die technischen Prüfungen durch die „Deutsche Versuchsanstalt für Luftfahrt" (DVL) mit dem Wiegen der leeren Maschinen und der Volumenbestimmung der Brennstoff-, Öl- und Kühlwasserbehälter. In den folgenden Tagen, bis zum 23., folgten die Geschwindigkeitsmessungen, die Bestimmung des Treibstoffverbrauchs auf einer 230 km langen Strecke, der Startstrecken und der Steiggeschwindigkeiten.

Es kam auch zu den ersten Schäde. Schwerwiegend war der Unfall des Rohrbach-Flugbootes

Die HE 5b (Werknummer 248) mit luftgekühltem Sternmotor: das lange Zeit führende Flugzeug im Seeflug-Wettbewerb 1926.

Tabelle 3
Meldeliste zum Deutschen
Seeflug-Wettbewerb 1926

Nr.	Melder	Typ	Motor	Leistung kW	Pilot
1	LFG	V 59	BMW IV	176	Ferber/Fischer
2	LFG	V 59	BMW IV	176	Gundelfing
3	LFG	V 60	„Jupiter"	294	v. Reppert
4	Casbar	C 29	Hispano	221	Berthold/Sido
5	Rohrbach	Ro VII	2 × BMW IV	je 176	Landmann
6	Rohrbach	Ro VII	2 × BMW IV	je 176	Roth
7	Junkers	W 33	L 5	206	Langanke/Thiedemann
8	Junkers	W 34	„Jupiter"	357	Zimmermann/Frantz
9	Heinkel	HE 5a	„Lion"	331	v. Gronau
10	Heinkel	HE 5b	„Jupiter"	357	v. Dewitz
11	Heinkel	HD 24	BMW IV	176	Köhler/Spies
12	Heinkel	HD 24	BMW IV	176	Roth
13	Gerbrecht	W 3	3 × Thulin	je 81	Schüler
14	Dornier	Do E	„Jupiter"		Köhler
15	Dornier	Do E	„Jupiter"		Klausbruch
16	Severa	A 20	L 5	206	Friedensburg/Hagen
17	Severa	He S I	„Eagle"	265	Starke/Kessel
18	Udet	U 13			

„Robbe" mit der Wettbewerbsnummer 6, dem am 15. Juli, kurz vor der Landung, die Steuerbord-Luftschraube auseinanderflog. Ein Teil durchschlug dabei das Querruder, ein anderes den Backbordpropeller, dessen Stücke dann den Rumpf beschädigten. Der Pilot Roth konnte die Maschine aber noch glatt zu Wasser bringen und an Land rollen. Das Flugzeug schied danach aus dem Wettbewerb aus.
Die Udet U 13 „Bayern" wurde bis zum 20. Juli nicht fertig und schied aus, ebenso die beiden Dornier-Flugboote, deren Propellerprobleme nicht gelöst werden konnten. Da auch die Gerbrecht W 3 bei Arado am 20. Juli nicht bereit war, blieben zehn Maschinen, die die Werkmonteure intensiv auf die Streckenflüge vorbereiteten.
Am 24. Juli gaben um 7.00 Uhr zwei grüne Leuchtkugeln das Signal zum Aufstieg. Die Maschinen rauschten durchs Wasser des Breitlings und kreisten wartend vor der vorgegebenen Startlinie. Ein

Die dreimotorige Gerbrecht W 3 verläßt nach der Fertigstellung die Arado-Werft in Warnemünde, kam aber für den Wettbewerb zu spät.

Ein Teil der Wettbe-
werbsmaschinen auf
dem Breitling. Vorn
die Junkers-Muster,
dahinter zwei Heinkel-
Flugzeuge und eine
alte FF 49. Gut erkenn-
bar auch die Farbmar-
kierungen der Seiten-
ruder, die den Zu-
schauern eine Identifi-
zierung der Maschi-
nen ermöglichen
sollte.

Die LFG V 61 wird
während der techni-
schen Vorprüfung des
Deutschen Seeflug-
Wettbewerbs 1926 ge-
wogen.

Die Rohrbach
„Robbe" (Kennung D-
927) schied nach Pro-
pellerschaden aus.

Tabelle 4
Starterliste zum Deutschen
Seeflug-Wettbewerb 1926

Nr.	Typ	Zulassung	Pilot	Kennzeichen am Seitenruder
2	LFG V 60	D-924	Haase	rot
3	LFG V 61	D-925	v. Reppert	hellblau
5	Ro VII	D-926	Landmann	weiß, vert. gelber Strich
6	Ro VII	D-927	Roth	rot, vert. gelber Strich
7	W 33	D-921	Langanke	hellblau, vert. gelber Strich
8	W 34	D-922	Zimmermann	schwarz, vert. gelber Strich
9	HE 5a	D-937	v. Gronau	weiß, gelber Kreis
10	HE 5b	D-938	v. Dewitz	rot, gelber Kreis
11	HD 24	D-934	Geisler	hellblau, gelber Kreis
12	HD 24	D-935	Spies	schwarz, gelber Kreis
16	A 20	D-826	Friedensburg	schwarz, weißes vert. Kreuz
17	He S I	D-939	Starke	weiß, hellblaues hor. Kreuz

doppelter Startschuß gab dann das Rennen auf der ersten, fast 1 000 km langen Etappe frei. Es ging über Kiel, Hamburg, Bremerhaven und Borkum nach Norderney, der ersten Übernachtungsstation.

Die am 19. Juli von der DVL noch abgenommene U 13 hatte zwar die technische Prüfung nicht absolviert, startete aber eine Stunde nach dem Hauptfeld ebenfalls, um außer Konkurrenz am Streckenflug teilzunehmen.

Der bis Hamburg führende Wolfgang v. Gronau auf der HE 5a erhielt nach seiner Landung auf der Alster einen goldenen Pokal, verlor aber seinen Vorsprung, als er den „Lion"-Motor nicht zu star-

ten vermochte. Die Eigenschaft dieses Triebwerks, im heißen Zustand nicht wieder anzuspringen, wurde ihm zu Verhängnis. Dadurch siegte an diesem Tag v. Dewitz auf der HE 5b. Zweiter wurde Zimmermann auf seiner Junkers W 34, gefolgt von Starke (Heinkel S I), v. Friedensburg (Junkers A 20), Spies (Heinkel HD 24) und Haase (LFG V 60). Die restlichen Maschinen trafen mehr als zwei Stunden nach dem Etappensieger ein. Die andere HD 24 mußte vor einem aufkommenden schweren Gewitter landen, hatte dabei Tragflächenschaden und wurde beim Einschleppen auf die Insel Spiekeroog gänzlich zerstört.

Der Rückflug am 25. Juli von Norderney über List/

Die Informationstafel für die Zuschauer in Warnemünde zeigte am ersten Tag die Wertungen der technischen Prüfung und die erreichten Etappenorte. Zu diesem Zeitpunkt führte die HE 5b mit der Wettbewerbsnummer 10.

Sylt, Wyk auf Föhr und Schleswig-Holstein nach Warnemünde wurde durch Südwestwind und Regenböen erschwert. Am Ende dieser 984 km langen Strecke trafen wieder zwei der Heinkel-Maschinen als erste ein.

Für die Besucher auf dem Warnemünder Platz war eine große Nachrichtentafel aufgestellt, die neben den Angaben zur Bewertung der technischen Leistungsprüfung an den Streckenflugtagen die Zwischenlandeplätze verzeichnete, während Zwischenräume die Wendemarken markierten. Nach den telefonisch oder auf dem Funkweg eintreffenden Meldungen von den Etappenorten wurden kleine Tafeln mit den Wettbewerbsnummern der teilnehmenden Maschinen den entsprechenden Orten zugeordnet. Diese Tafeln waren je nach Tagesstrecke gefärbt: am ersten Tag weiß, am zweiten grün, am dritten rot und am vierten blau umrandet.

Am Montag, dem 26. Juli, starteten nur noch acht Maschinen nach Pillau (heute Baltisk) in Ostpreußen. Es herrschten teilweise bis zu Windstärke 6 und hoher Wellengang, was zu mehreren Ausfällen und Beschädigungen führte. Leider forderte die See auch ein Todesopfer. Die LFG V 60 (Kennung D-924) mit Flugzeugführer Haase und Orter Kolbe ging 17.10 Uhr in Mürwick auf die noch nicht abgeschlossene zweite Tagesstrecke nach Warnemünde. Zuletzt in Falshöft gesehen, blieb das Flugzeug vermißt. Erst am folgenden Morgen entdeckte ein Minensuchboot das treibende Wrack. Der gerettete Beobachter Kolbe gab an, daß der Pilot wegen eines Motordefekts auf See niedergehen mußte. Durch eine Sturzwelle brach bald darauf das Heck des Flugzeugs ab, und Kolbe stürzte ins Wasser. Als er sich auf einen der beiden Schwimmer rettete, kippte das Wrack um, so daß sich beide Insassen nur noch am Schwimmer festhalten konnten. Gegen Morgen verließen Haase die Kräfte, und er ertrank kurze Zeit vor dem Eintreffen der Suchboote.

Weitere Ausfälle am dritten Tag waren ein Schwimmerschaden an der Junkers A 20 bei der Landung auf dem Dammschen See und die Notlandung der Junkers W 34 unter Zimmermann im Leba-See. Die Besatzung wurde von einem Torpedoboot aufgenommen, während die Maschine beim herrschenden Seegang nicht geborgen werden konnte. Sie trieb nach etwa 40 Stunden an Land, mußte aber danach abgewrackt werden.

Am nächsten Morgen war Startverbot, da inzwischen Windstärke 8 herrschte. Der Rückflug nach Warnemünde erfolgte erst am Mittwoch, wobei

der geplante Abstecher nach Bornholm ebenso wegfiel, wie die Zwischenlandung in Stolpmünde (heute Ustka). Innerhalb kurzer Zeit starteten die verbliebenen sechs Maschinen ab 7.00 Uhr und landeten zwischen 14.30 Uhr und 17.38 Uhr mit Ausnahme des zweiten LFG-Musters alle in Warnemünde. Die LFG V 61 war tief über See bei dauernden Regenschauern fliegend gegen 11.00 Uhr bei Misdroy (heute Miedzyzdroje) durch eine Fallböe in die Wellen gedrückt worden und kurz darauf versunken. Der Pilot v. Reppert und seine beiden Begleiter wurden gerettet.

Die letzte Etappe hatte wieder v. Gronau mit seiner HE 5a in der kürzesten Zeit zurückgelegt. Er rückte durch sein gutes Abschneiden vom fünften Platz nach der technischen Prüfung auf den zweiten Rang vor.

Am Ende des 4000 km langen Streckenflugs, der von den Maschinen und ihren Besatzungen alles gefordert hatte, waren nur noch sechs Teilnehmer im Wettbewerb. Es führten die beiden HE 5, gefolgt von der Junkers W 33 des Piloten Langanke. Bei Seegang 4 und Windstärke 5 wurde am Sonnabend (31. Juli 1926) ab 9.00 Uhr die Seetüchtigkeitsprüfung als letzte Bewertung vorgenommen. Das Programm sah drei Starts und Landungen, Rollen einer Acht und eine Wendigkeitsprüfung vor. Es wurde lediglich beurteilt, ob eine Maschine die Prüfung bestand oder nicht. Letzteres bedeutete das Ausscheiden, unabhängig von den vorher erzielten Ergebnissen. Die Startfolge der noch teilnehmenden Maschinen bestimmte das Los.

Von Gronau mit der HE 5a, erledigte als Erster seine Starts und Landungen rasch und sicher. Dem bis dahin führenden v. Dewitz auf der HE 5b, der danach antrat, brachen bei der ersten Landung beide Schwimmerspitzen seiner Maschine. Das zur Hilfe eilende Sicherungsboot „Otto Lilienthal" rammte und versenkte anschließend die noch schwimmfähige Maschine.

Gesamtsieger des Wettbewerbs wurde schließlich Wolfgang v. Gronau auf der HE 5a. Er erhielt 247125 Reichsmark (RM), mehr als die Hälfte der ausgesetzten Gesamtsumme von 394000 RM. An zweiter Stelle rangierte Langanke auf der Junkers W 33, der 112950 RM bekam, gefolgt von Spies auf Heinkel HD 24 mit 14925 RM. Daneben wurden noch zahlreiche Sach- und Ehrenpreise verteilt.

Dieses Endergebnis war ein bedeutender Erfolg für die Heinkel-Werke, der natürlich auch neue Aufträge aus dem In- und Ausland brachte und

Die von Reppert geflogene LFG V 61 ging am 28. Juli über See verloren.

Der führende v. Dewitz zerbrach bei der Seetüchtigkeitsprüfung beide Schwimmerspitzen seiner HE 5b. Das Sicherungsboot „Otto Lilienthal" kam dem noch schwimmfähigen Flugzeug zu Hilfe ...

... und versenkte die Maschine durch Rammstoß.

Erinnerungsfoto der gesamten Heinkel-Belegschaft mit der Siegermaschine des Deutschen Seeflug-Wettbewerbs 1926, der HE 5a.

das Interesse an der kleinen Warnemünder Firma erhöhte. Gleiches gilt für die beiden aus der F 13 entwickelten Junkers-Muster W 33 und W 34. Erinnert sei hier nur an die zahlreichen späteren Rekordflüge der W 33 und die erste erfolgreiche Ost-West-Überquerung des Atlantiks durch Köhl, v. Hünefeld und Fitzmaurice auf diesem Typ zwei Jahre später.

Im Gegensatz dazu war die LFG gezwungen, ihren Flugzeugbau auf der Werft Stralsund aufzugeben. Die dortigen Anlagen gingen im Oktober in den Besitz der Rohrbach-Werke über. Heinkel konnte Lizenzen für die HE 5 und die HD 24 an Schweden verkaufen und auch eine Reihe von ihnen für die Ausbildung von Seefliegern in Deutschland bauen.

Weitere Entwicklungen bei Heinkel

Im Auftrag des Reichsverkehrsministeriums (RVM) entstanden zwei neue Mustermaschinen. Mit der Werknummer 251 wurde die HD 20 aufgelegt. Das war ein zweimotoriger Anderthalbdecker, dessen Zweckbestimmung man damals mit Luftbild- und FT-Flugzeug umschrieb, was ein Versuchsflugzeug für Aufklärungszwecke bedeutete. Mit der Zulassung D-1157 kam die Maschine zur DVL in Adlershof, während als Halter die Albatros-Flugzeugwerke eingetragen waren.

Die HD 20 ging am 21. November 1929 auf einem Überführungsflug von Warnemünde nach Rechlin zu Bruch, als der Flugzeugführer Hoppe wegen einer Störung am linken Motor nahe Reppentin bei Plau notlanden mußte. Während der Pilot unverletzt blieb, waren die Schäden am Flugzeug so erheblich, daß die Zulassung eingezogen wurde. Es folgte die Werknummer 252, der Prototyp des Schuldoppeldeckers HD 22, der die Zulassung D-1096 erhielt.

Anschließend entstanden vier HD 24. Die ersten beiden erhielten den Motor Daimler D IIIa (147 kW) und waren die Mustermaschinen für den Lizenzbau in Schweden, wo sie von der Flygvapnet übernommen wurden. Die schwedische Bezeichnung war Sk 4 (Skolflygplan — Schulflugzeug). Die Svenska Aero A.B. baute 1927 vier SK 4 (Werknummern 36 bis 39) nach, denen zwei Maschinen der Version Sk 4A (Werknummern 50 und 51) im Jahre 1928 folgten. Diese besaßen den Motor Junkers L 5 (206 kW). Die nicht im Schulbetrieb verlorengegangenen Sk 4 rüstete man um 1930 ebenfalls mit diesem stärkeren Triebwerk aus. Eine weitere Modifikation folgte zwischen 1931 und 1933, als alle schwedischen HD 24 den britischen Motor Armstrong-Siddeley „Puma" (177 kW) und die Bezeichnung Sk 4B erhielten. Die letzte Maschine dieses bewährten Typs schied erst 1939 aus dem Dienst der schwedischen Luftstreitkräfte. Die HD 24 konnte innerhalb kurzer Zeit von den Schwimmern auf ein Radfahrgestell gesetzt oder im Winter mit Schneekufen geflogen werden.

Der zweimotorige Auf-
klärer HD 20 kurz
nach seiner Fertigstel-
lung.

Die anderen beiden in Warnemünde gebauten HD 24 waren die D-1098 (Werknummer 255) und D-1099 (Werknummer 256). Sie besaßen, wie die beiden Maschinen im Seeflug-Wettbewerb, den Motor BMW IV (169 kW) und waren für die DVS bestimmt.

Letzte Neuentwicklung des Jahres 1926 bei den Heinkel Flugzeugwerken stellte das Bordjagdflugzeug HD 23 dar, das für die japanische Firma Aichi entworfen worden war. Das Musterflugzeug (Werknummer 257) hatte ein 382-kW-Triebwerk von Hispano-Suiza und war wie die früher gebauten HD 25 und HD 26 zum Bordstart von einer Anlaufbahn ohne Katapulthilfe vorgesehen.

Zahlreiche technische Neuheiten mußten untersucht und erprobt werden. Um gefahrlose Notlandungen auf See vornehmen zu können, waren der Sperrholzrumpf und das Mittelstück der unteren Tragfläche schwimmfähig ausgeführt. Der Rumpf hatte eine leichte Kielung in der von Flugbooten bekannten Art. Zum Verkürzen der Ausschwebestrecke beim Landeanflug von 165 auf 130 m konnte der Pilot Störklappen an der Flügelvorderkante ausfahren, die die Strömung abreißen ließen. Um einen Überschlag beim Wassern zu vermeiden, war das Fahrgestell durch Hebelzug abwerfbar und die Luftschraube im Flug in horizontaler Lage arretierbar.

Im November 1926 konnten in Warnemünde auf der HE 5a, der Siegermaschine des Deutschen Seeflug-Wettbewerbs, zwei Höhenweltrekorde

mit Nutzlast erflogen werden. Es waren die ersten international anerkannten deutschen Flugrekorde nach der Wiederaufnahme Deutschlands in die Fédération Aéronautique Internationale (FAI). Am 2. November 1926 erreichte Wolfgang v. Gronau mit 1000 kg Nutzlast eine Höhe von 4492 m, und am 10. des Monats stieg der schwedische Flugzeugführer Tornberg mit 500 kg auf 5731 m.

Der Sitz der Ernst Heinkel Flugzeugwerke GmbH wurde auf Beschluß der Gesellschafterversammlung am 26. November 1926 nach Berlin verlegt. Dieser Schritt hatte allein handelsrechtliche Bedeutung. Anfang 1927 begannen Gespräche der Firmenleitung mit dem Greifswalder Magistrat mit dem Ziel, das Werk von Warnemünde nach Greifswald-Ladebow zu verlegen. Diese Pläne wurden bis 1929 diskutiert. Da aber das RVM in einer Sitzung am 16. März 1928 keine finanzielle Hilfe zusagen konnte, blieb Heinkel vorläufig in Warnemünde.

Die Gründe für die Umzugsabsichten waren vielfältig: Neben gewissen Einschränkungen des Flugbetriebes durch die geltende Flugordnung für den Warnemünder Platz, die Rücksicht auf den Badebetrieb nahm, waren es besonders der für die neuen, schnelleren Flugzeuge zu klein werdende Landflugplatz, der fehlende Eisenbahnanschluß und die beschränkten räumlichen Verhältnisse des Werkes. Dazu kamen weitere Schwierigkeiten, wie die Ungewißheit über den Verbleib auf dem Platz einschließlich der Flugplatzbenutzung,

Die für Japan gebaute HD 23 in Warnemünde. Hier ist sie mit dem Motor BMW VI ausgerüstet.

Nach dem Höhenrekord mit der HE 5a am 2. November 1926: Meister Martin Kramer, unbekannt, unbekannt, Herrmann Bekker, Walter Hormel, Wolfgang v. Gronau und Ernst Heinkel (v. l. n. r.).

da das gesamte Gelände nur vom Reichsfiskus gepachtet war, Probleme bei der Unterbringung der Belegschaft in Rostock und Warnemünde sowie jährliche Ausfälle der Wagenfähre über den Strom wegen Reparaturen oder Eisgang.

Trotz des Verbots, den Flugplatz zu betreten, waren dort oft Zuschauer anzutreffen, da es keinen Wachdienst gab. Dies war nur schwer mit den Sicherheitsbestimmungen und den Maßnahmen zur Geheimhaltung des illegalen Militärflugzeugbaus in Einklang zu bringen. Nicht zuletzt deswegen un-

terstützte das RVM die Umzugspläne, konnte aber den Heinkelschen Finanzforderungen nicht nachkommen. Der gesamte Verhandlungsprozeß zog sich noch bis 1929 hin.

Eigenkonstruktionen bei Arado

Die Werft Warnemünde der Arado Handelsgesellschaft mbH beschäftigte sich 1926, nach dem Bau der 19 Heinkel-Lizenzmaschinen, wieder mit Bootsbau und -reparaturen und mit der Möbelfer-

Der erste Arado-Entwurf: die S I (Werknummer 20) mit Bristol-Motor „Lucifer" vor der Montagehalle.

Die D-965 war die erste Arado SC I (Werknummer 23).

tigung. Sie begann aber auch mit dem selbständigen Flugzeugbau. Dazu wurden unter Ausnutzung vorhandener Geschäftsbeziehungen von den Fokker-Flugzeugwerken in den Niederlanden der Konstrukteur Rethel mit einigen anderen Ingenieuren und Facharbeitern nach Warnemünde geholt.

Rethel führte viele konstruktive und technische Neuerungen bei Arado ein, so z. B. das autogene Schweißen. Unter Anwendung dieser Methode baute die Arado-Werft einen Kran mit einer Tragfähigkeit von 1000 kg bei 3 m Auslegung zum Ein- und Ausbau von Flugmotoren. Dieser Kran war auf einem LKW montiert, der noch zwei Motoren von je 1000 kg tragen konnte. Die Masse des Krans betrug nur 300 kg.

Als erstes Flugzeugmuster wurde die S I, ein Schuldoppeldecker mit freitragendem Ober- und abgestrebtem Unterflügel in Gemischtbauweise entwickelt. Die gebauten drei Maschinen hatten die Werknummern 20 bis 22. Die erste erhielt einen Bristol-Motor „Lucifer" (88 kW) und die Zulassung D-817. Später wurde sie auf einen Siemens & Halske SH 12 (74 kW) umgerüstet. Dieses Triebwerk besaß auch die zweite Maschine, die D-994. Für die dritte Zelle wurde kein geeigneter Antrieb gefunden.

Als nächstes Modell entwickelte man ebenfalls noch 1926 das schwere Schul- und Übungsflugzeug SC I mit BMW-IV-Motor (169 kW). Davon konnte die damals „große Serie" von 14 Stück gebaut werden. Diese erhielten die Werknummern 23 bis 30 und 32 bis 37.

Reihenbau der SC I in der Warnemünder Arado-Werft. Im Hintergrund steht die Gerbrecht W 3.

Am 12. März 1926 erschien im Handelsregister die Mitteilung, daß der Sitz der Hauptniederlassung der Arado Handelsgesellschaft nach Berlin verlegt wurde und daß Walter Hormel als Geschäftsführer ausschied. Neben dem alleinigen Geschäftsführer Felix Wagenführ erhielt am 4. September 1926 Erich Serno die Prokura.

Tätigkeit der Aero-Sport GmbH

Die im Jahre 1923 gegründete Aero-Sport GmbH war 1926 besonders erfolgreich gewesen, wie eine am Jahresende veröffentlichte Bilanz auswies. Von 1924 bis 1926 hatte die Firma insgesamt 5114 Rund- und Passagierflüge ausgeführt, was einer Flugstrecke von 73938 km entsprach. Von den insgesamt beförderten 1964 Personen flogen allein 1066 im Jahre 1926. Die Beliebtheit dieser Passagierrundflüge nahm stark zu, als die Aero-Sport in diesem Jahr ein Kabinenflugzeug des Typs LFG V 13 „Strela" erworben hatte. Damit fanden auch Rundflüge in den benachbarten Badeorten Graal, Heiligendamm, Arendsee, Brunshaupten und auf dem Fischland statt. Das Flugzeug konnte dafür telefonisch angefordert werden.

Das Ende der Seeflug GmbH und neue Aktivitäten des Mecklenburgischen Aero-Clubs

Wegen des in den „Pariser Vereinbarungen" formulierten Verbots der staatlichen Förderung des Sportfluges, löste sich die Seeflug GmbH Ende 1926 nach eineinhalbjährigen Betrieb auf. Liquidator war der ehemalige Geschäftsführer Goltz. Die

zugehörige Handelsregistereintragung erfolgte am 28. Dezember 1926.

Der bereits 1913 gegründete Mecklenburgische Aero-Club Rostock, der vorher fliegerisch inaktiv war, begann im August 1926 mit dem Verkauf von Losen zu einer Lotterie, deren Erlös zum Erwerb eines Flugzeugs und der Reaktivierung des Klublebens dienen sollte.

Die bisherige Tätigkeit war rein organisatorischer Art gewesen. Das vor dem Krieg zum Kauf eines Freiballons gesammelte Geld spendete man der Rostocker Luftwarte zur Anschaffung einiger notwendiger Instrumente. Als nächste größere Aufgabe hatte der Club die örtliche Organisation des „Deutschen Rundflugs" 1925 auf dem Zwischenlandeplatz Warnemünde übernommen. Eine ebenfalls angebotene Mitarbeit beim Seeflug-Wettbewerb war nicht in Anspruch genommen worden.

Aufgrund von Meldungen des Mecklenburgischen Aero-Clubs wurde der Warnemünder Flugplatz 1926 auch wieder in den „Nachrichten für Luftfahrer", dem offiziellen Organ der Luftfahrtabteilung des Reichsverkehrsministeriums, als Wasserflughafen und Verkehrslandeplatz aufgeführt. Mit dem bis zum März 1927 aus der Lotterie anfallenden Reinertrag von 15000 Reichsmark sollte ein Neubeginn der Arbeiten ermöglicht werden.

6.5. 1927 – Deutsche Verkehrsfliegerschule und Flugzeugkatapulte

In diesem Jahr fanden keine größeren Flugwettbewerbe statt, die den Warnemünder Platz be-

Blick in die Montage-
abteilung der Heinkel-
Werke in der Halle IV
im Frühsommer 1927.
Im Vordergrund sind
die für Japan be-
stimmte HD 28, die
einzige HD 15 und
eine HD 24 zu sehen.
Der herrschende
Raummangel ist klar
erkennbar.

rührten. Trotzdem wurde dort intensiv gearbeitet. Bei den Heinkel-Werken entstanden weitere Flugzeugmuster und ein Katapult. Trotz der laufenden Verhandlungen mit dem Reichsverkehrsministerium (RVM) und der Stadtverwaltung von Greifswald zur beabsichtigten Verlegung des Werkes, baute die Firma die vorhandenen Anlagen in Warnemünde aus, um die eingehenden Aufträge erfüllen zu können. Die Aufgaben der Seeflug GmbH wurden von der Deutschen Verkehrsfliegerschule (DVS) übernommen, und durch die Reaktivierung des Mecklenburgischen Aero-Clubs (MAC) und die Gründung einer Akademischen Fliegergruppe (Akaflieg) an der Rostocker Universität, waren bald neue Nutzer des Flugplatzes zu erwarten. Das in der Öffentlichkeit jedoch am meisten beachtete Ereignis, war der Versuch einer Atlantiküberquerung mit einem Heinkel-Flugzeug.

Arbeiten bei Heinkel

Insgesamt entstanden im Jahre 1927 bei Heinkel etwa 30 Maschinen in neun verschiedenen Mustern. Die Profilierung als Entwicklungswerk schritt voran. Deutlich wird dies auch anhand der Arbeitskräftestatistik: Ende April beschäftigte das Werk insgesamt 102 Angestellte und 145 Arbeiter. Diese wurden je nach Auftragslage eingestellt oder entlassen.

Interessant sind auch die Angaben zur bisherigen Bilanz des Werkes. Danach waren zehn Typen im Bau, wobei allerdings die nicht abgesetzte HD 14 mitgezählt wurde. Fünf neue Muster befanden sich in Konstruktion, darunter eines für Japan, das

aber später nicht im Warnemünder Werk gebaut wurde. In der Projektierung befanden sich im Frühjahr 1927 mehrere Entwürfe, darunter Flugboote bis zu 20 t Masse. Von diesen Entwürfen, waren je zwei von Schweden bzw. Japan bestellt. Feste Bestellungen lagen für 27 Flugzeuge vor. Der Wert dieser Aufträge betrug etwa 1,5 Millionen Reichsmark (RM).

Seit Gründung des Werkes waren 22 unterschiedliche Flugzeugmuster geliefert worden – neun See- und 13 Landflugzeuge. Drei davon wurden in Schweden und zwei in Japan in Lizenz gebaut. Anfragen lagen aus 16 Staaten vor. Die Anzahl der bis dahin gelieferten oder noch im Bau befindlichen Maschinen betrug insgesamt 77.

Das war eine eindrucksvolle Bilanz des kleinen Werkes. Besondere Betonung wurde auf die Feststellung gelegt, daß man bisher lediglich 40 000 RM Subventionen erhalten hatte, die während der Japanreise des Firmenchefs im Jahre 1925 gewährt worden waren. So ergab dann auch eine 1927 von der Deutschen Revisions- und Treuhand AG vorgenommene Wirtschaftsprüfung, daß die Heinkel Flugzeugwerke GmbH Warnemünde „zu den bestgeleitetsten und gesündesten Firmen ihres Industriezweigs" gehörte.

Den größten Anteil der 1927 bei Heinkel gebauten Maschinen stellte das Muster HD 24, das nach dem dritten Platz beim Seeflug-Wettbewerb des Vorjahres und der schwedischen Bestellung nun auch im Auftrag des RVM als See-Schulflugzeug für die DVS-Zweigstelle in Warnemünde entstand. Die Maschinen blieben danach jahrelang im Schulbetrieb und bewährten sich ausgezeichnet.

Eine Reihe See-Schul-flugzeuge HD 24 der DVS auf der Breitling-ablaufbahn.

Vorderansicht einer HE 5 mit Triebwerk BMW VI vor der Hein-kel-Halle IV.

In drei Baulosen wurden 1927 insgesamt 16 dieser Doppeldecker produziert (Werknummern 260 bis 263, 269 bis 272 und 278 bis 285).

Als Weiterentwicklung des Siegerflugzeugs HE 5a des Seeflug-Wettbewerbs wurden zwei dieser Seeaufklärer als HE 5c (Kennungen D-1164 und D-1268, Werknummern 275 und 276) gebaut, die bei der DVS zur Ausbildung der Marineflugschüler dienten. Die Werknummer 277 trug das einzige Exemplar der Version HE 5d, die anstelle des BMW-Motors VI der C-Variante den stärkeren BMW VIa hatte.

Dieses letzte Muster ist eventuell an die Sowjetunion geliefert worden, da W. B. Schawrow in sei-nem Standardwerk über die sowjetische Luftfahrt angibt, daß 1927 zwei HE 5 erworben worden waren. Die genaue Identität dieser beiden Maschinen ist bisher unbekannt. Da jedoch die Werknummer 277 (HE 5d, Baujahr 1927) und die Anfang 1928 oder bereits Ende 1927 fertiggestellte erste HE 5e (Werknummer 289), die den noch stärkeren Motor BMW VI 7,3Z hatte, keine deutschen Zulassungen bekommen haben, liegt die Vermutung nahe, daß sie die beiden Exportmaschinen für die Sowjetunion waren.

Im Oktober 1926 hatten die schwedischen Luftstreitkräfte bei der Svenska Aero A.B. vier HE 5 bestellt, die im Mai bzw. Juni 1927 ausgeliefert

Bei dem für Japan gebauten Seeaufklärer HD 28 konnten zur besseren Unterbringung die Tragflächen an den Rumpf geklappt werden.

Das Doppeldecker-Flugboot Heinkel HD 15 nach der Fertigstellung noch ohne Zulassung.

wurden. Ihre Bezeichnung dort war S 5 (Spanings-flygplan — Aufklärungsflugzeug) oder HE 5 „Hansa". In den folgenden Jahren entstanden dann noch weitere 36 Maschinen dieses Typs in verschiedenen Varianten bei zwei schwedischen Werken in Lizenz, wobei man die letzten Maschinen noch 1937, also zehn Jahre nach Produktionsaufnahme, auslieferte.

Am bekanntesten wurden die beiden von der schwedischen Hilfsexpedition für die Besatzung des am Nordpol verschollenen Luftschiffes „Italia" verwendeten S 5A mit den Dienstnummern 255 und 257, die aus der Lizenzproduktion der Svenska Aero stammten. Ihre Piloten waren Kapitän Egmont Tornberg und Leutnant Bengt Jacobsson. Der erste Flug über Spitzbergen fand am 19. Juni 1928 statt, und am 12. Juli konnten die beiden Flieger die sogenannte Sora-Gruppe von einer Insel nördlich Spitzbergen retten. Ohne ausreichende Wartung und stets mit einer erhöhten Zuladung fliegend, bewährten sich beide Maschinen ausgezeichnet, bevor sie am 25. Juli (zwei Monate nach dem Luftschiffunglück am 25. Mai) wieder auf dem Luftweg in Stockholm eintrafen.

Die HD 22, deren Prototyp D-1096 bereits im Vorjahr entstanden war, wurde 1927 in zwei weiteren Exemplaren in Warnemünde gefertigt. Sie trugen die Werknummern 258 und 264. Die erste kam als

D-1168 zuerst zur DVL nach Adlershof und dann zur DVS. Die zweite Maschine startete am 17. März nach Ungarn, wo nach der Erprobung die Manfred Weiss Stahl- und Metallwerke in Budapest die Nachbaurechte erwarben. Der Lizenzvertrag wurde am 14. September 1927 geschlossen, und am 15. Oktober lieferten die Heinkel-Werke die notwendigen Bauunterlagen und -zeichnungen an den ungarischen Lizenznehmer, der am 8. Mai 1928 die erste Maschine fertig hatte. Insgesamt baute man in Ungarn 43 Maschinen. Die letzte HD 22 aus der ungarischen Lizenzproduktion flog noch nach 1946 als Segelflugzeug-Schleppmaschine unter der Zulassung HA-BOS.

Weitere im Jahre 1927 bei den Heinkel-Werken entwickelte und gebaute Flugzeuge waren im Prinzip Militärmaschinen, wenn dieser Verwendungszweck auch durch neutral klingende Bezeichnungen verschleiert werden sollte. So bei dem damals schlicht See-Doppeldecker genannten Typ HD 28, der mit der Werknummer 259 in japanischem Auftrag entstand. Das war ein dreisitziger Doppeldecker mit französischem Lorraine-Dietrich-Motor Typ 28 von 478 kW Leistung. Dieser Seeaufklärer mit geschweißtem Stahlrohrrumpf und klappbaren Flügeln in Holzbauweise konnte statt auf Schwimmer auch auf Räder gesetzt werden. Die Schwimmer waren erstmals aus Edelstahl gefertigt worden.

Die nächsten beiden Heinkel-Flugzeuge waren ebenfalls Einzelstücke und für die Reichsmarine bestimmt. Die Werknummer 265 trug das erste Flugboot der Warnemünder Firma. Es erhielt die Typenbezeichnung HD 15. Ernst Heinkel hatte im Weltkrieg eine ganze Reihe von Flugbooten entwickelt, die aber zum größten Teil in Österreich-Ungarn flogen, während die deutsche Marine Schwimmerflugzeuge bevorzugte. Die HD 15 war als katapultierbarer Bordaufklärer ausgelegt und diente jahrelang verschiedenen Erprobungszwecken in Travemünde.

Dort hatte Kapitän zur See Lohmann, der in der Marineleitung die Seetransportabteilung führte, 1926 die Caspar-Flugzeugwerke für die Marine gekauft. Lohmann finanzierte die geheimen Rüstungs- und Ausbildungsaufgaben der Marine über verschiedene zivile Tarnfirmen und scheiterte später an Finanzmanipulationen. Die eingeleiteten Untersuchungen wurden aber aus „Gründen der militärischen Geheimhaltung" größtenteils unter Ausschluß der Öffentlichkeit geführt. Progressive Kräfte konnten trotzdem den Schleier von der getarnten Aufrüstung etwas lüften: Die

Anlagen der Caspar-Werke dienten der Seeflugzeugerprobung als „Seeflugzeug-Erprobungsstelle Travemünde" (SES), die ab 1. Januar 1929 „Erprobungsstelle Travemünde des Reichsverbandes der deutschen Luftfahrtindustrie" hieß.

Die HD 15 hatte einen Sternmotor Gnôme-Rhône „Jupiter VI" (331 kW), der in einem Stahlrohrgerüst vor den Tragflächen befestigt war. Die Zivilzulassung der Maschine lautete D-1237. Den Erstflug des neuen Musters führte Wolfgang v. Gronau am 28. Juni aus. Danach änderte man etwas die Form des Rumpfes und versuchte auch, das Steigvermögen durch Veränderung der Flächenstaffelung und Einsatz verschiedener Luftschrauben zu verbessern.

Zusammen mit der HD 15 war das Katapult K 1 für die Reichsmarine entwickelt worden. Das K 1 war der Ahn einer ganzen Reihe erfolgreicher Heinkel-Flugzeugkatapulte. Die Konstruktionsleitung lag in den Händen von Karl Schwärzler, der als Chefkonstrukteur der Firma auch diesen Arbeitsbereich übernahm. Der Einsatz von Katapulten zum Bordstart von Flugzeugen war in den Seestreitkräften der größeren Länder allgemeine Praxis.

Von den prinzipiell möglichen Antriebsmitteln wählte man bei Heinkel Preßluft. Im Ausland gab es auch dampf- und pulvergetriebene Startanlagen. Die Gesamtanlage war 21,50 m und die Beschleunigungsstrecke 11,85 m lang. Es folgte eine Bremsstrecke von 2,20 m für den das Flugzeug tragenden Schlitten. Diesen zog ein Seil, das über eine Umlenkrolle am Ende des Beschleunigungsweges und einen Flaschenzug geführt war, dessen bewegliche Rollen auf der Kolbenstange des Preßluftzylinders saßen. Beim Eindrücken von Preßluft in den Zylinder wurde der Kolbenweg durch den Flaschenzug auf das Vierfache übersetzt. Dem auf dem Schlitten sitzenden Flugzeug, das bis 2500 kg wiegen durfte, konnten bis zu 100 km/h Abschußgeschwindigkeit erteilt werden, wobei es auf $48\ \text{m/s}^2$ beschleunigt wurde.

Den gesamten drehbar gelagerten Schienenträger und andere Groß- und Zubehörteile, für deren Fabrikation im eigenen Werk keine Maschinen und Anlagen vorhanden waren, ließ Heinkel bei der Rostocker Neptun-Werft AG und kleineren Maschinenbaubetrieben der Stadt anfertigen. Montiert wurde das K 1 auf einem von den Lübecker Flender-Werken erbauten Spezialschwimmdock für See-Großflugzeuge. Dieses Dock war im November 1927 auf der Pötenitzer Wiek bei Travemünde mit einem Dornier „Superwal" in Betrieb genommen worden.

Montage des Katapults Heinkel K 1 auf dem Seeflugzeug-Schwimmdock der Flender-Werke. Am anderen Breitlingufer sind die Anlagen der Arado-Werft erkennbar.

Versuchsabschuß der Heinkel HD 15 vom Katapult K 1.

Zum Aufbau des K 1 und auch für die erste Versuchsphase mit der HD 15 ist dieses Dock auf dem Breitling stationiert gewesen, was sich durch Fotos nachweisen läßt. Meist ist allerdings der Hintergrund sorgfältig wegretuschiert. Wann genau sich das Dock in Warnemünde befand, ist nicht sicher feststellbar. Mindestens jedoch bis 1928, da die Erprobung des K 1 im Spätsommer dieses Jahres endete.

Während das K 1 auf dem durch Fluten absenkbaren Mittelteil des Docks montiert war, wurde später auf einem der U-förmig aufragenden Seitenteile ein auf einem anderen Arbeitsprinzip beruhendes Katapult der Deutschen Werke Kiel

aufgebaut. Das zur Travemünder Erprobungsstelle gehörende Schwimmdock und die darauf befindlichen Flugzeugschleudern dienten später auch der Erprobung neuentwickelter Bordflugzeuge.

Das zweite im Jahre 1927 für die Marine gebaute Musterflugzeug, die HE 7 (Werknummer 226), war der erste zweimotorige Tiefdecker des Heinkel-Werks. Unter der zivilen Zulassung D-1552 testete man die Maschine jahrelang bei der Seeflugzeug-Erprobungsstelle in Travemünde und bei der Torpedo-Versuchsanstalt in Eckernförde als Torpedoflugzeug. Währenddessen erhielt die HE 7 mehrmals stärkere Motoren, so im August 1928 und im April 1931. Auch der Rumpfbug erhielt nachträg-

Der zweimotorige Torpedobomber HE 7 rollt auf die Ostseeablaufbahn in Warnemünde zu.

Seitenansicht der HD 40/II, dem „Zeitungsflugzeug" mit Bombenmagazinen.

lich eine verglaste Kabine für den Navigator und Torpedoschützen. Die Maschine blieb fast zehn Jahre im Einsatz, bevor man sie im April 1937 ausschlachtete.

Zum Produktionsprogramm der Ernst Heinkel Flugzeugwerke Warnemünde gehörten im Jahre 1927 noch drei weitere Muster. In der Werknummernliste folgen zunächst zwei werksintern als HD 40 I geführte Maschinen (Werknummern 267 und 268), denen später die HD 40 II (Werknummer 274) folgte. Die HD 40 ist ein Musterbeispiel für die damals in enger Kooperation zwischen Regierungsstellen, Reichswehr und Industrie betrie-

bene Hintergehung des Versailler Vertrages und die damit verbundene Tarnung.

Allgemein war nur die Rede von einem aufgrund des Erfolges mit der HD 39 gebauten Zeitungsflugzeug, das durch Verwendung des stärkeren Motors BMW VI (368/411 kW) etwa 50 Prozent größer als der Vorgänger und mit doppelter Nutzlast entsprechend leistungsfähiger war. Im Unterschied zur HD 39 hatte die HD 40 einen stoffbespannten Stahlrohrrumpf mit vier- bis sechssitziger Kabine, die auch als Frachtraum genutzt werden konnte. Unter dem Führersitz befand sich eine Abwurfvorrichtung für Zeitungspakete.

Das für Schweden gebaute Musterflugzeug der HD 36 während der Werkerprobung im Sommer 1927.

Von den drei gebauten Maschinen ist allerdings nur eine unter dem Namen „B. Z. IV" und mit dem schon von der HD 39 bekannten auffallenden Anstrich als Zeitungsmaschine fotografiert worden. Das war die Werknummer 274 (Zulassung D-1180). Von den anderen beiden HD 40 ist lediglich für die Werknummer 268 eine Zivilzulassung, nämlich D-1200 bekannt. Dieses Flugzeug ging aber bereits am 27. Juli in Stettin (heute Szczecin) zu Bruch. Die erste Maschine wurde eventuell schon während der Werkerprobung zerstört.

Es blieb das „Zeitungsflugzeug", das im Juli 1928 auf dem Überführungsflug nach Lipezk einen schweren Bruch hatte. Ein geheimer „Vorläufiger Arbeitsplan für Versuche ‚Bomben' im Sommer 1930" der für Luftrüstungsfragen zuständigen Abteilung Wa.Prw.8 der Reichswehrführung vom 2. Dezember 1929 sah den Einsatz der HD 40 vom 1. Juli bis 15. August 1930 in Lipezk vor. Demnach ist die HD 40 zu diesem Zeitpunkt (Dezember 1929) noch verfügbar gewesen.

In der Numerierung vor der dritten HD 40 lag die einzige in Warnemünde gebaute HD 36 mit der Werknummer 273. Das war ein zweisitziger Schuldoppeldecker in Holzbauweise mit Daimler-Motor D IIIa (118 kW). Die Mustermaschine erhielt keine deutsche Zulassung, sondern wurde lediglich für einige Fotos mit der fiktiven Beschriftung D-HD 36 versehen. Literaturangaben über einige wenige bei Heinkel gebaute Maschinen dieses Typs sind lediglich Phantasieprodukte. Den Auftrag zur Entwicklung des Musters hatte Schweden gegeben, wobei aufgrund der Erfahrungen mit der vorher bestellten HD 35 ein ähnliches Flugzeug mit etwas stärkerem Motor und auf zwei Mann reduzierter Besatzung gefordert war. Heinkel lieferte die HD 36 am 26. Juli 1927 an den Auftraggeber. Der Prototyp erhielt die Bezeichnung Sk 6.

Die „Centrala Flygverkstaden in Malmen" baute dann weitere 20 Sk 6, die vom März bis Oktober 1930 an die schwedischen Luftstreitkräfte ausgeliefert wurden. Bis auf die drei im Schulbetrieb zu Bruch gegangenen Maschinen erhielten die restlichen in den Jahren 1932 bis 1934 stärkere Triebwerke Armstrong-Siddeley „Puma" (177 kW) und die Bezeichnung Sk 6A. Sie flogen erfolgreich mehrere Jahre, bevor man die letzten fünf verbliebenen Flugzeuge dieses Musters im Jahre 1940 aus dem Dienst nahm.

Das letzte Heinkel-Muster des Jahres 1927 war dann auch das spektakulärste. Die HE 6, deren Entwicklungsauftrag das RVM erteilte, war als See-Fernaufklärer konzipiert und sollte als solcher auf einem Transatlantikflug seine Brauchbarkeit beweisen. Die Marine hatte bei den Firmen Lorenz und Telefunken moderne Flugzeugfunkgeräte für ihre geplanten Fernaufklärer entwickeln lassen, die, eingebaut in der HE 6 und in der Junkers G 24he (Kennung D-1230), auf einem Etappenflug über den Atlantik getestet werden sollten. Beide Versuche endeten jedoch etwa im gleichen Zeitraum auf den Azoren. Doch zunächst zur Entwicklung der HE 6.

Diese wurde damals als ein privat auf Firmenrisiko

Die Ozeanmaschine HE 6 im Bau mit Motor BMW VI. Hinten in der Kabine ist das große Funkgerät mit dem Peilrahmen zu sehen. Zwischen Triebwerk und Instrumentenbrett liegt der voluminöse Rumpftank.

im „typischen Heinkeltempo" gebautes Ozeanflugzeug dargestellt, was nur eine Verschleierung des eigentlichen Ziels, nämlich die Schaffung eines hochseefähigen Fernaufklärerprototyps für die Reichsmarine, war. Das Entwicklungstempo war jedoch sehr beeindruckend und die gesamte Aufgabe zweifellos reizvoll für die auf Vielseitigkeit orientierte Warnemünder Firma. Nach der Projektfestlegung im Juni ging die erste Werkstattzeichnung bereits am 4. Juli in den Betrieb, und schon am 2. August 1927 war das Flugzeug fertig und wurde eingeflogen, wenn auch noch einige Verkleidungsbleche und der Anstrich fehlten.

Die HE 6 (Werknummer 286) erhielt die Zulassung D-1220 und hatte einen Motor BMW VIa (515 kW). Dieses neue, damals stärkste deutsche Triebwerk, das durch Zusammenbau von zwei BMW IV entstanden war und erst im Februar 1926 seine Musterprüfung bestanden hatte, erwies sich jedoch noch als ungeeignet für den Ozeanflug. Durch Einbau des US-amerikanischen Motors Pakkard 3 A 2500 mit 588 kW Leistung verzögerten sich die Erprobung und Startvorbereitung zur Atlantiküberquerung.

Zur Unterscheidung der beiden Varianten dienten die Bezeichnungen HE 6a für die erste und HE 6b für die Ausführung mit dem Packard-Antrieb. Äußerliches Kennzeichen waren die unterschiedlichen Auspuffstutzen und die Vierblattschraube anstelle der ersten mit zwei Blättern. Da die Maschine beim Probefliegen schlecht vom Wasser kam, änderte man auch mehrfach die Schwimmer und verlängerte die vorderen Schwimmerstreben, um den Tragflächen beim Start einen besseren Anstellwinkel zu geben.

Im Rahmen der Flugvorbereitungen in Warnemünde flog die Besatzung Merz, Bock und Rohde am 10. Oktober mit 10 Stunden, 43 Minuten und 31 Sekunden (1000 kg Nutzlast) einen deutschen Dauerflugrekord. Das war der letzte größere Testflug, bevor man am 12. Oktober zur ersten Etappe des Ozeanfluges startete. Nachdem der Abflug ursprünglich auf vormittags festgelegt war und die Wettermeldung über ein Biskayatief Amsterdam als ersten Zwischenlandeplatz ins Gespräch brachte, führte ein Schaden am Generator der Funkanlage zu einer Verzögerung. Nach Reparatur und Motorprobelauf zog ein Traktor die aufgetankte Maschine, die insgesamt 4320 l Treibstoff für etwa 23 Stunden Flugdauer an Bord nehmen konnte, durch das geöffnete Tor des Werkzauns und über die Schienen der Strandbahn zur Ablaufbahn an die Ostsee. Der Flugzeug ging etwa 1000 m in See, bevor es gegen den aus Südost wehenden Wind um 13.23 Uhr aufstieg. An Land blieben die ungefähr 150 Zuschauer zurück. Die Besatzung bestand wieder aus dem Flugkapitän Horst Merz von der Luft Hansa, dem Funker Wilhelm Bock von der Firma Telefunken und dem deutsch-amerikanischen Bordmonteur Rohde vom Motorenwerk Packard.

Letzte Startvorberei-
tungen an der HE 6
am 12. Oktober 1927.
Das Flugzeug hat jetzt
den US-amerikani-
schen Motor Packard
3 A 2500 und eine
Vierblatt-Luftschraube
erhalten.

Tabelle 5   Heinkel-Flugzeuge von 1926 bis 1927

Typ	Besat-zung	Motor	Lei-stung	Spann-weite	Flügel-fläche	Länge	Leer-masse	Start-masse	Höchst-ge-schwin-digkeit	Lande-ge-schwin-digkeit	Steig-ge-schwin-digkeit	Gipfel-höhe
			kW	m	m²	m	kg	kg	km/h	km/h	m/s	m
HD 39	2	BMW IV	169	14,80	52,3	10,00	1 320	2 160	166	68	2,5	3 800
HE 4	3	RR „Eagle IX"	265	18,00	52,5	12,50	1 750	2 500	180	87	3,7	3 800
HE 5a	3	Napier „Lion"	331	16,80	48,9	11,80	1 650	2 500	209	86	4,3	5 800
HE 5b	3–4	GR „Jupiter VI"	309	16,80	48,9	11,80	1 530	2 500	204	85	4,1	5 000
HD 24	2	BMW V a	235	14,20	50,1	9,70	1 500	2 150	168	76	3,6	4 000
HD 20	2	2× Wright	je 147	12,80/ 8,80	39,8	9,45	1 300	1 955	191	83	4,0	4 700
HD 22	2	BMW IV	169	12,00/ 10,40	34,8	8,30	1 050	1 550	189	78	4,0	5 300
HD 23	1	BMW VI a	478	10,80/ 10,80	36,0	7,55	1 470	2 070	249	88	10,4	7 900
HD 28	3	LD 28	478	15,00/ 15,00	59,5	11,00	2 365	3 850	198	96	4,1	4 500
HD 15	2–3	GR „Jupiter"	331	12,37/ 11,88	44,0	10,80	1 450	2 350	172	85	4,6	4 300
HD 40	2–8	BMW VI	441	17,60/ 15,15	75,4	12,00	2 250	3 850	163	85	1,8	3 500
HD 36	2	Daimler D III	118	11,00/ 9,80	30,8	7,50	940	1 250	130	70	4,4	9 400
HE 6	3	Packard 3 A	588	18,20	60,9	13,18	2 800	6 000	205	125	1,2	2 350
HE 7	3	2× GR „Jupiter"	je 331	24,00	93,4	16,00	3 800	6 000	200	89	2,8	2 300
HD 17	2	Napier „Lion"	331	12,40/ 11,40	38,0	9,48	1 350	2 050	240		4,2	

Nach dem mißglückten Startversuch am 13. November wird das Wrack der HE 6 in Horta/Azoren geborgen. Schwimmer und Tragflächen des Flugzeugs sind völlig zertrümmert. Ein Foto, das damals nicht veröffentlicht wurde!

Die im Jahre 1927 gebaute zweistöckige Baracke im Vordergrund beherbergte das Konstruktionsbüro der Firma Heinkel in Warnemünde. Dahinter die bereits 1922/23 gemieteten Hallen.

Damit begann ein Flug, der sicher nicht die in ihn gesetzten hochgespannten Erwartungen erfüllte, da es zu einer Reihe von technischen Pannen und damit verbundenen Zwischenlandungen kam, die sich bei einer vorherigen gründlicheren Erprobung wohl hätten vermeiden lassen. Bereits auf dem ersten Flugabschnitt über Deutschland kam es jedoch aufgrund von Kühlerdefekten zu zwei Notlandungen.

Zuerst auf der Elbe, von wo die Maschine nach Brunsbüttelkoog eingeschleppt wurde. Nach dem Abflug am nächsten Morgen kam in Wilhelmshaven das zweite Aus. Auf der Marinebasis Rüstringen arbeitete man wieder an der Kühlanlage und der Funkausrüstung, bevor am 14. Oktober um 12.45 Uhr nach Amsterdam gestartet werden konnte. Schlechtes Wetter führte dort zur erneu-

ten Pause bis zum 16. Oktober. Nächster Notlandehafen war Vigo an der portugiesischen Küste. Es gab Schwierigkeiten mit der Funkanlage und dem Zoll, so daß die HE 6 erst am 18. Oktober in Lissabon ankam.

Nach einer Zwangspause wegen schlechten Wetters und einem abgebrochenen Startversuch am 21. Oktober ging es erst am 4. November weiter nach den Azoren. Dieser Flug über 1 680 km, die in neun Stunden und 35 Minuten bewältigt wurden, war eigentlich die einzige planmäßig zurückgelegte Etappe.

Die Landung in Horta verlief ebenfalls glatt. Dort lag schon seit dem 14. Oktober die dreimotorige Junkers G 24 (Kennung D-1230), die am 4. Oktober mit einer vierköpfigen Besatzung aus Norderney abgeflogen war.

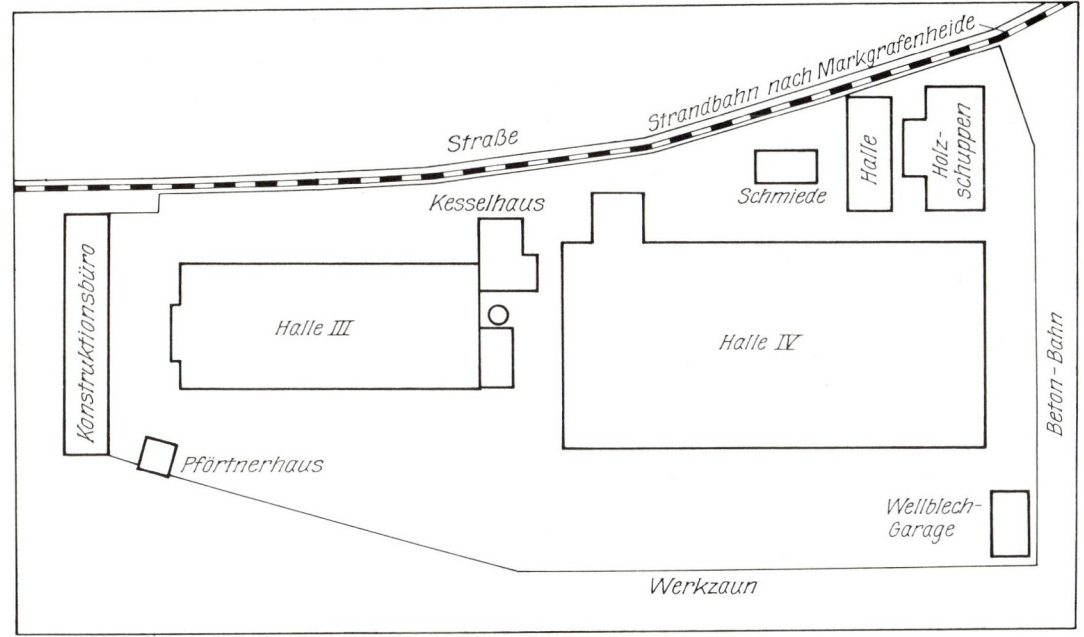

Die Heinkel-Werke auf dem Flugplatz Warnemünde im Jahre 1927.

Schlechtes Wetter verhinderte den Abflug der überladenen Maschine zum Sprung über den Atlantik, bis dann bei relativ guten Flugwetter die HE 6 am 13. November von einem Schlepper auf Reede gebracht wurde und zum Start ansetzte. Nach Schilderung des Piloten Merz erhielt das Flugzeug dabei auf der Backbordseite einen schweren Schlag, vermutlich durch Abbrechen des Propellers oder des linken Schwimmers durch Wellenschlag, schnitt sofort mit beiden Schwimmern unter Wasser und überschlug sich. Die linke Tragfläche und das Schwimmergestell rissen vollständig ab, und die Besatzung konnte sich nur mit Glück aus dem unter Wasser befindlichen Rumpf retten.

Das Wrack wurde anschließend geborgen. Die Besatzung der G 24 gab später den Plan einer Ozeanüberquerung auf.

Arado-Flugzeuge

Die Werft Warnemünde der Arado Handelsgesellschaft konnte in den Jahren 1926 bis 1932 nur wenige Flugzeugmuster absetzen. Zum Erhalt des Werkes waren alle möglichen Arbeiten wie Bootsbau und -reparaturen, Möbelfabrikation u. ä. nötig. Die Gesamtbelegschaft betrug nur etwa 100 Personen. Am 15. April 1927 waren beispielsweise 41 Arbeiter beschäftigt.

Neben dem auch 1927 laufenden Bau der „Großserie" von 14 Schulflugzeugen SC I wurde ein Jagdflugzeug für die Reichswehr entwickelt, damals als „einsitziges Postflugzeug" deklariert. Es gibt fast keine Unterlagen über dieses Muster, außer, daß am 18. Juni die Maschine provisorisch zusammengebaut wurde, da eine Besichtigungskommission mit dem für die geheime Luftrüstung zuständigen Hauptmann Student anwesend war, und einer Unfallmeldung vom 11. Oktober 1927. Danach stürzte die Arado SD I (Werknummer 31) mit Bristol-Motor „Jupiter IV" in Rechlin nach zwei Rollen in Bodennähe über den rechten Flügel ab und verbrannte beim Aufschlag. Als Eigentümer und Halter waren die Arado-Werke Warnemünde eingetragen. Die Maschine hatte zu diesem Zeitpunkt bereits 20 Versuchsflüge hinter sich, war aber noch nicht zugelassen.

Im Jahre 1927 begann auch noch der Bau des ersten von zwei für die Deutsche Verkehrsfliegerschule (DVS) Warnemünde entwickelten leichten See-Schulflugzeugen W II, die aber erst 1928 ausgeliefert wurden.

Das im Spätsommer 1927 fertiggestellte Jagdflugzeug Arado SD I (Werknummer 31) vor der großen Montagehalle der Werft.

Das zweimotorige See-Schulflugzeug Arado W II kreist über dem Breitling vor seiner Bauwerft.

Übernahme der Aufgaben der Seeflug GmbH durch die Deutsche Verkehrsfliegerschule

Deutsche Verkehrsfliegerschule GmbH, Zweigstelle Warnemünde, lautete ab 1927 die Bezeichnung der Seeflug GmbH, die ihre Auflösung am 28. Dezember des Vorjahres in das Handelsregister hatte eintragen lassen. Im Prinzip war dies nur eine Umorganisation bzw. Neubenennung (1. Januar 1927), die erlaubte, weiterhin den fliegerischen Nachwuchs für die Reichsmarine zu schulen, nachdem in den „Pariser Vereinbarungen" die staatliche Förderung des Flugsports untersagt worden war.

Verhandlungen zwischen dem Reichswehrministerium (RWM) und dem Reichsverkehrsministerium (RVM) über die Fliegerausbildung von Offiziersanwärtern im Rahmen der DVS fanden bereits im September 1926 statt, und am 29. November des Jahres erging der Befehl des RWM über die Anzahl und Ausbildung dieser sogenannten Jungmärker. Die Tranbezeichnung „Altmärker" galt entsprechend für bereits ausgebildete Piloten in Reichswehr und -marine, die sich an den Ver-

Startmonteure der
DVS warten Heinkel
HD 24 der Warnemün-
der Schule.

kehrsfliegerschulen weiterbildeten oder in Übung
hielten. Diese Gruppen, auch Übungsschüler genannt, wurden nur für jeweils zwei bis vier Wochen „beurlaubt" und in dieser Zeit an die DVS-
Zweigstellen kommandiert. Schulen der DVS befanden sich 1927 in Berlin-Staaken, Schleißheim
bei München und in Warnemünde. Ebenso waren
die Aufgaben der Sportflug GmbH im Dezember
1926 von der neugegründeten Deutschen Luftfahrt GmbH (DLG) übernommen worden, die
Schulen in Stuttgart-Böblingen, Königsberg
(heute Kaliningrad) und Nürnberg betrieb.
Eine Bitte des Rostocker Magistrats vom 18. Januar 1927 an die DLG, auch in Warnemünde
eine Ausbildungsstätte zu eröffnen, wurde am
3. Februar abgelehnt. Sie war durch die Schaffung der DVS-Zweigstelle auch überflüssig geworden.
Für die Gesamtleitung der Seefliegerausbildung
innerhalb der DVS war in deren Vorstand der Marineflieger Oberleutnant zur See a. D. v. Gronau
verantwortlich. Die Leitung der Zweigstelle Warnemünde übernahm Hermann Becker, ebenfalls
ein ehemaliger Marineflieger. Die Schüler der
Seeflug GmbH wurden übernommen.
Am 1. April 1927 begann für die ersten zwölf
„Jungmärker" die Ausbildung in Warnemünde.
Deren Zahl erhöhte sich 1928 bereits auf 20, im
folgenden Jahr auf 28, und von 1930 bis 1932 wurden jeweils 30 dieser Offiziersanwärter in die
DVS-Ausbildung genommen. Neben den alten,

von der Seeflug GmbH stammenden Friedrichsha-
fen-Doppeldeckern lieferte 1927 die Werft Stralsund der Luft-Fahrzeug-Gesellschaft (LFG) vier
See-Doppeldecker des Typs V 40. Außerdem
konnten die ersten HD 24 von Heinkel für die Ausbildung genutzt werden.

Weitere Flugplatzaktivitäten

Auch bei der Aero-Sport ging der Schul- und
Rundflugbetrieb weiter. Die Firma verlor am
11. April 1927 eine ihrer Maschinen, als während
einés Seeprüfungsfluges nach Kiel, etwa eine
halbe Stunde vor der Rückkehr nach Warnemünde, infolge Motorversagens die Friedrichshafen FF 71a (Kennung D-47) notwassern mußte und
dabei zu Bruch ging. Der Flugschüler und sein Begleiter blieben unverletzt, und das Wrack wurde
von der Barkasse der DVS eingeschleppt. Drei
Tage vorher war bereits die Aero-Sport S 1 (Kennung D-1141) nach Propellerbruch während eines
Schulfluges auf der Feldmark des Gutes Fried-
richshof glatt gelandet und hatte keine weiteren
Schäden davongetragen.
Im Jahre 1927 kam es in Warnemünde allerdings
auch zu zwei Unfällen mit Todesfolge. Einmal am
22. Juli, als der Flugschüler Rudolf Kranz von der
DVS durch den Propeller seines Flugzeugs am
Kopf getroffen wurde und später seinen Verletzungen erlag, und am Pfingstmontag (7. Juni), als
ein aus Berlin stammendes Privatflugzeug bei

Die Arbeiter der Aero-Sport GmbH vor der firmeneigenen Friedrichshafen FF 49 (Kennung D-85).

Kunstflügen abstürzte und verbrannte. Der Pilot Heft und sein Passagier starben.

Neben Maschinen der ansässigen Unternehmen nutzten auch andere Flugzeuge den Warnemünder Platz, sei es zu Zwischenlandungen oder für einen kürzeren oder längeren Aufenhalt. So war am 5. Juli 1927 erstmals der sogenannte Himmelsschreiber über Rostock zu sehen. Dabei handelte es sich um einen von acht Doppeldeckern des Typs S. E. 5 der britischen Firma Sky-Writing, die, gechartert vom Waschmittelfabrikanten Henkel, Reklame über Deutschland flogen. Dazu wurde in das verlängerte Auspuffrohr Petroleum gespritzt, das eine intensive Rauchfahne erzeugte, mit der die Namen von Waschmitteln an den Himmel geschrieben wurden. Die dazu benutzten ehemaligen Jagdflugzeuge des ersten Weltkrieges flogen 1927 noch mit britischen Zivilzulassungen, bevor sie im März 1929 in die deutsche Luftfahrzeugrolle aufgenommen wurden.

Auch andere Firmen betrieben in den Sommermonaten Luftwerbung und ließen beispielsweise aus tiefliegenden reklamebeschrifteten Flugzeugen kleine Schokoladentäfelchen, Werbebälle u. ä. am Strand abwerfen.

Am Abend des 20. Juli 1927 traf das zweimotorige Großflugboot Dornier „Superwal" (Kennung D-1115) in Warnemünde ein. Es wurde hier erprobt und mit weiteren Einbauten versehen. Die Maschine gehörte der Severa, einer „zivilen" Tarnfirma der Reichsmarine, die neben verschiedenen Erprobungsaufgaben, Schul- und Transportflü-

gen, Zieldarstellungen für die Übungen der Küsten- und Schiffsflak flog. Der Hauptsitz befand sich in Kiel-Holtenau, aber auch in Warnemünde war die Severa präsent, wenn es darauf auch nur wenige Hinweise gibt. Die Erprobung des ersten „Superwals", der im Auftrag der Marineleitung als Langstrecken-Seeaufklärer entwickelt worden war, gehörte dazu.

Der gegen Kriegsende begonnene Bau der Riesenflugzeughalle VII wurde zu diesem Zweck abgeschlossen. Die erste Abnahme durch einen Vertreter der Severa erfolgte am 10. Oktober 1927. Da die Ablaufbahn und der Betonfußboden der Halle noch nicht fertig waren, verlegte man die weitere Erprobung der „Superwale" jedoch nach Travemünde.

Mit der Reaktivierung des Mecklenburgischen Aero-Clubs Rostock (MAC), die im September 1927 mit der Neuwahl des Vorstandes und der Annahme neuer Satzungen begann, setzte eine rege Luftfahrtwerbung ein, und die Anschaffung eines Motorflugzeugs zu Ausbildungszwecken wurde erwogen. Im November des Jahres formierte sich an der Universität Rostock mit zwölf eingetragenen Mitgliedern auch eine Akademische Fliegergruppe (Akaflieg), die im Rahmen der Jungfliegerausbildung des MAC mitarbeitete.

Zu den ersten Aktivitäten der Gruppe gehörte die Organisation von Vorbereitungslehrgängen für künftige Flugschüler nach den Vorschriften des Deutschen Luftfahrt-Verbandes (DLV). Dabei wurde neben theoretischen Kenntnissen, wie Ae-

Einer der „Himmels-
schreiber" S.E. 5A in
Warnemünde. Deut-
lich ist das am Rumpf
entlang laufende ver-
längerte Auspuffrohr
zu sehen, in dem
durch Petroleum-Ein-
spritzung der zum
„Schreiben" benutzte
Rauch entstand.

Der Dornier „Super-
wal" (Kennung
D-1115) der Severa ist
am Breitlingufer ver-
ankert. Die Maschine
trägt die zeitweilig zur
Tarnung benutzte Be-
schriftung der Luft
Hansa.

rodynamik, Flugmeteorologie und ähnlichen, auch
praktische Tätigkeit beim Bau von Segelflugzeugen gefordert. Die Teilnahme an den Lehrgängen
war kostenlos, und der erfolgreiche Abschluß war
Vorbedingung für die Aufnahme als Flugschüler
bei der Deutschen Luftfahrt GmbH, deren Aufgabe
wiederum die Ausbildung des Fliegernachwuchses
für die künftigen Luftstreitkräfte war.
Der MAC organisierte auch die „Rostocker Luft-
fahrtwoche" vom 13. bis 18. November 1927 in der
Gaststätte „Tonhalle". Neben Werbe- und Propa-
gandamaterial stellte der Aero-Club dort ein Segelflugzeug „Vagel Grip" aus, und die Heinkel-
Werke beteiligten sich mit einem Schuldoppeldecker HD 22, dessen Bespannung teilweise
abgenommen war, um den Aufbau des Flugzeugs
zu zeigen. Nach dieser Ausstellung begannen die
MAC-Mitglieder in einer Werkstatt auf dem Gelände der Rostocker Zuckerfabrik mit dem Bau
von Segelflugzeugen.

Im Dezember 1927 traten die Arbeiter der Heinkel-
Werke in einen Lohnstreik, der erst nach sechs
Wochen, am 24. Januar 1928, durch Schlichtung
beendet wurde. Die ersten beiden Forderungen
hatte Heinkel abgelehnt. Die durch den Arbeits-
kampf errungene Lohnerhöhung betrug 3 Pfennig
pro Stunde. Vorher zahlte Heinkel folgenden
Stundenlohn für die einzelnen Berufe: ungelernter
Arbeiter 0,92 RM, Tischler 1,20 RM, Maler
0,99 RM, Tapezierer 1,22 RM, in der Betriebsabtei-
lung 1,03 RM, in der Kontrolle 1,13 RM, Klempner
1,16 RM, Zurichter 1,10 RM, Dreher 1,16 RM,
Schlosser 1,175 RM, Montagearbeiter 1,11 RM
und für Schweißer 1,23 RM. Das ergab einen mittleren Stundenlohn von 1,135 RM.
Dazu wurden die Fähr- und Eisenbahngelder für
die aus Warnemünde bzw. Rostock kommenden
Arbeiter bezahlt. Bei sechs Tagen achtstündiger
Arbeit betrug der mittlere Wochenlohn also
54,80 RM.

6.6. 1928 – Zahlreiche Auslandsaufträge für die Heinkel-Werke

Die Tätigkeit der Ernst Heinkel Flugzeugwerke

Im Januar 1928 brachten die Heinkel-Werke die größte Zahl von Neukonstruktionen heraus. Allerdings wird es nunmehr immer schwerer, den genauen Verlauf der Bautätigkeit zu rekonstruieren. Ein Grund dafür ist in der verstärkten Bestelltätigkeit der getarnten Reichswehr-Fliegerstellen zu sehen. Das war eine Folge des im Jahre 1927 aufgestellten ersten Fliegerrüstungsprogramms der Reichswehr, das eine Verstärkung der Verschleierungstaktiken zur Folge hatte.

Dies trifft schon auf den mit der Werknummer 287 direkt der HE 6 folgenden Typ HD 34 zu. Im Auftrag des Reichsverkehrsministeriums (RVM) entwickelt, wurde dieser mittlere Bomber und Fernaufklärer mit zwei Motoren BMW VI 7,3Z von je 552 kW Leistung offiziell als Land-Mehrzweckflugzeug bezeichnet. Im Vorjahr waren an einer Attrappe in Originalgröße die Aufteilung und Ausstattung des Rumpfes festgelegt worden. Allerdings hatte das Flugzeug keine lange Lebensdauer. Noch nicht einmal zugelassen, ging es am

25. Juni 1928 bei einer Notlandung nach Triebwerkversagen am westlichen Breitlingufer in der Nähe der Arado-Werft zu Bruch. Der Heinkel-Chefpilot Stephan v. Prondzynski kam mit leichten Hautabschürfungen davon.

Auch das nächste Muster, die HD 30 (Werknummer 288, Kennung D-1463), gehörte zu dieser Kategorie von Militärflugzeugen im „Zivilgewand". Damals als See-Krankentransportflugzeug oder, neutraler, als See-Doppeldecker bezeichnet, war es ein katapultierfähiger Bordaufklärer, der, ausgerüstet mit einem Motor Gnôme Rhône „Jupiter VI 9AK" (353 kW), zur Erprobungsstelle Travemünde des Reichsverbandes der Deutschen Luftfahrtindustrie (RDL) kam. Ab April 1931 führte das Flugzeug die Typenbezeichnung HD 30B, nachdem es einen von Siemens & Halske in Lizenz gebauten „Jupiter"-Motor mit Getriebe erhalten hatte. Wie die HD 15 wurde auch die HD 30 auf dem Katapult Heinkel K 1 der Reichsmarine erprobt.

Als Eigentümer der Maschine traten nacheinander alle die verschiedenen Institutionen auf, die der Tarnung des eigentlichen Zwecks solcher Flugzeuge dienten, wie die Deutsche Luft Hansa (DLH), die Deutsche Versuchsanstalt für Luftfahrt

Der Flugplatz Warnemünde 1927/28.

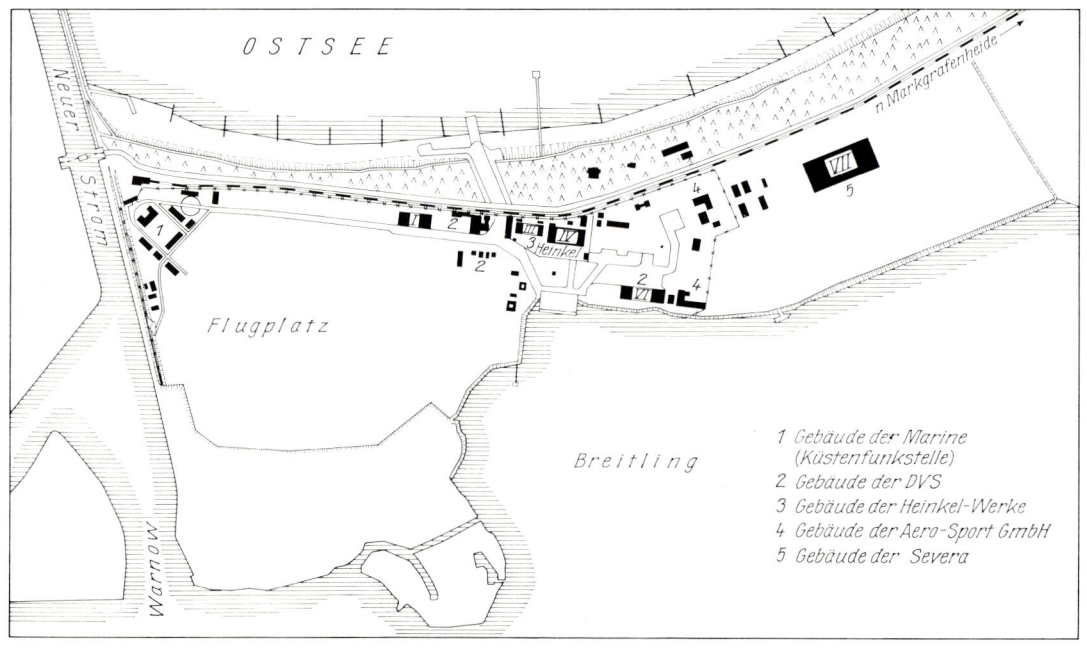

1 Gebäude der Marine (Küstenfunkstelle)
2 Gebäude der DVS
3 Gebäude der Heinkel-Werke
4 Gebäude der Aero-Sport GmbH
5 Gebäude der Severa

Was hier wie ein Kaffestündchen im Grünen aussieht, ist ein früher Besuch von Reichswehrvertretern, darunter auch die späteren Generale Student und Jeschonnek, bei Heinkel.

Durchsicht des Backbordmotors der HD 34 vor der Halle VI am Breitlingufer.

(DVL) in Adlershof, die Luftdienst GmbH (Umbenennung der Severa) und die Deutsche Verkehrsfliegerschule (DVS). Die Maschine wurde dort erprobt, um sich ein Bild von ihren Leistungen und ihrer Verwendbarkeit für den geplanten militärischen Einsatz zu verschaffen. Am Ende stand dann ein Muster zur Verfügung, das jederzeit in den Serienbau gehen oder als Vorbild für einen Nachfolger dienen konnte.

Auf der Basis der mit den vorher gebauten Varianten a, b, c und d gemachten Erfahrungen wurden 1928 acht Exemplare des Seeaufklärers HE 5e für die Langstreckenflugausbildung und FT (Funk)-Schulung bei der DVS bestellt und gelie-fert. Eine der sieben mit dem Motor BMW VI 5,5B oder Z (357 kW) ausgerüsteten HE 5e stellten die Heinkel-Werke auf dem vom 29. Juni bis 15. Juli 1928 in Paris stattfindenden Internationalen Aero-Salon aus. Die erste He 5e (Werknummer 289) hatte das stärkere Triebwerk BMW VI 7,3Z (552 kW) und wurde in Deutschland nicht zugelassen.

Die Sowjetunion erteilte den Auftrag für den nächsten im Jahre 1928 entwickelten Heinkel-Typ. Das war der Jagdeinsitzer HD 37, ebenfalls mit dem Motor BMW VI 7,3Z versehen. Die Maschine wurde als Renn- und Versuchsflugzeug für Beschleunigungsmessungen und Höhenforschung

97

Totalbruch der HD 34 am 25. Juni 1928 in der Nähe der Arado-Werft.

Der Prototyp des Bordaufklärers HD 30 (Werknummer 288) beim Start auf dem Breitling.

Die HE 5e (Werknummer 298, Kennung D-1341) stand bei der Zweigstelle Warnemünde der DVS im Dienst.

Prototyp der HD 37 hinter dem Tor B an der Chaussee nach Markgrafenheide, aufgenommen aus dem Konstruktionsbüro von Heinkel.

Die sowjetische Abnahmekommission vor der HD 37 mit dem schwedischen Versuchspiloten Söderberg und Frau. Rechts vom Ehepaar stehen der Chefkonstrukteur Schwärzler, der Leiter des Berliner Heinkel-Büros v. Pfistermeister und Ernst Heinkel.

bezeichnet. Die am 19. April 1928 beginnenden Erprobungsflüge dieses Musters durch den schwedischen Piloten Nils Söderberg brachten Heinkel zahlreiche Klagen wegen ruhestörenden Lärms ein.

In seinen Memoiren beschreibt Söderberg diese Flüge, für die er eine Woche Urlaub bei der schwedischen Luftwaffe (Flygvapnet) genommen hatte:

Vor Söderbergs Eintreffen in Warnemünde hatte der DVL-Flugzeugführer v. Köppen bereits einen kurzen Flug mit der HD 37 unternommen, aber die Erprobung nicht fortgesetzt. Da Heinkel sehr begierig war, das neue Muster in der Luft zu sehen, hatte der Schwede nur wenig Zeit, sich vor dem Start mit dem Cockpit vertraut zu machen.

Nach der Landung sagte Söderberg zu Heinkel, daß ein etwas größeres Höhensteuer den Abbruch einer Rolle oder des Trudelns und die Landung erleichtern würden, und daß auch die Seitensteuerfläche etwas größer sein könnte. Sofort gab Heinkel seine Anweisungen, und nach ein bis zwei Stunden hatte die Maschine ein entsprechend umgebautes Leitwerk. Das nannte man damals „Heinkel-Tempo".

Für Ende April hatte sich die sowjetische Abnah-

Die zweite im Warnemünde gebaute HD 19 (Werknummer 296) vor dem Überführungsflug nach Schweden.

Der US-amerikanische Luftfahrt-Attaché Reinburg kaufte die HD 22 mit der Werknummer 305.

mekommission unter General Alksnis, dem Chef der Roten Luftflotte, angemeldet. Söderberg kam deshalb noch einmal nach Warnemünde, um die Leistungsmessungen abzuschließen und die HD 37 vorzuführen. Er erreichte dabei auf einer 3 km langen Strecke in Bodennähe 327 km/h Geschwindigkeit und am Tage vor dem Eintreffen der sowjetischen Gäste 9800 m Gipfelhöhe.

Das Flugzeug fand die Anerkennung der sowjetischen Delegation und wurde abgenommen. Auf Verlangen der Besucher mußte Söderberg einen senkrechten Sturzflug mit maximaler Geschwindigkeit und schnellstmöglichem Abfangen vorführen. Für die dabei auftretende kurzzeitige Bewußtseinsstörung (Blackout) infolge der hohen Abfangbeschleunigung, hatte Heinkel eine zusätzliche Summe an den Piloten zu zahlen. Die erreichte Gipfelhöhe, die neuen deutschen Rekord bedeutete, durfte auf Wunsch der Käufer nicht publiziert werden.

In Warnemünde wurden zwei Maschinen des Typs HD 37a mit den Werknummern 291 und 292 für die UdSSR gebaut. Da nach sowjetischen Veröffentlichungen drei Musterflugzeuge HD 37c als Grundlage des dortigen Lizenzbaus dienten, müßte mindestens eine davon eine HD 43 gewesen sein, die

Die HD 16 als Schwimmerflugzeug …

… und mit Radfahrgestell. Im Schweden bevorzugte man jedoch die erste Ausführung.

1931 in vier Exemplaren als Weiterentwicklung der HD 37, ebenfalls in sowjetischem Auftrag, entstand. In der UdSSR begann erst 1932 der Lizenzbau von insgesamt 134 Maschinen des als I-7 bezeichneten Musters, bis es durch die Polikarpow I-15 abgelöst wurde.

Den beiden Prototypen der HD 37 folgten mit den Werknummern 293 und 294 zwei HD 22, die anscheinend ebenfalls besonderen Erprobungszwecken dienten. Mit den Zulassungen D-1147 und D-1306 wurden sie für die Versuchsabteilung der Albatros-Werke, sprich die Erprobungsstelle Rechlin, zugelassen und gingen relativ schnell zu Bruch: die erste bereits am 24. Juli 1928 kurz nach Mitternacht bei einer Nachtlandung in Rechlin;

die zweite Maschine ging Februar 1932 verloren. In der Werknummernliste folgen mit 295 und 296 zwei Doppeldecker des Typs HD 19a, ausgerüstet mit Motoren Bristol „Jupiter VI" (353 kW). Diese zweisitzigen Jagdflugzeuge konnten mit Schwimmern oder normalem Spornfahrwerk geflogen werden, wobei die Umrüstung einfach zu bewerkstelligen war. Im Winter war die Montage von Schneekufen möglich.

Die beiden Flugzeuge wurde im Oktober 1928 als Typ J 4 (Jaktflygplan – Jagdflugzeug) von den schwedischen Luftstreitkräften übernommen. Dazu kamen von Juni bis Oktober des folgenden Jahres vier weitere bei Svenska Aero A.B. in Lizenz gebaute Maschinen.

Von der HE 31 wurde nur die Werknummer 310 gebaut.

Die zweite HE 8 mit der Dienstnummer 98 vor dem Überführungsflug nach Dänemark.

Wie weit die Verquickung der Industrie und der getarnten Fliegerreferate der Reichswehr ging, zeigt der Lizenzbau von zwei Albatros L 77v bei Heinkel. Sie trugen die Werknummern 303 und 304 und wurden als D-1573 und D-1574 für die Albatros GmbH zugelassen, bevor beide im Dezember 1929 zur Erprobungsstelle Staaken des RDL kamen. Worin der eigentliche Grund für die Fertigung von zwei Stück eines auch bei der Entwicklungsfirma nur in geringer Anzahl hergestellten Musters liegt, ist bisher unbekannt. Die L 77 war ein Jagdzweisitzer und Aufklärer. Möglicherweise sollte Heinkel Einblicke in die Technologie bei Albatros erhalten, oder er nutzte beim Bau im eige-

nen Betrieb entwickelte Verfahren, die einen Vergleich der Bauweisen ermöglichten.
Die nächsten drei Werknummern (305 bis 307) der Heinkel-Fertigung belegten Maschinen des Typs HD 22. Während die erste, die vom US-amerikanischen Luftfahrtattaché in Berlin Major G. E. A. Reinburg erworben wurde, den Motor Junkers L 5 (206 kW) und die amerikanische Zulassung AC 4711 hatte, waren die anderen beiden wieder für die Albatros GmbH, also die Erprobungstelle Rechlin, als D-1624 und D-1652 zugelassen.
Es folgten die Werknummern 308 und 309, zwei Torpedobomber für Schweden. Die einmotorigen Doppeldecker mit der Typenbezeichnung HD 16

Die HE 10 vor der Vergrößerung des Leitwerks, die noch während der Werkerprobung vorgenommen wurde.

konnten schnell von der Land- auf die Schwimmerversion umgerüstet werden. Nach einer gründlichen Werkerprobung in Warnemünde, die auch Torpedoabwurfversuche einschloß, wurden die beiden Maschinen im Dezember 1928 bzw. Januar 1929 von der Flygvapnet übernommen und dem 2. Geschwader (2. Flygkaren) in Hägernäs östlich von Stockholm zugeteilt. Die Gattungsbezeichnung in Schweden lautete T 1 (Torpedflygplan). Beide Maschinen blieben zehn Jahre im Dienst, bevor sie 1939 durch Heinkel He 115A-2 ersetzt wurden.

Die Werknummer 310 trug die Heinkel HE 31a, ein für die Reichsmarine entwickelter Hochseeaufklärer mit dem US-amerikanischen Triebwerk Packard 3 A 2500 von 515 kW Leistung. Es wurde nur ein Exemplar dieses Typs gebaut und im Oktober 1928 mit der Zulassung D-1522 für die Severa eingetragen. Der Prototyp diente der Weiterentwicklung der HE 5 und war eine Zwischenstufe auf dem Weg zur HE 9. Neu waren die halbrunden Holzschwimmer mit Duralböden, die man aber beim Nachfolgemuster nicht übernahm. Nach der Severa, die ab Februar 1929 kurze Zeit als Abteilung Küstenflug der Luft Hansa auftrat, war die DVL Eigentümer der HE 31, bevor sie im Oktober 1931, umgerüstet auf den britischen Motor Napier „Lion XIa", zur RDL-Erprobungsstelle See in Travemünde kam.

Den bewährten Entwicklungsgrundsätzen der mit der Hansa-Brandenburg W 29 begonnen und über die HE 1, 2, 4 und 5 fortgesetzten See-Tiefdeckerreihe folgend, entstand anschließend für Däne-

mark der Entwurf der HE 8 mit einem luftgekühlten Sternmotor Armstrong-Siddeley „Jaguar VI C" (338 kW). Der Bauauftrag für sechs Maschinen erging am 3. April 1928. Die Arbeiten wurden mit den Werknummern 311 bis 316 in Angriff genommen, und nach beendeter Erprobung konnte die erste Maschine am 17. August des Jahres zum Auftraggeber überflogen werden.

Am 27. September 1928 kam es in Warnemünde zu einem schweren Unfall. Bei Kunstflügen mit der HE 8 (Werknummer 314) stürzte Werkpilot Kapitänleutnant a. D. Stephan v. Prondzynski in die Ostsee. Das Wrack, das teilweise noch aus dem Wasser ragte, wurde sofort von zu Hilfe eilenden Booten an Land gebracht, während man den Leichnam des Flugzeugführers erst am folgenden Tag bergen konnte. Prondzynski hatte 1913 bei den Albatros-Werken in Johannisthal fliegen gelernt und war nach dem Krieg Verkehrspilot der Junkers-Werke in Deutschland und der Türkei. Vor Beginn seiner Tätigkeit als Einflieger des Heinkel-Werks im Mai 1928 war er Testpilot bei der DVL in Adlershof gewesen.

Im Jahre 1929 begann die Lizenzfertigung der HE 8 auf der Kopenhagener Kriegswerft, die 16 als H. M. II (Hydroplan Marine) bezeichnete Maschinen umfaßte.

Als drei- bis fünfsitzige Weiterentwicklung der HE 6 für die Langstrecken-Navigationsausbildung und Reisezwecke bei der DVS entstand als letztes Muster des Jahres 1928 die HE 10. Auf der vom 7. bis 28. Oktober in Berlin veranstalteten Internationalen Luftfahrt-Ausstellung (ILA) präsentierten

Die am 27. April 1928 von Herrmann Becker mit Motorfundamentbruch glücklich gelandete HD 15.

die Heinkel-Werke den ersten Prototyp zusammen mit einer HD 22, 16 Modellen und zahlreichen Konstruktionseinzelteilen.

Die beiden gebauten HE 10 (Werknummern 317 und 318) wurden 1929 für die DVS zugelassen. Die endgültige Abnahme der Maschinen hatten zahlreiche Beanstandungen verzögert. Das Seitenleitwerk und das Höhenruder mußten vergrößert werden, da die Manövrierfähigkeit auf dem Wasser anfangs schlecht war, die Längsstabilität zu wünschen übrig ließ und das Leitwerk zu Schwingungen neigte. Weitere Mängel waren der undichte Kabinenaufbau und starke Vibrationen des Instrumentenbretts. Nach den Umbauten bewährte sich der Typ bei der Ausführung von Navigations- und Funklehrflügen.

Interessant ist die Tatsache, daß 1928 bei Heinkel auch die Entwicklung eines Dampfmotors für Flugzeuge betrieben wurde. Nach Aussage eines damals bei Heinkel tätigen Ingenieurs soll dieser Antrieb in einer HD 22 erprobt worden sein. Wenn eine Bestätigung dafür auch bisher nicht vorliegt, so ist es doch bemerkenswert, daß Ernst Heinkel das Risiko einer möglichen Fehlentwicklung auf sich nahm, um neue Antriebsarten für Flugzeuge zu erproben. Diese Haltung hat ihn später als ersten in Deutschland die Bedeutung des Strahlantriebs erkennen lassen und gipfelte in den erfolgreichen Pionierflügen mit Flüssigkeitsraketenantrieb am 20. Juni 1939 (He 176) und Turbinenluftstrahlantrieb am 27. August 1939 (He 178).

Zur allgemeinen Entwicklung bei Heinkel im Jahre 1928 sind ebenfalls einige Fakten bekannt geworden. Im März lag neben den immer noch laufenden Verhandlungen mit Greifswald auch ein Angebot zur Verlegung nach Stettin (heute Szczecin) vor.

Im Mai betrug die Gesamtzahl der im Betrieb tätigen Personen etwa 430, und im Juli gab es Verhandlungen mit der UdSSR über einen Großauftrag im Wert von ca. 4 Millionen RM. Zur Kreditaufnahme wurde an die Rostocker Stadtverwaltung der Antrag auf eine Bürgschaft gestellt. Dabei wurde die zur Auftragserfüllung notwendige Einstellung von ungefähr 350 Arbeitern angeführt.

Wegen des immer spürbarer werdenden Platzmangels in den gemieteten Warnemünder Anlagen hatte Heinkel in der Rostocker Bleicherstraße eine Halle der Fonitram Gesellschaft für feuerfeste Baustoffe mbH gemietet und verlegte ab Juni die gesamte Tischlerei dorthin. In der Warnemünder Halle IV befand sich ab August die Materialkontrolle.

Neben den bei den einzelnen Typen bereits aufgeführten Unfällen kam es bei der Erprobung und verschiedenen Werkflügen ebenfalls zu Zwischenfällen, so, als am 27. April die im Vorjahr gebaute HD 15 bei einem Probeflug in über 2000 m Höhe den Propeller verlor. Bei der anschließenden Notwasserung brach der gesamte Motorträger, glücklicherweise ohne Schaden für die Besatzung. Die

Das zweite Arado-Jagdflugzeug, SD II, nach der Fertigstellung in Warnemünde.

Die Arado SC II war auch bei der DVS in Warnemünde im Einsatz.

notwendige Generalreperatur der Maschine übernahm die Aero-Sport GmbH.

Arado-Flugzeuge

Die Arado-Werft entwickelte 1928 vier neue Flugzeugmuster. Zwei davon stellte das Werk auf der im gleichen Jahr in Berlin veranstalteten ILA vor. Es waren das mit einem Motor BMW Va (235 kW) ausgerüstete Schul- und Übungsflugzeug SC II und das Zubringerverkehrsflugzeug Arado V I mit einem Triebwerk Pratt & Whitney „Hornet" (368 kW). Die SC II war auch schon im Sommer auf dem Pariser Aero-Salon gezeigt worden.

Das dritte im Jahre 1928 gebaute Muster war die SD II, wieder ein für die Reichswehr entwickelter Versuchs-Jagdeinsitzer mit einem Motor Bristol „Jupiter" (357 kW). Über den Verbleib und die Erprobung dieses Flugzeugs gibt es keine bestätigten Angaben. Es entstand nur ein Prototyp, der keine deutsche Zulassung erhielt und deshalb wahrscheinlich gleich ins Ausland ging.

Landflugzeuge von Arado mußten zum Einfliegen mit Floß und Motorboot zum Flugplatz gebracht werden.

Werkerprobung des einzigen Arado-Verkehrsflugzeugs V I auf dem Warnemünder Platz.

In nur acht Tagen für die Türkei entwickelt und gebaut: die Arado S III.

Die SC II wurde in einer Serie von zehn Stück gefertigt. Der Bau lief von 1928 bis 1931. Fast alle Maschinen kamen zur DVS und erhielten deutsche Zulassungen. Der erste Prototyp verunglückte während eines Abnahmefluges vor DVL-Vertretern in Warnemünde am 24. April 1928 durch Motorversagen und ging dabei zu Bruch. Die Besatzung blieb unverletzt. Das Flugzeug konnte repariert und später endgültig abgenommen werden.

Die Arado V I (Werknummer 47) erhielt die Zulassung D-1594, bevor die Luft Hansa sie für eine Reihe von Post-Langstreckenflügen und Streckenerkundungen einsetzte. So zu zwei Flügen nach Sevilla in Spanien am 7. und 24. September 1929, wobei die 2591 km lange Strecke mit einer Zwischenlandung in Marseille 15 Stunden Flugzeit erforderte. Am 25. Oktober folgte dann der Start nach Konstantinopel, dem heutigen Istanbul. Nach 10 Stunden und 35 Minuten Direktflug wa-

Zwei neue Schwimmerpaare sind bei der Aero-Sport GmbH fertig geworden.

ren die 1820 km zurückgelegt. Der Rückflug am 29. Oktober verlief ebenfalls ohne Zwischenfälle und war sogar 25 Minuten kürzer.

Am 16. November 1929 flog die selbe Besatzung, bestehend aus dem Flugleiter v. Schröder, gleichzeitig zweiter Flugzeugführer, Flugkapitän Albrecht und Bordmonteur Eichentopf, nach Teneriffa auf den Kanarischen Inseln, wo sie am 5. Dezember landete. Dort erhielt das Flugzeug den Namen „Teneriffa", bevor es am 18. Dezember den Rückflug antrat. Dichter Nebel über Mitteldeutschland am nächsten Tag führte zum Orientierungsverlust und einem Notlandeversuch bei Wustrau, einem kleinen Ort bei Neuruppin. Dabei verbrannte die Maschine, und beide Flugzeugführer verloren das Leben. Der Bau einer zweiten Maschine V Ia (Werknummer 55) wurde abgebrochen.

Im Jahre 1928 lieferte Arado die S III, einen Schuldoppeldecker, an die Türkei. Die Entwicklungsgeschichte dieses Einzelstücks zeigt, welche Möglichkeiten damals im Flugzeugbau bestanden, wenn sie auch nicht mehr die Regel waren. Das Flugzeug sollte in acht Tagen fertig werden. Ohne Konstruktionszeichnungen wurde in Tag- und Nachtarbeit, nur nach den mündlichen Anweisungen der Konstrukteure, dieses Anfangschulflugzeug entwickelt und gebaut. Tatsächlich war die Maschine nach acht Tagen mit einem Sternmotor Siemens SH 11 (59 kW) komplett und konnte in die Türkei befördert werden.

Schulbetrieb bei Aero-Sport, DVS und MAC

Über die Tätigkeit der Aero-Sport GmbH im Jahre 1928 ist wenig bekannt. Durch die erweiterte Tä-

tigkeit der Deutschen Verkehrsfliegerschule (DVS) waren die Tischler der Firma gut beschäftigt. Es gab immer wieder Schwimmer zu bauen, die zu Bruch gegangen waren oder einfach ausgewechselt werden mußten. Daneben lief der übliche Rundflug- und Schulbetrieb, der allerdings keinen großen Umfang hatte.

Die Zweigstelle Warnemünde der DVS setzte ihre Entwicklung zur wichtigsten Ausbildungseinrichtung der Seeflieger fort und nutzte neben den Hallen I und II auch das ehemalige Stabsgebäude des kaiserlichen Seeflugzeug-Versuchskommandos (SVK), in dem Büros, ein Turnsaal und Wohnungen für die Fluglehrer und Angestellten eingerichtet worden waren.

Das neue Ausbildungsjahr begann am 26. März, als etwa 30 Flugschüler, die bereits den Land-A-Schein besaßen, den praktischen Sommerlehrgang aufnahmen. Sie schulten auf Seemaschinen um, um dann die geforderten Kilometer mit Flügen über See zu absolvieren. Besondere Erwähnung fand der bereits 48jährige Brasilianer Joao Rudolfo Enet, der im Juni die Ausbildung für Seeflugzeuge der Klasse A abschließen konnte.

In den Sommermonaten wurde ab 1928 auch in List auf Sylt geschult. Die Gesamtleitung der Ausbildung in Warnemünde und List hatte Wolfgang v. Gronau, der in Warnemünde wohnte.

Im täglichen Schulbetrieb gab es eine Reihe von Unfällen, die 1928 ohne größeren Personenschaden abgingen. Am 6. März setzte ein Flugschüler seine HD 24 zu hart auf und überschlug sich. Der aus der Maschine geschleuderte Flugzeugführer wurde von einem Fischerboot aufgenommen und das Flugzeug mit zertrümmerten Schwimmern eingeschleppt. Am 21. Mai endete erneut eine

Dieses Luftbild des Warnemünder Platzes zeigt im Vordergrund einige von der DVS genutzte Gebäude und rechts vom Tor B das Heinkel-Werkgelände.

Die Reste der HD 24 (Kennung D-1098) nach ihrer Bruchlandung am 6. März 1928.

Wasserung mit Propeller- und Schwimmerbruch. Die auf dem Kopf stehende Maschine trieb an Land und konnte geborgen werden. Beide Insassen blieben unverletzt.

Weniger glimpflich kam die Besatzung der FF 49 (Kennung D-146) der DVS davon, die am 11. Juni beim unerlaubten Kurven in Bodennähe abrutschte und, etwa 5 m vom Ufer entfernt, bei Wustrow in die Dünen stürzte. Beide Flugschüler wurden verletzt. Die zerstörte D-146 war das älteste Flugzeug der Zweigstelle, das wegen seiner gutmütigen Flugeigenschaften zur Umschulung auf Seemaschinen, für die ersten Alleinflüge und Nachtlandungen Verwendung fand. Die gegen

Kriegsende bei der Werft Warnemünde der Flugzeugbau Friedrichshafen GmbH gebaute Maschine hatte bei der DVS bereits 664 Stunden und 46 Minuten Flugzeit und 4503 Starts im Schuleinsatz hinter sich.

Nur neun Tage später mußte der nächste Totalverlust registriert werden, als die neue Heinkel HD 24 (Kennung D-1267) bei einem Übungsflug auf dem Breitling zu Bruch ging. Beide Insassen blieben glücklicherweise unverletzt. Ebenfalls über dem Breitling stürzte der Flugschüler Dendl am 23. August mit der FF 49 (Kennung D-86) durch Überziehen ab. Damit war von den bei Beginn des Ausbildungsjahres im April vorhandenen drei Ma-

Die D-40 blieb als letzter der beliebten Friedrichshafen-Doppeldecker noch bis 1931 im Dienst der DVS.

Warnemünde mit dem Alten Strom, Bahnhof, Fährhafen und dem Neuen Strom. Am rechten Bildrand sind die ehemaligen Offiziersunterkünfte und Kasernen des SVK am Eingangsgebäude (Tor A) des Flugplatzes sichtbar.

schinen dieses Typs nur noch eine übrig. Diese D-40, die als FF 71a geführt wurde, blieb noch bis 1931 im Dienst.

Ein weiterer Unfall ereignete sich am 1. November, als ein Flugschüler der DVS infolge dichten Nebels auf der Glashäger Feldmark bei Bad Doberan notlanden mußte und sich überschlug. Die Schäden an der Udet U 12a (Kennung D-1448) blieben gering und der Flugzeugführer unverletzt. Anders am 5. November, als zwei auf Streckenflug befindliche HD 24 bei Graal einer Nebelwand ausweichen wollten und eine Maschine (Werknummer 278, Kennung D-1470) westlich der Landungsbrücke in die Ostsee stürzte. Während das Flugzeug als Totalverlust abgeschrieben werden mußte, konnte die Besatzung gerettet werden.

Glück hatten auch die Insassen der HE 7, die während einer Erprobung am 13. Dezember bei heftigem Ostwind und Seegang in der Warnemünder Ostbucht auf die Mole zutrieb und zu zerschellen drohte. Das gerade anwesende Stationsboot „Maria" der DVS-Zweigstelle Sylt konnte nach mehreren vergeblichen Versuchen eine Schleppleine übergeben, die aber bald riß. Erst mit Unterstützung des zu Hilfe herbeigerufenen Lotsenbootes gelang es, die Maschine durch den Neuen Strom zur Ablaufbahn am Breitling zu bugsieren.

Ende des Jahre 1928 kam es zu einer wichtigen

Eine Raab-Katzenstein KI 1c „Schwalbe" und ein BFW/Udet „Flamingo", aufgenommen beim DVS-Jahresfest 1928 vor der Halle I in Warnemünde.

Entscheidung für den Flugplatz, als die Rostocker Stadtverordnetenversammlung am 17. Dezember beschloß, das bei der Vertiefung der Warnow-Fahrrinne zum neugebauten Schlachthof in Bramow anfallende Baggergut zur Erhöhung des südlichen Abschnitts des Flugplatzes zu verwenden. Da von Seiten der Reichsregierung 60 000 RM der entstehenden Kosten übernommen wurden, gelangte ein bei der Begradigung des Breitlingufers östlich des Flugplatzes gewonnenes Geländestück in Reichseigentum.

Wegen den ständig wachsenden Anforderungen an die Kapazität und der zunehmenden Start- und Landegeschwindigkeit der Flugzeuge blieb der Landflugplatz trotzdem immer weiter hinter den Anforderungen zurück. Im Juni 1929 meldeten die „Nachrichten für Luftfahrer", daß die Walz- und Einebnungsarbeiten auf dem neugewonnenen Flugplatzabschnitt beendet waren.

Vom 16. bis 19. August 1928 fand erstmals das Jahresfest der gesamten DVS in Warnemünde statt. Neben zahlreichen internen Sportveranstaltungen, wie Leichtathletikwettkämpfen, Kutterrudern u. a., war für das Publikum der Flugtag, an dem Maschinen aller Zweigstellen teilnahmen, besonders interessant. Bereits am 11. August trafen zehn „Flamingos" (U 12a) aus Schleißheim in Warnemünde ein. Die letzten Teilnehmer von der Station List kamen am 16. August mit einem Dornier „Wal", einer Junkers G 24W und fünf HE 5 an.

Die Flugveranstaltung am Sonnabend war leider durch schlechte Witterung beeinträchtigt. Das Programm bestand aus einem Begrüßungsflug, den nacheinander jeweils fünf HE 5 aus List,

HD 24 aus Warnemünde, U 12a aus Schleißheim, Arado SC I und Junkers A 20 aus Staaken vollzogen. Es folgten ein Luftrennen mit fünf U 12a und acht HD 24, Kunstflüge von Willy Stör (Schleißheim) auf einem Raab-Katzenstein-Doppeldecker „Schwalbe" und ein großes Typenvorfliegen als Abschluß.

Erfolgreiche Arbeit leistete die Jungfliegergruppe des Mecklenburgischen Aero-Clubs (MAC), die mit 30 Teilnehmern im Dezember 1927 einen theoretischen Vorbereitungslehrgang begonnen hatte und den Bau von Segelflugzeugen in einem von der Zuckerfabrik zur Verfügung gestellten Raum aufnahm. In dieser Gruppe waren auch die zwölf Mitglieder der Akaflieg der Universität aktiv. Die Studenten und Schüler bauten unter Anleitung von Dr. Eggerß ein Segelflugzeug des Typs „Zögling" nach den Plänen der Rhön-Rossitten-Gesellschaft (RRG). Mit Mitteln des MAC fuhren drei Studenten zu einem am 1. März beginnenden Segelfluglehrgang der RRG auf die Wasserkuppe in der Rhön.

Im April fanden die ersten Gleitflugversuche auf den Hügeln der sogenannten Rostocker Schweiz zwischen Kösterbeck und Kessin statt. Gestartet wurde am Gummiseil. Der Flugschüler nahm im „Zögling" Platz, zwei Mann hielten den Schwanz des Flugzeugs, und auf das Kommando „Ausziehen!" ergriffen drei Mitglieder der Gruppe das Gummiseil und zogen es im Schritt auf die doppelte Länge aus. Nach dem Kommando „Laufen!" wurde das Seil im Trab weiter ausgezogen und bei „Los!" der Gleiter freigegeben. Er stieg auf etwa 10 m Höhe, wobei das Gummiseil vom Bug

Nach ihrem erfolgreichen Debüt auf der Rhön schulte der MAC auch in Warnemünde mit der „Mecklenburg". Die Maschine trägt noch die Wettbewerbsnummer 104.

abfiel. So erreichte man etwa 45 km/h Startgeschwindigkeit und 30 Sekunden Flugdauer.

An einem Sonntag (6. Mai 1928) wurden die ersten beiden selbstgebauten Segelflugzeuge des MAC auf einem Hügel an der Landstraße südlich von Kessin feierlich auf die Namen „Wismar" und „Güstrow" getauft. Für die Rostocker Zuschauer fuhren Sonderbusse. Eine Heinkel HD 24 der DVS umkreiste den Platz und warf eine Grußbotschaft ab.

Während man bisher nur Gleitflugzeuge nach vorgegebenem Muster gebaut hatte, wollten die MAC-Mitglieder am alljährlich stattfindenden Segelflugwettbewerb auf der Wasserkuppe mit einer speziellen Eigenkonstruktion teilnehmen, mit der sie dann auch beträchtliches Aufsehen erregten. Der Beschluß zum Bau der Maschine fiel erst vier Wochen vor Beginn des Wettbewerbs, der vom 29. Juli bis 12. August geplant war. Die Arbeit begann sofort, konnte aber erst nach Beginn der Rhön-Wettkämpfe abgeschlossen werden.

Am 8. August traf die MAC-Delegation in Gersfeld/Rhön ein, und am Abend war das Flugzeug aufgerüstet und konnte der Technischen Kommission vorgestellt werden. Der Konstrukteur, Dipl.-Ing. Krekel, hatte die Berechnungen, Zeichnungen und Festigkeitsproben vorgelegt, so daß nach der Zulassung bereits am folgenden Nachmittag nach einigen Proberutschern Dr. Eggerß die F. G. 1 erfolgreich einfliegen konnte. Damit war die Abnahme abgeschlossen.

An den verbleibenden Wettbewerbstagen sah man die auf den Namen „Mecklenburg" getaufte Maschine mit der Startnummer 104 bei den Schu-

lungswettbewerben sehr häufig in der Luft, so daß die Rostocker am Ende den zweiten Preis für die Gesamtflugdauer von über drei Stunden, einen Sonderpreis von 412,50 RM, einen Konstruktionspreis und die höchste Fleißprämie erhielten. Der Konstrukteur Krekel wurde mit einem Freiflugschein der Luft Hansa geehrt. Als weitere Belohnung durfte die Gruppe noch einige Tage auf der Rhön fliegen, wobei die Mitglieder drei C- und zahlreiche A- und B-Prüfungen absolvierten.

Im November des Jahres widmete die bekannte Luftfahrtzeitschrift „Flugsport" der „Mecklenburg" einen sechsseitigen Beitrag, in dem die konstruktiven Lösungen hervorgehoben wurden. Der Rumpf war völlig aus dünnem Stahlrohr geschweißt, woraus eine sehr geringe Leermasse von nur 95 kg resultierte. Dieses Material hatte Ernst Heinkel dem MAC gestiftet. Gute Flugeigenschaften und ein auch bei Windstille möglicher zweisitziger Start wurden besonders hervorgehoben.

Die Maschine sollte als billiger „Flachlandgleiter" auch an niedrigen Hängen und bei wenig Wind einen Schulbetrieb und Prüfungsflüge erlauben. Zweisitzig und mit Doppelsteuerung versehen, konnte mit Lehrer geschult werden. Das war eine damals durchaus neue Einrichtung.

Nach Rückkehr von der Wasserkuppe unternahm man Startversuche auf dem Flugplatz Warnemünde. Die Raab-Katzenstein-Werke in Kassel erwarben die Nachbaurechte. Zu einer Produktion kam es aber anscheinend nicht, da die Firma nach 1928 in finanzielle Schwierigkeiten geriet.

Durch das Veranstalten einer Rostocker Luftfahrt-

Die rotgestrichene GMG Ia „Rostock" (Kennung D-1457) des MAC vor einem Schulflug in Warnemünde.

Die drei Großflugboote, die die Severa 1928 in Warnemünde erprobte: Mit vier Napier „Lion Vu" war die D-1337 ausgerüstet.

Lotterie (Ro-Lu-Lo) war es dem MAC möglich, ein zweisitziges Leichtmotorflugzeug des Typs GMG Ia der Möbelfabrik Gebrüder Müller in Griesheim zu kaufen. Die rotgestrichene Maschine hatte einen Dreizylinder-Anzani-Motor von 26 kW Leistung und trug die Zulassung D-1457. Das Flugzeug wurde am Sonntag, dem 23. September, feierlich auf den Namen „Rostock" getauft. Anschließend konnten Passagiere für 4 RM mitfliegen.

Die rote D-1457 des Aero-Clubs war auf dem Flugplatz bei der DVS untergebracht und wurde von deren Technischem Leiter Blücher mitbetreut. Für Schulflüge benutzt, konnte sie insgesamt in etwa

60 Flugstunden 288 Flüge ausführen, ehe sie am 22. Februar des folgenden Jahres restlos zerstört wurde. Der Pilot war bei der Landung am Antennenmast des Restaurants „Hohe Düne" beim Flugplatz hängengeblieben und abgestürzt, wobei er unverletzt blieb.

Vorher hatte der MAC noch mit der GMG Ia am DLV-Zuverlässigkeitsflug anläßlich der ILA in Berlin teilgenommen. Es flogen die Piloten Dr. Bachér und Dr. Eggerß mit der Startnummer 11. Sie hatten am Ende 4938 RM Kilometerprämien für die Klubkasse erkämpft und damit den Grundstock für neue Bau- und Beschaffungspläne gelegt.

Die D-1115 hatte zwei
Motoren Rolls Royce
„Condor", ...

... die auch als An-
trieb der Rohrbach
Ro V „Rocco" dienten.

Probeflüge der Severa
und Besucher auf dem Platz

Im Februar 1928 übernahm die Severa endgültig
die 140 m lange Riesenflugzeughalle VII auf dem
Warnemünder Flugplatz. Die noch ausstehende
Betonierung des Bodens wurde sofort in Angriff
genommen. Die Torhöhe von 18 m erlaubte die
Unterbringung größerer Maschinen.
Am 29. März trafen drei große Flugboote der Severa zu Vergleichsflügen und einer See-Erpro-
bung in Warnemünde ein. Es waren die einzige
gebaute Rohrbach Ro V „Rocco" (Kennung

D-1261) und je ein zwei- und viermotoriger Dornier
„Superwal" (Kennungen D-1115 und D-1337).
Die beiden zweimotorigen Maschinen sollten je
drei Starts und Landungen bei Seegang 4 mit voller Zuladung ausführen, um beide Bauarten be-
züglich ihrer Seefähigkeit zu vergleichen. Die Versuche begannen vor Ostern und wurden am
16. April fortgesetzt. Mit eingedrücktem Boden
des linken Flossenstummels mußte der „Superwal" D-1115 eingeschleppt und über die neuer-
baute Slipbahn in die Halle VII zur Reparatur gebracht werden. Die ebenfalls beschädigte Höhenflosse des „Rocco" wurde schnell wiederherge-

Trotz der vogelartigen Schwingen kam die „Möve" des Berliner Ingenieurs Hans Richter nicht in die Luft (Warnemünde, 22. Juli 1928).

Warnemünde wurde von zahlreichen in- und ausländischen Fliegern besucht. Hier ist ein britischer Klemm-Tiefdecker des Typs L 26III mit Cirrus-Motor eingetroffen.

stellt, so daß die Ro V zusammen mit der D-1337 für eine Pressebesichtigung zum Berliner Wannsee fliegen konnte.

Ab 19. Juli war in Warnemünde an der Mole das Wassersegelflugzeug „Möve" des Berliner Ingenieurs Hans Richter ausgestellt. Startversuche am 22. Juli 1928 auf dem Breitling blieben allerdings erfolglos, ebenso Wiedererholungen auf der Ostsee. Die Maschine hatte pontonartige, aufblasbare Gummischwimmer, die ein Abheben bei den Schleppversuchen mit einem Motorboot nicht ermöglichten. Die Versuche mitten in der Badesaison lockten zahlreiche Zuschauer auf die Warnemünder Mole. Richter erklärte anschließend, er werde seine Versuche auf dem Wannsee fortsetzen.

Großes Publikumsinteresse erweckte 1928 auch die erstmalige Atlantiküberfliegung in Ost-West-Richtung durch Köhl, v. Hünefeld und Fitzmaurice auf der Junkers W 33 „Bremen". Als die beiden deutschen Ozeanflieger Köhl und v. Hünefeld einer Einladung des Rennvereins folgten und am 24. Juli nach Bad Doberan kamen, waren 12000 Zuschauer anwesend. Da sich die Ankunft des Schwesterflugzeugs der „Bremen", der „Europa", verzögerte, zeigte Werkpilot v. Prondzynski ein Kunstflugprogramm mit dem neuen Heinkel-Doppeldecker HD 19, bevor Köhl um 15.00 Uhr auf der Rennbahn landete.

Insgesamt herrschte 1928 auf dem Flugplatz Warnemünde eine gesteigerte Aktivität. Dazu trug besonders die günstige Auftragslage der Heinkel-

Der DVL in Adlershof gehörte diese Albatros L 69 mit Bristol-Triebwerk „Lucifer".

Werkpilot Starke mit der HE 9 beim Start zum Weltrekordflug am 21. Mai 1929. Im hinteren abgedeckten Sitz ist die Last verstaut.

Werke, die eine Vergrößerung der Produktionskapazität notwendig machte, bei. Auch die zunehmende Ausbildungstätigkeit bei der DVS und dem reaktivierten MAC machten sich bemerkbar.

6.7. 1929/30 – Reichswehr-Rüstungstypen und Postvorausflüge

Die Tendenz der verschleierten Militarisierung der Luftfahrt in der Weimarer Republik nahm in den folgenden Jahren bis 1933 zu, obwohl die allgemein schlechter werdende Wirtschaftslage Produktionseinschränkungen und Massenentlassungen zur Folge hatte. Das Nachvollziehen der Flugzeugproduktion anhand der nur bruchstückhaft erhaltenen Luftfahrzeugrolle und der spärlichen Werksveröffentlichungen, die zudem den wahren Sachverhalt oft zu verschleiern trachteten, wird für diese Jahre immer schwieriger. Manche Flugzeuge tauchten gar nicht im Zivilregister auf oder erhielten Zulassungen, die außerhalb der normalen Reihenfolge lagen. Es ist also nur eine etwas globalere Betrachtungsweise möglich.

Neubauten und Werkerweiterung bei Heinkel

Im Jahre 1929 brachten die Heinkel-Werke fünf neue Flugzeugmuster heraus, die sämtlich für militärische Aufgaben bestimmt waren, meist solchen der Marine.

Den Anfang machte der Seeaufklärer HE 9, eine

Die erste HD 38a (Werknummer 320) mit Rädern als Marine-Landjagdflugzeug ...

... und als Schwimmerflugzeug während der Katapulterprobung auf dem K 1.

Fortsetzung der bisherigen See-Tiefdeckerreihe. Der Prototyp HE 9a mit der Werknummer 319 wurde im Mai 1929 als D-1617 zugelassen.

Der Werkpilot Rolf Starke flog damit am 21. Mai in Warnemünde eine Reihe von Weltrekorden. Mit 1 000 kg Nutzlast legte er 1 000 km zurück. Die dabei erreichte Geschwindigkeit von 235,294 km/h auf der 100-km-, 235,941 km/h auf der 500-km- und 177,279 km/h auf der 1 000-km-Strecke bedeuteten jeweils Weltrekord, wobei die über die längste Distanz erreichte Geschwindigkeit auch für 500 kg Nutzlast als Rekord anerkannt wurde. Knappe drei Wochen später, am 10. Juni, gelangte Starke mit 222,277 km/h über die 1000-km-Distanz, mit 500 kg Zuladung an Bord, erneut in den Besitz zweier Weltrekorde für die HE 9a, da die alte Bestmarke ohne Nutzlast damit ebenfalls überboten war.

Noch im gleichen Jahr baute man fünf weitere Maschinen für die Deutsche Verkehrsfliegerschule (DVS). Es waren die HE 9b (Werknummer 325, Kennung D-1625) und vier He 9c (D-1688 bis D-1691 mit den Werknummern 328 bis 331).

Auch mit dem zweiten neuen Muster des Jahres, der HD 38, stellte Starke am 7. Mai einen internationalen Rekord auf, als er mit dem Prototyp HD 38aW (Werknummer 320, Kennung D-1609) 500 kg Nutzlast über die 100-km-Distanz mit einer Durchschnittsgeschwindigkeit von 259,927 km/h beförderte.

Die erste HD 41a
(Werknummer 321)
nach ihrer Zulassung.

Die HD 38 war ein Marine-Jagdeinsitzer und konnte, ähnlich wie viele andere Heinkel-Muster dieser Zeit, sowohl mit Schwimmern als auch mit einem normalen Spornradfahrwerk ausgerüstet werden. Als möglichst universell einsetzbare Maschine gedacht, gab es für beide Varianten auch die Möglichkeit des Katapultstarts, wofür die entsprechende Zellenstruktur und die notwendigen Beschläge vorhanden waren.

Die HD 38 wurde noch 1933 als eines der ersten Marineflugzeuge im Aufrüstungsprogramm geführt und in kleinerer Stückzahl bei den Firmen Focke-Wulf in Bremen und Arado in Warnemünde nachgebaut. Auch die HE 9 entstand in diesem Rahmen in einigen Exemplaren bei Focke-Wulf.

In Warnemünde folgte die im Juli 1929 als D-1694 zugelassene HD 41a (Werknummer 321) mit einem Triebwerk BMW VI 7,3Zu (552 kW). Damals als Motorerprobungsträger oder „Fliegender Prüfstand" deklariert, war sie der Prototyp eines Heeresaufklärers, was später deutlich wurde, als die weiteren Versuchsmuster zur Verfügung standen.

Wenig bekannt ist über die HE 11a, für die die Werknummer 322 reserviert war. Es handelte sich um das Projekt eines See-Tiefdeckers mit BMW-VI-Motor. Vorgesehen für die damaligen Hochgeschwindigkeitsrennen um den Schneider-Pokal, scheiterte sie möglicherweise an Finanzierungsproblemen.

Als Ersatz für die Werknummer 314, mit der Stephan v. Prondzynski verunglückt war, entstand mit der Werknummer 323 die HE 8a „94" für die dänische Marine. Ebenso kam mit der Werknummer 324 die letzte HD 24 zur Auslieferung und wurde

im Januar 1929 als D-1558 für die DVS in die Luftfahrzeugrolle eingetragen.

Die Werknummern 326 und 327 trugen zwei geringfügig veränderte Varianten des Jagdflugzeugs HD 37, deren Werkbezeichnung HD 43a war und die in die Sowjetunion gingen.

Nach den bereits genannten HE 9c kamen als wahrscheinlich letzte Bauten des Jahres 1929 zwei Einzelmuster (HD 44 und HE 12) und der Prototyp des erfolgreichen See-Schulflugzeugs HD 42 heraus. Die Werknummern waren 332 bis 334. Die 332 erhielt erst im Mai 1930 ihre Zulassung für die Deutsche Versuchsanstalt für Luftfahrt (DVL) in Adlershof als Motorerprobungsträger. Ob dies wirklich der alleinige Verwendungszweck dieses Einzelstücks mit der Typenbezeichnung HD 44a war, bleibt in Anbetracht der damaligen Tarnmaßnahmen und der schlechten Finanzlage der zivilen Luftfahrtforschung zweifelhaft. Die Angabe der Reichswehr als Auftraggeber in der bereits mehrfach zitierten Kleinemeyer-Liste scheint realer.

Als Nachfolger der HD 24 war der Prototyp HD 42a (Werknummer 333) als See-Schulflugzeug „unter weitgehender Berücksichtigung aller Wünsche und Erfahrungen der DVS" entwickelt worden, der Anfang 1930 noch in der Erprobung stand. Das Musterflugzeug mit einem Motor BMW Va (235 kW) hatte zunächst eine ungenügende Längs- und Kursstabilität. Das konnte durch Versetzen des Spannturms, Verlängerung des Rumpfes und Betonung der V-Form der Flächen beseitigt werden.

Am bekanntesten von allen Heinkel-Typen des

Die HD 43 ähnelte sehr ihrer Vorgängerin HD 37.

Die als Einzelstück gebaute HD 44a (Werknummer 332) erinnert an die HD 40 und dürfte entsprechenden Einsatzzwecken gedient haben. Hier die D-1762 bei der DVL in Adlershof.

Jahres 1929 wurde die HE 12a (Werknummer 334). Sie war zusammen mit einem Katapult vom Reichsverkehrsministerium (RVM) bei Heinkel in Auftrag gegeben worden, nachdem im Spätsommer 1928 die Versuche mit dem K 1 erfolgreich abgeschlossen waren. Das neuentwickelte K 2 installierte man auf dem Sonnendeck des am 16. August 1928 auf der Weserwerft vom Stapel gelaufenen 51 000-t-Schnelldampfers „Bremen" des Norddeutschen Lloyd (NDL). Die Anlage war 27 m lang und konnte auf 20 m Strecke ein bis zu 3500 kg schweres Flugzeug auf 110 km/h beschleunigen. Die Schleuderbahn war drehbar, um immer gegen den Wind starten zu können. Die HE 12 sollte, mit einer zweiköpfigen Besatzung und 160 kg Luftpost an Bord, jeweils einen Tag vor Ankunft des Schiffes im amerikanischen bzw. europäischen Zielhafen zum Vorausflug katapultiert werden.

Aufbauend auf den bisherigen Erfahrungen, entwickelten die Heinkel-Ingenieure einen Zweischwimmer-Tiefdecker in Gemischtbauweise mit

Der Prototyp HD 42a (Werknummer 333) während seiner Einsatzerprobung bei der DVS vor der Zulassung als D-1793 im Februar 1930.

Das Katapult Heinkel K 2 war auf dem Sonnendeck der „Bremen" drehbar installiert.

hintereinanderliegenden Sitzen und mit einem luftgekühlten Sternmotor Pratt & Whitney „Hornet-A" (331 kW). Die Leistungsprüfungen unter Kontrolle der DVL fanden am 14. Juni in Warnemünde statt. Im Juli erfolgte die Zulassung als D-1717 für den NDL als Eigentümer. Vorher waren in Bremerhaven die ersten Versuchsabschüsse bei noch stilliegendem Schiff ausgeführt worden. Dabei drehte die amerikanische Paramount-Gesellschaft am 29. Juni einen Film, den Heinkel vier Tage später bei einer Besichtigung seines Werkes

durch den US-Luftfahrtminister Mc Cracken vorführen konnte. Bei dieser Gelegenheit zeigte man dem Gast auch die neue HE 9 und einen Katapultabschuß von dem auf dem Breitling liegenden Schwimmdock.
Während der Jungfernfahrt der „Bremen", an der neben Ernst Heinkel und seiner Frau auch der Chefkonstrukteur Karl Schwärzler und der erfahrene Katapultmeister Hünemörder teilnahmen, kam es zum ersten Schleuderstart am 22. Juli, ungefähr 180 Seemeilen vor New York. Zu diesem

Abschuß der HE 12
von der „Bremen".

Zeitpunkt stand bereits fest, daß das Schiff den 20 Jahre alten Rekord der „Mauretania" der britischen Cunard-Linie um 8 Stunden und 17 Minuten unterboten hatte. Damit war das „Blaue Band" für die schnellste Atlantiküt tquerung errungen. In den USA empfing man Flugzeug und Schiff begeistert. Am folgenden Tag (23. Juli) taufte New Yorks Bürgermeister Walker die HE 12 feierlich auf den Namen „New York".

Auf der Rückreise wurde die D-1717 dann vor Cherbourg katapultiert und traf mit 18000 Briefen bereits 24 Stunden vor der „Bremen" in Bremerhaven ein. Die HE 12 führte 1929 insgesamt acht Schleuderflüge aus, bevor sie am 19. Oktober nach Warnemünde ins Winterquartier zurückkehrte. 1930 gab es dann 24 Postvorausflüge, wobei neben der HE 12 das verbesserte Schwesterflugzeug HE 58 auf dem zweiten NDL-Schnelldampfer „Europa" zum Einsatz kam. Die HE 12 ging am 6. Oktober 1931 auf dem Flug nach New York in der Cobequil-Bai in Neu-Schottland bei starkem Nebel verloren.

Trotz der aufgeführten Erfolge blieb die Tätigkeit des Werkes 1929 hinter der des Vorjahres zurück; vor allem fehlten die Auslandsaufträge. Im Januar des Jahres beschäftigten die Heinkel-Werke noch 465 Personen. Und als im Mai der Reichsetat für Luftfahrt um insgesamt 40 Millionen Reichsmark gekürzt wurde, verschlechterte sich die ohnehin nicht rosige Lage der deutschen Luftfahrtindustrie. Heinkel entließ in kurzer Zeit 54 Angestellte und 25 Arbeiter.

Daneben liefen weiterhin Verhandlungen mit dem RVM, der Mecklenburgischen Landesregierung und der Rostocker Stadtverwaltung über die Bedingungen für einen weiteren Verbleib des Werkes in Rostock. Als Grundbedingungen für die Aufgabe der Umsiedlungspläne nach Greifswald nannte Heinkel mehrere Punkte, die in einem Schreiben an das Mecklenburg-Schwerinsche Staatsministerium vom 2. Januar 1929 erläutert wurden:

1. Die Schaffung von Ausdehnungsmöglichkeiten der Werkanlagen in Warnemünde zusammen mit einer Übernahme des Betriebsgeländes in Werkeigentum bzw. in langfristige Pacht.
2. Zusicherung des uneingeschränkten Benutzungsrechts des Land- und Seeflugplatzes Warnemünde auf lange Sicht.
3. Verbesserung und Verbilligung des Fährbetriebes zwischen Warnemünde und dem Flugplatz.
4. Gewährung eines Darlehens in Höhe von 250000 Reichsmark zum Ankauf der seit Frühjahr 1928 gemieteten Anlagen der Fonitram GmbH in der Rostocker Bleicherstraße.
5. Schaffung von Wohnungen für Arbeiter und Angestellte in Rostock.

Dazu kamen weitere Forderungen, die sich hauptsächlich auf eine finanzielle Bevorzugung bei der Besteuerung des Werkes, Kreditvergabe u. ä. bezogen.

Seit 1928 liefen Verhandlungen mit der Sowjetunion, die den Bau eines Katapults und einer Serie von Bordaufklärern zum Inhalt hatten. Der Gesamtumfang des Auftrags belief sich auf etwa 4 Millionen RM und erforderte eine völlig neuar-

Reihenbau des Flugbootes HD 55 für die Sowjetunion in der neuerworbenen Werkanlage in der Rostocker Bleicherstraße. Auf der Backbordseite des Ganzholzrumpfes ist der Schußkanal des fest eingebauten Maschinengewehrs zu erkennen.

tige Produktionsstruktur des Heinkel-Betriebes, der bisher nur kleine Stückzahlen von Musterflugzeugen in mehr handwerklicher Arbeit hergestellt hatte. Der sowjetische Auftrag verlangte den Bau von zunächst 20 Flugzeugen zu genau festgelegten Bedingungen und vorgeschriebenen Lieferfristen, die in den Warnemünder Räumen nicht einzuhalten waren. Heinkel kaufte etwa Anfang 1930 die Werkanlagen in der Rostocker Bleicherstraße. Dort begann der Reihenbau des Flugbootes HD 55 für die Sowjetunion.

Am 30. Januar 1930 konnte der Abschuß des Prototyps der HD 55 vom dafür entwickelten Katapult K 3, dessen Trägerkonstruktion wieder auf der Rostocker Neptun-Werft gebaut worden war, gemeldet werden. Zur Erprobung dieser Anlage hatten die Heinkel-Werke einen speziellen Prahm erworben.

Nach der Mustermaschine baute man sofort die weiteren 19 bestellten Flugboote. Die genau arbeitende sowjetische Bauaufsicht im Werk zwang Heinkel bald, seine eigene Prüfabteilung zu vergrößern und besser auszustatten. „Es wurde plötzlich mit einer Genauigkeit und einem Tempo gearbeitet, wie es … (vorher) noch nie erreicht worden war", schrieb Heinkel in seinen Lebenserinnerungen. Das wichtigste Ergebnis dieses Großauftrages waren jedoch der Erhalt und die Schaffung neuer Arbeitsplätze in Rostock zu einer Zeit, als andere Betriebe Produktionseinschränkungen vornahmen oder bankrott gingen, wie Arado oder die Rohrbach-Flugzeugwerke.

Leider ist die genaue Zahl der an die sowjetische Schwarzmeerflotte gelieferten Maschinen des Typs HD 55 bisher nicht eindeutig feststellbar. Auch die Frage, ob ein oder zwei Katapultanlagen des Typs K 3 geliefert wurden, wird in der Literatur unterschiedlich beantwortet. Die Maschinen flogen in der UdSSR als Bordaufklärer unter der Bezeichnung Kr 1 (Korabelny Raswedtschik) bis zum Jahre 1938. Eine sowjetische Quelle gibt die Lieferzahl von 30 Flugzeugen und zwei Katapulten an. Heinkel schrieb in seinen Memoiren von 41 Maschinen. Die 1930 gebaute erste Serie umfaßte die 20 Werknummern 336 bis 341 und 346 bis 359.

Die anderen Heinkel-Maschinen des Jahres waren ein weiteres Versuchsmuster der HD 41, die HD 41b (Kennung D-1795) mit einem Motor Siemens „Jupiter Vlu" (368 kW), die nach 1934 als D-IXAZ flog, gefolgt von den zwei erwähnten Jagdflugzeugen HD 43b (Werknummern 344 und 345), die für je 80 000 RM nach Siam verkauft werden konnten.

Die danach gebaute HE 57 (Werknummer 343) verdient besondere Beachtung, da sie das erste Ganzmetallflugzeug der Firma darstellte. Die Anregung zu dieser Entwicklung war von dem niederländischen Flugzeugindustriellen Anthony Fokker gekommen, der im ersten Weltkrieg besonders durch seine in Schwerin gebauten Jagdflugzeuge bekannt geworden war. Nach dem Waffenstillstand hatte er sein Werk in die Niederlande verlegt und in den zwanziger Jahren auch ein großes Zweigwerk in den USA errichtet. Im Winter 1929/30 beschrieb er Heinkel in der Schweiz die

Startvorbereitungen an einer HD 55 (Kr-1) der sowjetischen Schwarzmeerflotte, die das Muster bis 1938 als Bordaufklärer einsetzte.

Eine HD 43 schwebt auf dem Warnemünder Flugplatz ein.

Zukunftsträchtigkeit eines Ganzmetall-Amphibienflugzeugs, da dafür in Amerika ein großer Absatz zu erwarten sei.

Die HE 57 „Heron" war als Flugboot mit hochziehbarem Fahrwerk und einem über dem Rumpf montierten Motor Pratt & Whitney „Wasp" (313 kW) konzipiert. Gebaut nach US-amerikanischen Vorschriften und mit Zollmaßen, wozu extra der amerikanische Ingenieur Richard Mock engagiert wurde, erwies sich die Maschine als Fehlschlag. Sie wurde eine „Bleiente". Der „Geburtsfehler" der meisten frühen Ganzmetallkonstruktionen, die zu große Leermasse, ließ die voll aufgerüstete und beladene Maschine nicht vom Wasser kommen.

Auch ein Umbau des Rumpfes und Änderungen an der Stufe im Bootsboden brachten keine grundsätzlichen Verbesserungen, so daß Heinkel froh war, als die Zweigstelle List/Sylt der DVS im April 1933 das Flugzeug, das im Mai 1931 als D-2067 zugelassen worden war, für 126 000 RM kaufte. Zuvor war die Maschine mehrfach auf Flugtagen in Warnemünde und in Skandinavien vorgeführt und als damals neue Konstruktion vom Publikum bestaunt worden.

Mit den Werknummern 360 bis 362 kamen 1930

Die HD 41b (Werk-
nummer 342) erlitt
während der Werker-
probung einen Fahr-
werkschaden.

Der niederländische
Flugzeugindustrielle
Anthony Fokker
(2. v. l.) besichtigt bei
seinem Besuch in
Warnemünde die auf
seine Initiative entwik-
kelte HE 57. Rechts
neben Fokker stehen
Ernst Heinkel und die
DVS-Direktoren
W. v. Gronau und
H. Becker.

noch drei HE 9d heraus, die im August bzw. Sep-
tember des Jahres als D-1941, D-1947 und D-1950
entweder für die DVS oder die Erprobungsstelle
Travemünde zugelassen wurden, wobei diese Hal-
ter auch nach einiger Zeit wechselten. Die DVS
Warnemünde setzte diesen Typ für die Übersee-
und Flugfunkausbildung der „Gruppe Köhler" ein.
Das waren als Übungsschüler kommandierte ak-
tive Offiziere der Reichsmarine, die in kurzen
Lehrgängen fliegerisch weitergebildet wurden.
Die Werknummern 363 und 364 wurden von zwei
HD 41c belegt. Beide hatten einen Motor
BMW VI 5,5Zu (471 kW). Der wahre Charakter des

„Motorenversuchsflugzeuges" HD 41 trat bei diesen beiden Maschinen besonders deutlich zu
Tage, die nie als HD 41 in der Luftfahrzeugrolle
auftauchten, sondern unter der Bezeichnung
HD 45a die Prototypen des späteren Aufklärers
und leichten Kampfflugzeugs He 45 waren. Die
Werknummer 363 kam als HD 45A (Kennung D-
1011) zur RDL-Erprobungsstelle Staaken. Die niedrige Zulassungsnummer stellte nur einen Tar-
nungsversuch dar, da 1930 bereits der Zweitau-
senderblock in Gebrauch war. Aus diesem erhielt
die Werknummer 364 ihr Kennzeichen D-2064. Damit trug man sie im Mai 1931 für die DVL in Ad-

Das Amphibium HE 57 in seiner ersten Bauform ...

... und nach dem Umbau von Rumpf, Leitwerk und Fahrgestell. Die Flugleistungen blieben trotzdem hinter den Erwartungen zurück.

lershof ein, bevor sie im Dezember 1932 in den Besitz der DVS überging.

Zwischenzeitlich war die Maschine allerdings in Lipezk einer gründlichen Truppen- und Waffenerprobung unterzogen worden, wobei lediglich der Anfang des zivilen Kennzeichens und der Schriftzug Heinkel übermalt worden waren, so daß nur das geflügelte H als Zeichen des Herstellers am Seitenleitwerk und die 64 als taktische Nummer übriggeblieben. Ab 1932 und besonders in der folgenden Aufrüstungsperiode in Serie bei Heinkel und mehreren Lizenzfirmen gebaut, stellte das dann als He 45 bezeichnete Muster den Grundstock der Fernaufklärungsverbände der „Risikoluftwaffe" des faschistischen Deutschlands dar,

bis es später an die Flugzeugführerschulen ging.

Das letzte im Jahre 1930 gebaute Muster war die HE 58a mit der Werknummer 365, die im August 1930 ihre Zulassung als D-1919 für die DVL in Adlershof erhielt. Das war eine verstärkte und veränderte Ausführung der HE 12 als katapultierbares Postflugzeug zur Stationierung auf dem Schwesterschiff der „Bremen", dem Schnelldampfer „Europa". Die „Europa" erhielt ein Katapult K 4.

Die HE 58, zuerst „Bremen" und später „Atlantik" getauft, hatte die Sitze für Flugzeugführer und Funker nebeneinander. Die Postzuladung war von 160 auf 220 kg erhöht worden und die Reichweite auf etwa 1130 km gestiegen, wodurch 36 Stunden Zeitersparnis gegenüber der Schiffsankunft er-

Ein Vergleich dieses Fotos der ersten HD 45a mit dem der HD 41a (S. 117) zeigt deutlich die Abstammung des Aufklärers HD 45 vom „Motorenversuchsflugzeug" HD 41.

Die HD 45a (ex HD 41c, Werknummer 364, Kennung D-2064) während der Bombenerprobung in Lipezk.

reicht wurden. Am 28. August 1930 erfolgte der erste Katapultstart von Bord der „Europa" in Richtung New York. Insgesamt absolvierten beide Heinkel-Bordflugzeuge 1930 und 1931 24 bzw. 31 Schleuderstarts, bevor leistungsstärkere Junkers-Maschinen sie ablösten.

Arado-Flugzeugbau im Zeichen der Wirtschaftskrise und Geheimaufträge der Reichswehr

Die Jahre 1929 und 1930 waren für die Arado-Werft Warnemünde schwere Jahre. Zwar hatte die Luft Hansa die 1928 auf der ILA in Berlin als Verkehrsflugzeug vorgestellte V I übernommen und sie für eine Reihe erfolgreicher Erkundungs-

flüge zur Erschließung neuer Poststrecken eingesetzt, doch der Bau der Weiterentwicklung V Ia (Werknummer 55) mit dem Motor BMW Va wurde nach dem Absturz der V I am 19. Dezember 1929 abgebrochen. Das bedeutete einen schweren Schlag für die Warnemünder Werft, die der Luft Hansa die V I für die Versuchsflüge kostenlos zur Verfügung gestellt hatte.
1929 oder noch Ende 1928 baute Arado erneut ein Einzelstück eines Jagdeinsitzers für die Reichswehr, die SD II. Über deren Verbleib ist aufgrund der damaligen Geheimhaltung nichts bekannt geworden. Das Flugzeug mit einem Motor Bristol „Jupiter" (357 kW) wurde als „Einsitziges Postflugzeug" bezeichnet und nie in Deutschland zu-

Die HE 58a (Kennung D-1919) „Bremen" auf dem Katapult Heinkel K 4 der „Europa".

Die beiden mit Heinkel-Katapulten ausgerüsteten Schnelldampfer des Norddeutschen Lloyd: „Europa" und „Bremen".

Dieses Arado-Werkfoto zeigt die SD III, die stark der SD II ähnelte, aber wegen des fehlenden Getriebes eine etwas kürzere Motorverkleidung und auch ein niedrigeres Fahrgestell hatte.

Tabelle 6 Heinkel-Flugzeuge von 1929 bis 1930

Typ	Besat-zung	Motor	Lei-stung kW	Spann-weite m	Flügel-fläche m²	Länge m	Leer-masse kg	Start-masse kg	Höchst-ge-schwin-digkeit km/h	Lande-ge-schwin-digkeit km/h	Steig-ge-schwin-digkeit m/s	Gipfel-höhe m
HD 34	3–4	BMW VI 7,3Z	je 552	18,00	85,4	11,70	3000	4500	266	86	9,3	7600
HD 30	2	GR „Jupiter IX"	349	12,40/ 12,40	46,9	10,38	1695	2495	215	90	3,3	4500
HE 5c	1–4	BMW VIa 7,3Z	588	16,82	48,9	12,10	1950	2900	230	88	5,1	6000
HD 37	1	BMW VI 7,3Z	552	10,00/ 8,50	26,7	7,00	1267	1685	312	96	16,7	9400
HD 19L	2	Br. „Jupiter VI"	302	11,00/ 9,50	31,6	7,80	1010	1560	228	84	9,5	7700
HD 19W	2	Br. „Jupiter VI"	302	11,00/ 9,50	31,6	9,26	1175	1725	215	90	6,9	6400
HD 16W	3	AS „Leopard"	496	18,00/ 18,00	96,9	13,00	2570	4570	196	86	2,5	3300
HD 16L	3	AS „Leopard"	496	18,00/ 18,00	96,9	12,20	2170	4170	205	80	2,9	4000
HE 31	2	Packard 3 A	588	16,80	47,6	12,20	2240	3110	250	95	6,7	5200
HE 8	3	AS „Jaguar VI"	338	16,80	47,0	11,53	1570	2400	215	96	5,6	6000
HE 10	3–5	BMW VI 7,3ZU	552	18,20	60,9	13,10	2540	4800	246	106	3,3	4000
HE 9a	2–3	BMW VI 7,3ZU	552	16,80	46,5	11,60	2130	3000	216	91	6,7	5900
HD 38aW	1	BMW VI 7,3Z	552	10,00/ 10,00	30,2	8,70	1585	2000	285	95	13,9	6650
HD 41	2	SH „Jupiter"	368	11,50	34,6	9,81	1700	2435	237	95		
HD 43	1	BMW VI	552	10,00/ 8,00	26,7	7,50	1210	1630	322	95	13,9	8500
HD 44	4	BMW VI 5,5ZU	471	17,60/ 15,10	75,5	12,20	2050	3120	206	77	6,0	5500
HE 12	2	PW „Hornet A"	331	16,80	48,5	11,56	1580	2600	216	95	5,2	4000
HD 42	2	Junkers L 5	221	14,00/ 13,00	56,0	10,60	1535	2170	182	70	2,9	3700
HD 55	2	SH „Jupiter VI 6,3"	368	14,00/ 14,00	56,9	10,40	1520	2220	194	71	4,2	4600
HE 57	6	PW „Wasp"	294	16,01	39,2	11,80	1820	2520	180	95	2,4	3800
HE 58	2	PW „Hornet A"	386	17,20	49,4	11,78	1850	3140	204	93	3,3	3800

Die SSD I auf dem Breitling. Dieses Arado-Konkurrenzmuster hatte im Gegensatz zur Heinkel HD 38W einen Zentralschwimmer.

Die Arado SSD I mit Radfahrgestell im Juli 1930 in Warnemünde. Im Hintergrund das Stabsgebäude der DVS, das Heinkel-Konstruktionsbüro und das Verwaltungsgebäude des Werkes, das in den Jahren 1919/20 von der DLR benutzt worden war.

Die Unglücksmaschine Arado L I vor ihrem Abflug nach Paris zum Start des Europa-Rundflugs. Am Bug trägt die D-1707 schon die Wettbewerbsnummer C 9.

gelassen. Eine wenig veränderte Variante mit der Typenbezeichnung SD III entstand 1929. Sie tauchte aber erst im Oktober 1932 als D-1973 in der Luftfahrzeugrolle auf. Die Werknummer dieses Doppeldeckers mit „Jupiter"-Sternmotor war die 54.

Nach der Ausschreibung für ein katapultierfähiges Marine-Mehrzweckjagdflugzeug, für die bei Heinkel der Typ HD 38 entstanden war, entwickelte man bei Arado die SSD I (Werknummer 53). Das war ein einsitziger Doppeldecker mit N-Stiel, der mit einem normalen Räderfahrwerk oder als Seeflugzeug geflogen werden konnte. Im Gegensatz zu den bei Heinkel gebauten Zweischwimmermaschinen hatte das Arado-Muster einen Zentralschwimmer und zwei seitliche Stützschwimmer.

Eine weitere Eigenart war der direkt am Oberflügel befestigte Rumpf, wodurch der Pilot freie Sicht hatte. Den Raum zwischen Rumpf und Unterflügel füllte ein Tunnelkühler aus.

Da sich die HD 38 als leistungsstärker erwies, blieb es bei dem einen Prototyp der SSD I, der im Juli 1930 als D-1905 in der Luftfahrzeugrolle erschien. Eigentümer waren nach der Arado-Handelsgesellschaft die Luftdienst GmbH und die DVS, bevor das Flugzeug 1933 bei einer Landung auf dem Breitling zu Bruch ging.

Als 1929 der Aero-Club von Frankreich einen Wanderpokal für einen Internationalen Europa-Rundflug (Coup Challenge International) stiftete, der der Entwicklung möglichst zuverlässiger und brauchbarer Sport- und Reiseflugzeuge dienen

Das 1929 gebaute Sportflugzeug Arado L II hatte eine zweisitzige Kabine, deren Seiten aber offen waren. Das Fahrwerk erwies sich als zu schwach und brach schon bei einem der ersten Versuchsflüge, so daß die Weiterentwicklung L IIa zusätzliche Abstrebungen erhielt.

Zwei der Arado L IIa beim Start zum Europa-Rundflug 1930 in Tempelhof. Vorn die von Peschke geflogene D-1875 (Werknummer 60) und dahinter die D-1876 (Werknummer 61) des Piloten Dr. Pasewaldt.

sollte, wollte sich auch der Mecklenburgische Aero-Club (MAC) an dem vom 2. bis 20. August stattfindenden Wettbewerb beteiligen. Er bestellte bei der Arado-Werft eine zweisitzige Maschine, die besonders schnell und leicht sein sollte. Der MAC schlug vor, Dipl.-Ing. Hermann Hofmann für die Entwicklung heranzuziehen. Hofmann kam von der Akaflieg Darmstadt. Er hatte das besonders durch die Flüge von Ferdinand Schulz bekannte Segelflugzeug „Westpreußen" und die GMG-Leichtflugzeuge der Griesheimer Firma Gebrüder Müller entwickelt.

Unter der Bedingung, daß Hofmann die alleinige Verantwortung für Konstruktion und Berechnung des zu bauenden Flugzeugs übernahm, wurde der Bau des Arado L I genannten leichten Schul- und

Reiseflugzeugs mit der Werknummer 56 aufgenommen. Beim Entwurf verzichtete der Konstrukteur auf Kunstflugtauglichkeit und versuchte, mit einem nur 30 kW leistenden Motor Salmson AD 9 eine möglichst hohe Reisegeschwindigkeit durch besondere aerodynamische Güte zu erreichen.

Das Flugzeug erhielt den Namen „Ostseebad Warnemünde" und im Juli 1929 die Zulassung D-1707. Die Flugerprobung ergab eine Höchstgeschwindigkeit bis 150 km/h, angenehme Flugeigenschaften und günstige Sichtverhältnisse. Beim Einfliegen, ausgeführt von Hofmann, zeigte die Maschine lediglich eine gewisse Instabilität um die Querachse. Der Flug nach Paris fand bei schlechtem Wetter ohne Schwierigkeiten statt. Begleiter des Piloten Dr. Eggerß vom MAC war Hofmann.

Nach der technischen Abnahme fiel am 5. August der Startschuß zum Kraftstoffverbrauchsmeßflug. Dabei mußte die L I wegen zu großer Erhitzung des Motors 30 km südlich des Pariser Flugplatzes Orly notlanden. Nach dem Wechsel einer Vergaserdüse startete Hofmann allein nach Paris. Vor dem Platz in Orly flog Hofmann einige Kunstflugfiguren und geriet dabei aus der Rückenlage ins Trudeln, wobei der Flügel in der Mitte brach. Hofmann wurde beim Absturz aus etwa 400 m Höhe getötet.

Chefkonstrukteur Rethel entwarf noch 1929 ein zweites Sport- und Reiseflugzeug, die Arado L II (Werknummer 57). Dieser freitragende Kabinen-Schulterdecker mit zwei nebeneinanderliegenden Sitzen hatte als Besonderheit einen hängend eingebauten Steuerknüppel. Diese Konstruktion erinnerte an die kleinen Eindecker des Flugpioniers Hans Grade aus der Zeit vor dem ersten Weltkrieg. Als Triebwerk fand der neue Argus-Motor As 8 mit hängenden Zylindern und 59 kW Leistung Verwendung. Die Werkerprobung begann bereits im November 1929. Die Maschine erhielt den Beinamen „Treff-As" und im Februar 1930 die Zulassung D-1771.

Anfang 1930 war die wirtschaftliche Lage der Arado-Werft in Warnemünde kritisch, da die vom RVM beschlossenen Rationalisierungsmaßnahmen keine weiteren Aufträge von Reichsseite vorsahen. Der Reichstag hatte festgelegt, wegen der allgemein schlechten Wirtschaftslage die Subventionspolitik in der Luftfahrt aufzugeben. Die bisherige Praxis bestand größtenteils darin, durch Entwicklungsaufträge für Verkehrs-, Militär- und Sportflugzeuge möglichst alle Luftfahrtfirmen in Deutschland am Leben zu erhalten. Das hatte zu einer völlig unrationellen, unwirtschaftlichen, „handwerklichen" Ausrichtung der zahlreichen kleinen Betriebe geführt. Da aber der Inlandmarkt durch die fehlenden Luftstreitkräfte, die in allen anderen Staaten einen wichtigen, wenn nicht sogar den hauptsächlichen Auftraggeber der Flugzeugwerke darstellten, zu gering war und durch die unrationelle Fertigungsweise auch keine ausreichende Konkurrenzfähigkeit gegenüber größeren ausländischen Firmen bestand, sollte die Luftfahrtindustrie durch „freie Konkurrenz" geschrumpft werden.

Nach Gewährung einer einmaligen Reichshilfe von 9 Millionen RM ohne Gegenleistung für die Flugzeugfirmen beschloß das RVM ein „Rationalisierungsprogramm", dessen Kern darin bestand, nur noch vier Fabriken für Lieferungen an reichsei-

gene Besteller, deren größter die Deutsche Luft Hansa (DLH) war, vorzusehen. Ausgewählt wurden Junkers, Dornier, die Bayerischen Flugzeugwerke (BFW) und Heinkel. Die Luft Hansa sollte zukünftig nur noch bei den ersten drei Firmen bestellen.

So mußte die Weiterentwicklung der V I, die in Zusammenarbeit mit der DLH als Arado V Ia entworfen worden war, im Rohbau verschrottet werden. Die zuständigen Landesregierungen bemühten sich, im Interesse der Verhinderung eines Anwachsens der in der Krise ohnehin hohen Arbeitslosigkeit diese Maßnahmen rückgängig zu machen. Ende Januar besichtigte deshalb der Schweriner Innenminister die Warnemünder Flugzeugwerft und wollte sich um Wiedereinführung einer breiteren Streuung der staatlichen Entwicklungsaufträge bemühen. Dies scheint dann zumindest teilweise geschehen zu sein, da auch 1930 der Betrieb bei Arado in kleinem Rahmen weitergeführt werden konnte.

Zunächst baute man vier Weiterentwicklungen der L II unter der Bezeichnung L IIa, die bereits am 15. April für den Internationalen Europa-Rundflug gemeldet wurden: drei von der Arado-Handelsgesellschaft mbH und eine von der DVS. Die Flugzeuge hatten die Werknummern 58 bis 61 und erhielten sämtlich im Juli 1930 ihre Zulassung (D-1873 bis D-1876). Sie unterschieden sich vom Prototyp L II hauptsächlich durch eine veränderte Fahrwerkbefestigung, abgestrebte Tragflächen und vergrößerte Treibstoffbehälter.

Den Europa-Rundflug richtete der Ausschreibung gemäß der Deutsche Aero-Club aus, da der Vorjahressieger Fritz Morzik auf BFW M 23b ein Deutscher gewesen war. Von den ursprünglich gemeldeten 101 Teilnehmern traten nur 60 zum Streckenflug über 7560 km an, der diesmal den Wettbewerb eröffnete. Dabei fielen 21 der Bewerber aus, darunter zwei der Arado-Maschinen. Die verbliebenen lagen am Ende des durch die technische Bewertung abgeschlossenen Kampfes auf den Plätzen 18 und 22 der 35 Teilnehmer, die in die Wertung kamen. Die L IIa hatte dabei sowohl im Streckenflug als auch in der technischen Bewertung jeweils etwa drei Viertel der Punkte des Besten errungen, was durchaus für die Leistung der Warnemünder Flugzeugbauer sprach.

Einblick in ein bisher nirgendwo erwähntes Arbeitsgebiet der Arado-Werft geben Akten der Reichswehr über die Entwicklung von Bomben für die geheime Fliegerrüstung. Danach lieferte Arado in den Jahren 1929 und 1930 neben Trans-

Das Kabinenflugzeug LFG V 13 „Strela" der Aero-Sport GmbH an der Breitlingablaufbahn. Die Maschine hat schon das Kennzeichen N 31 für den Überführungsflug nach Norwegen zum neuen Eigentümer.

portwagen für die Bombe W 300 auch Bombenabwurfvorrichtungen. Am 9. September 1929 wurde beschlossen, neue Bombentypen zu entwickeln. Als erste entstand die 50-kg-Bombe C 50. Zusammen mit der Firma Siemens war Arado mit der Entwicklung entsprechender Abwurfvorrichtungen beauftragt.

Ab Ende 1930 war die Arado-Werft auch wieder definitiv in das geheime Fliegerrüstungsprogramm der Reichswehr integriert, das bis 1932 die Beschaffung von etwa 150 Militärmaschinen vorsah. Allerdings blieben die gelieferten Stückzahlen noch gering. Eine genaue Aufschlüsselung der gebauten Muster und Werknummern ist nicht mehr möglich, da diese aus Tarnungsgründen unveröffentlicht blieben, keine Eintragung im Luftfahrzeugregister erfolgte oder teilweise niedrigere Zulassungsnummern benutzt wurden u. ä. Aus den manchmal differierenden Angaben über das Baujahr, das sich jeweils auf den Prototyp bezieht, und bekannt gewordenen Werknummern lassen sich jedoch ungefähre Angaben über den Produktionsumfang ableiten.

Da 1930 als Baujahr der Ar 64 gilt und die erste bekannte Werknummer dieses Typs 65 ist, sind in diesem Jahr wahrscheinlich auch noch die letzte SC II und zwei Heinkel HD 38b in Lizenz bei Arado produziert worden. Die SC II (Werknummer 62, Kennung D-1984) wurde im Januar 1931 für die DVL zugelassen. Die HD 38b waren die D-2077 (Werknummer 63) und die D-2978 (Werknummer 64), die im Mai bzw. Juni 1931 ohne Angabe des Halters in der Luftfahrzeugrolle auftauchten.

Der Prototyp der Arado Ar 64 (Werknummer 65), eine Weiterentwicklung aus SD II und SD III, erschien sogar erst im April 1933 unter der Versionsbezeichnung Ar 64D (Kennung D-2470) im Zivilregister. Über den vorherigen Aufenthalt und den wahrscheinlichen Umbau auf den Standard der D-Variante ist bisher nichts bekannt.

Betriebseinschränkungen bei der Aero-Sport GmbH

Auch die Aero-Sport GmbH war von der Krise schwer betroffen. Wegen Einschränkung des Rundflugbetriebes verkaufte sie ihr Kabinenflugzeug LFG V 13 „Strela" (Kennung D-160) im April 1929 an die norwegische Fluggesellschaft Norske Luftruter A/S in Oslo, wobei es die neue Kennung N-31 erhielt. Hauptbeschäftigung der Firma blieb der Bau von Holzschwimmern für die Schulmaschinen der DVS und anfallende Reparaturen und Wartungen. Im Juni 1929 konnte beispielsweise die Generalreparatur des Katapultflugbootes HD 15 abgeschlossen werden.

Die Arbeit der DVS

Der in ganz Europa herrschende strenge Winter 1928/29 brachte für die Zweigstelle Warnemünde der DVS eine neue Aufgabe. Sie bestand darin, die Lage von im Eis der Ostsee festsitzenden Dampfern zu erkunden und ihnen, wenn erforderlich, Hilfe zu bringen. Beispielsweise lagen Ende Februar alle drei Fährschiffe der Linie Warnemünde—Gedser im Eis fest. Die deutsche Regie-

Die LFG V 60 war bei der DVS als See-Schulflugzeug sehr beliebt.

rung forderte sowjetische Hilfe an, und am 9. März befreiten die Eisbrecher „Jermak" und „Truvor" die Fähre „Schwerin" und begleiteten sie nach Warnemünde. Die DVS setzte im Eisdienst zweisitzige Landschulflugzeuge des Typs U 12a ein.

Die Aufträge dazu erteilte die Marineleitung Hamburg, die in den Kontrollflügen eine Möglichkeit der erweiterten Aufklärerschulung sah. Bei den Erkundungsflügen wurden genaue Erkenntnisse über die Ausdehnung der Eisfelder, offene Rinnen, Richtung der Eisdrift usw. gewonnen. Weiter überwachte man die Schiffsbewegungen, und die Küstenfunkstelle der Marine, die im Eingangsgebäude des Warnemünder Flugplatzes untergebracht war, übermittelte die sich aus der Eislage ergebenden günstigen Fahrtmöglichkeiten.

Insgesamt sind in der Zeit vom 6. Februar bis 28. März 1929 von der DVS Warnemünde 21 Flüge mit einer Gesamtflugzeit von 40 Stunden und 10 Minuten im Eisdienst ausgeführt worden. Zum Einsatz kamen zunächst die „Flamingos" D-1303, D-1368 und D-1136. Als am 22. März wieder ein Stück freies Wasser an der Seeablaufbahn es erlaubte abzuslippen, wurden auch die Schwimmermaschinen Heinkel HD 24b (Kennungen D-1471 und D-1531) genutzt.

Der am 1. April beginnende Sommerausbildungskurs der DVS Warnemünde wurde erstmals auf Landflugzeugen begonnen, um Kosten zu sparen. Erst nach der Grundausbildung ging man zur Schulung auf Seemaschinen über.

Im Ausbildungsjahr 1929/30 standen folgende Flugzeuge im Dienst der Zweigstelle Warnemünde: Von den im April 1928 noch vorhandenen drei See-Schulflugzeugen Friedrichshafen FF 49 waren zwei, wie bereits geschildert, zu Bruch gegangen, so daß nur noch eine Maschine, die D-40, dieses beliebten Anfängerschulflugzeugs zur Verfügung stand. Sie flog zwar langsam, hatte aber eine hervorragende Seefähigkeit und gute Eigenschaften im Ausbildungsflugbetrieb, wo sie hauptsächlich bei Nachtlandungen und Nachtübungsflügen Verwendung fand.

Ein weiterer Veteran der Luft war die LFG V 13 (Kennung D-402), die bis zum 10. Juni 1929 das einzige Kabinenflugzeug der Zweigstelle blieb. Sie wurde gern und viel geflogen, wenn auch durch das hohe Lebensalter ihre Nutzlast bei jeder Zulassungsüberprüfung herabgesetzt worden war. Sie diente den B-Schülern für Prüfungs-, Ziel- und Nachtlandungen, weiterhin für Kilometer-, Transport-, Passagier- und Hilfsflüge.

Als sehr brauchbares Übungs- und Umschulflugzeug mit guten Wasser- und Flugeigenschaften ist die ebenfalls nur noch in einem Stück vorhanden gewesene LFG V 60 bezeichnet worden. Davon waren ursprünglich vier Exemplare bei der Zweigstelle im Einsatz, die sehr oft geflogen wurden, wobei drei durch Totalbruch ausschieden. Die letzte erhaltene Maschine (Kennung D-1040) zog man wegen ihrer gutmütigen Landeeigenschaften häufig zu den amtlichen Seeprüfungen der A- und B-Schüler heran.

Die einzige HE 5 der Warnemünder DVS-Zweigstelle war die D-1341 (HE 5e, Werknummer 298). Deshalb nannte man sie dort gern das „Stabsflugzeug".

Eine völlig negative Beurteilung erhielt die Caspar C 27. Sie wurde als Konstruktionsrückschritt und absoluter Mißerfolg bezeichnet. Außerdem attestierte man ihr ausgesprochen schlechte Flugeigenschaften sowie starke bauliche und technische Mängel. Nachdem eine der beiden durch die DVS übernommenen Maschinen bei Seelandungen durch Schwimmerbodenbruch ausgefallen war, gab man die zweite an den Nordseestützpunkt List ab, wo sie noch für schulmäßige Roll- und Schleppmanöver bei Seegang genutzt wurde. Die Hauptlast der fliegerischen Ausbildung in Warnemünde trug in diesen Jahren die Heinkel HD 24, die als hochwertiges Schul- und Übungsflugzeug galt. Während die HD 24 den Motor BMW IV hatte, war die entsprechend den Wünschen der DVS weiterentwickelte HD 24b mit einem BMW Va und größeren Tanks ausgerüstet. Ihre anfänglich bemängelte Längsinstabilität war durch eine stärkere V-Form der Flächen weitgehend beseitigt worden. Durch die Einführung von Schwimmern mit ungekieltem Bug gelang es, die Spritzwasserbildung gegenüber der gekielten Ausführung erheblich zu reduzieren. Da sich die beiden Varianten der HD 24 im Schulbetrieb bewährten, empfahl man eine Weiterentwicklung mit größerer Reisegeschwindigkeit.

Das war die HD 42, deren Prototoyp sich Ende des Ausbildungsjahres 1929/30 noch in Erprobung befand. Dabei beanstandete man von seiten der DVS die für ein Schulflugzeug zu geringe Längs- und Kursstabilität und das etwas zu geringe Schwimmervolumen, ohne ein endgültiges Urteil zu fällen.

Der Tiefdecker HE 5 fand im reinen Ausbildungsbetrieb in Warnemünde keine Verwendung, sondern diente hauptsächlich der Flugerprobung von Instrumenten. Anfänglich aufgetretene Kühlerdefekte und Tankundichtheiten konnten beseitigt werden. Das Flugzeug hatte ausgezeichnete Stabilitätseigenschaften, jedoch neigte das Rumpfende bei steilen Gleitflügen zu Schwingungen. Von diesem Typ war in Warnemünde nur die D-1341 stationiert.

Von der HE 9 kamen vier Maschinen bei der Übersee- und Flugfunkausbildung der „Gruppe Köhler" und ein weiteres Exemplar bei der DVS zum Einsatz. Ihr bescheinigte man gute Flugeigenschaften und große Kraftreserven. Kritik fanden die starke Spritzwasserbildung beim Start mit Seitenwind und die etwas zu hohe Landegeschwindigkeit, was bei Seegang ab Stärke 4 gefährlich werden konnte. Der Getriebemotor verursachte durch starkes Vibrieren wiederholt das Brechen der Motoraufhängung.

Die Abnahme der HE 10 (Kennung D-1731) durch die Zweigstelle Warnemünde der DVS verzögerte sich aufgrund zahlreicher Beanstandungen. Dazu gehörten eine schlechte Manövrierfähigkeit auf dem Wasser, mangelnde Längstabilität sowie Schwingungen von Leitwerk und Instrumentenbrett. Abhilfe brachten eine Vergrößerung der Kielflosse, des Seitensteuers sowie des Höhenleitwerks. Danach erwies sich das Flugzeug als brauchbar für Navigations- und Funklehrflüge.

Im Dienst standen auch die beiden von der Arado-Werft gebauten Schwimmer-Tiefdecker des Typs W II. Diese waren anstelle der kostspieligen mehrmotorigen Flugboote zur Ausbildung von fortgeschrittenen Schülern als billige mehrmotorige Schulflugzeuge mit jeweils zwei Motoren Siemens SH 12 vorgesehen. Die fliegerischen Lei-

Die beiden Arado W II flogen bei der DVS in Warnemünde. Hier steht die D-1412 (Werknummer 38) vor der Riesenflugzeughalle VII.

Die am 10. Juni 1929 in Warnemünde eingetroffene Dornier Do D Bas war wegen ihrer schlechten Flugeigenschaften nicht als Schulflugzeug einsetzbar.

stungen der Maschinen befriedigten, jedoch blieb ihre Seefähigkeit wegen der schwachen Konstruktion des Schwimmwerks gering, so daß sie nur für Platzflüge eingesetzt werden konnten.

Als unbrauchbar erwies sich die am 10. Juni 1929 auf dem Luftweg aus Friedrichshafen in Warnemünde eingetroffene Dornier Do D Bas (Kennung D-1598). Dieser Ganzmetall-Kabinenhochdecker entsprach in seinem Aufbau dem Land-Verkehrsflugzeug Dornier „Merkur", hatte aber ein hosenartig verkleidetes Schwimmergestell, das sich als extrem windempfindlich erwies. Daraus resultier-

ten eine hohe Kursinstabilität und die Gefahr eines seitlichen Abrutschens bei kräftigen Böen. Das Fliegen mit dieser Maschine wurde als gefährlich für Besatzung und Flugzeug bezeichnet und ein Umbau der Schwimmerbefestigung auf normale Streben empfohlen. Dabei ist zu bemerken, daß die vorliegende Bauart dazu diente, einen durch Querstreben ungehinderten Torpedoabwurf ausführen zu können. Mit dieser Zweckbestimmung war das Flugzeug auch an Jugoslawien und Japan geliefert und im letzteren Land bei der Firma Kawasaki in Lizenz gebaut worden.

Die Junkers A 20W „Pollux" (Kennung D-172) blieb nach ihrem Dienst bei der Luft Hansa nur kurze Zeit in Warnemünde, bevor sie im März 1929 zerlegt werden mußte.

Porträt einer Udet U 12a „Flamingo" der Warnemünder Schule.

Zwei im Jahre 1928 in der See-B-Ausbildung fortgeschrittener Schüler eingesetzte und gern geflogene Junkers Zweischwimmer-Tiefdecker A 20 mußten im Frühjahr 1929 aus dem Schulbetrieb genommen und wegen Korrosionsschäden verschrottet werden. Sie stammten von der Luft Hansa.

Auch die beiden Flugboote Dornier „Wal (Kennungen D-861 und D-863) kamen von dort, als man sie 1929 der DVS Warnemünde übergab. Beide wiesen ebenfalls zahlreiche „Altersschwächen" auf. Sie blieben nur kurze Zeit in der Zweigstelle, be-

vor sie an den Stützpunkt List gingen, der sich speziell der Ausbildung von Flugbootbesatzungen widmete.

Als Landflugzeuge wurden in Warnemünde die bereits bei den Eisflügen erwähnten BFW/ Udet U 12a „Flamingo" eingesetzt, die sich in der Land-A- und Kunstflugausbildung bewährten. Im strengen Winter 1928/29 erhielten sie erstmals Schneekufen, die sich als praktisch erwiesen, aber für die Verwendung im Eisdienst zu spät kamen.

An der ebenfalls eingesetzten Arado SC II wurden

Im Jahre 1927 wurde die HD 24 (Kennung D-1160) der DVS versuchsweise mit Rädern versehen, um einen Vergleich mit der Schwimmervariante zu bekommen.

das zu schwache Fahrgestell und der kurze starre Sporn bemängelt, da die Flugzeuge dadurch leicht auf die Flügel gingen und beim Ausrollen ausbrachen sowie den Flugplatz stark „zerpflügten".

Die nur in einem Exemplar eingesetzte Heinkel HD 22 flog in der Überlandausbildung der B-Schüler.

Die Heinkel HD 24 (Kennung D-1160) erhielt 1927 in der DVS-Zweigstelle Warnemünde versuchsweise Räder statt Schwimmer. Dadurch nahm die Steiggeschwindigkeit zu, während erstaunlicherweise die Reisegeschwindigkeit abnahm. Diese Möglichkeit der Umrüstung von Land- auf Seeausführung und umgekehrt bestand bei vielen Heinkel-Mustern und ist besonders bei den schwedischen HD 24 viel genutzt worden.

Im Ausbildungsjahr 1930/31 gab es einige Änderungen im Flugzeugbestand der Zweigstelle. Als neues Kabinenflugzeug stellte man der Schule eine Junkers F 13 in der Schwimmerversion zur Verfügung. Diese bewährte sich in der Blindflugschulung und im Transportdienst. Als nachteilig empfand man die gekielten Schwimmer, da sie u. a. einen zu großen Wendekreis auf See verursacht haben sollen. Wahrscheinlich trug zu diesem Mangel aber auch das anfänglich zu knapp bemessene Seitenleitwerk der F 13 bei.

Nachdem die erste HD 42a (Werknummer 333) mit einem Motor BMW Va im Schuldienst gründlich erprobt worden war, bestellte die DVS vier weitere Maschinen dieses Typs, allerdings mit Triebwerken Junkers L 5. Diese Flugzeuge erwiesen

sich beim Einfliegen als gefährlich instabil um die Querachse, so daß man die V-Form der Tragflächen erneut um 1° verstärkte. Da die Maschinen erst im April 1931 ihre Zulassungen erhielten (Typ HD 42b, Werknummern 372 bis 375, Kennungen D-2032 bis D-2035),ließ sich ihre Eignung für die Seeausbildung Ende März 1931 noch nicht beurteilen.

Die HE 9b (Kennung D-1625), die der Schule weiterhin für Erprobungszwecke und Sonderflüge diente, testete Robert Förster, der damalige Flugdienstleiter und dienstälteste Fluglehrer der DVS Warnemünde, auf ihre Reichweitenleistung. Er absolvierte nach einem Besuch der britischen Flugmanöver in Hendon den Rückflug auf der Strecke Southampton–Warnemünde nonstop und legte dabei die 1150-km-Distanz in 5 Stunden und 15 Minuten zurück.

Die neueingestellten Maschinen des Typs HE 9d zeigten im Dauerbetrieb an der Schule die Neigung, link oder rechts zu „hängen", d. h. die Tragflächen verzogen sich und mußten nachgespannt werden.

Bei den Landflugzeugen hatte es keine Veränderungen gegeben. Die versuchsweise Ausrüstung einer „Flamingo" mit dem stärkeren Motor SH 14 (U 12b) brachte nicht den erhofften Leistungszuwachs; zudem verringerte sich die Reichweite gegenüber dem normalen U 12a. Wegen der notwendigen Ersatzteilhaltung für das neue Triebwerk wurde der Einsatz der U 12b als unpraktisch abgelehnt.

Aus den zur vorstehenden Übersicht genutzten

Schüler der Warne-
münder Schule ange-
treten zum Appell:
Wie man sieht,
herrschte militärische
Disziplin, und man
trug eine uniformähn-
liche Kleidung.

Berichten der Zweigstelle Warnemunde der DVS über die „Flug- und Schulerfahrungen in der Zeit vom 1. 4. 28 bis 1. 4. 30" und vom „1. 4. 30 bis 1. 4. 31" von Flugkapitän Förster sind auch eine Reihe von Angaben zu den ausgebildeten Schüler-gruppen und ihre Herkunft und Bestimmung zu entnehmen, die durch Angaben aus anderen Quel-len ergänzt werden konnten. Demnach bildete man an der Seefliegerschule Warnemünde fol-gende Gruppen aus:
1. Schüler der DVS (Verkehrsflieger)
2. Seesternschüler (Seekadettenanwärter), auch als Seeadlergruppe bezeichneter Offiziersnach-wuchs der Marine
3. Übungsschüler der Marine „Gruppe Köhler" (aktive Offiziere)
4. Ingenieurschüler
5. Monteurschüler
6. Hapag-Schüler und Ausländer

Die DVS-Bewerber wurden auf ihre körperliche und geistige Eignung überprüft, bevor sie in die Ausbildung kamen. Die sozialdemokratische Zeit-schrift „Vorwärts" beschrieb dies in der Num-mer 420 vom 6. Februar 1927 wie folgt: „Junge Leute von 18 bis 20 Jahren mit ‚Primareife und Sportabzeichen' werden zuerst körperlich, dann nicht minder vorsichtig gewissensmäßig auf ‚na-tionale' Zuverlässigkeit bis ins dritte und vierte Glied geprüft."

Die Ausbildung gliederte sich in mehrere Ab-schnitte, die sich wieder nach dem angestrebten Ziel unterschieden. Es gab:
a) eine Ausbildung für den Großstreckenverkehr

auf Großflugzeugen; Vorbereitung auf den Flugzeugführerschein für den großen Flug (C-Schein); Dauer vier Jahre;
b) eine Ausbildung zum Startmonteur, Bordmon-teur, Bordfunker und Flugzeugführer im Kurz-streckenverkehr; Schein B für gewerbsmäßige Personenbeförderung. Die Dauer der Ausbil-dung betrug zwei bis drei Jahre, davon ein Jahr als Werftmonteur, ein Jahr als Start- bzw. Bordmonteur und Bordfunker und ein Jahr als Flugschüler. Nur die bestbeurteilten Schüler ka-men zur Flugzeugführerausbildung.

Der Lehrgang zum Großstreckenverkehr begann mit einer sechsmonatigen seemännischen Grund-ausbildung an der Hanseatischen Jachtschule in Neustadt/Holstein. Gelehrt wurden praktische und theoretische Seemannschaft, ergänzt durch körperliche Erziehung und Ausbildung. Das im September beginnende zweite Ausbildungshalb-jahr diente der theoretischen und praktischen Ausbildung auf Landflugzeugen der Klasse A und endete mit den Erwerb des entsprechenden Flug-zeugführerscheins nach theoretischer und prakti-scher Prüfung.

Die ersten drei Monate des zweiten Ausbildungs-jahres dienten der Umschulung auf Seeflugzeuge in Warnemünde und schlossen mit der A-Prüfung für diese ab. Danach verlief die Weiterbildung für See- und Landflugzeugführer getrennt. Die ersten blieben in Warnemünde und hatten im Winter-halbjahr eine Seereise auf einem Segelschulschiff zur Festigung ihrer seemännischen Kenntnisse und Fähigkeiten zu absolvieren. Danach erwarben

137

Lehrer und Stammpersonal der DVS-Zweigstelle Warnemünde.

Den größten Anteil der DVS-Flugzeuge Ende der zwanziger Jahre stellte der Typ Heinkel HD 24.

sie den Flugzeugführerschein B für Seeflugzeuge für den gewerbsmäßigen Luftverkehr.

Daneben wurden aber auch für den Verkehrspiloten weniger notwendige Übungen wie Kunst- und Verbandsflug betrieben. Diese hatten dafür um so größere Bedeutung für Militärflieger. Im dritten und vierten Jahr wurde dann am Erwerb des C-Scheins für mehrmotorige Großflugzeuge gearbeitet. Dazu gehörten Flüge auf Verkehrsstrecken als zweiter Flugzeugführer und jeweils fünfmonatige theoretische Winterlehrgänge. Die praktische Ausbildung dazu verlief allerdings nicht mehr in Warnemünde, sondern in dem nur im Sommer besetzten Nordseestützpunkt in List auf Sylt.

Für das hier beschriebene Programm standen in Warnemünde etwa 35 Flugzeuge zur Verfügung,

mit denen durchschnittlich etwa 1500 Starts und Landungen monatlich stattfanden. Die Anzahl der auf dem Platz untergebrachten Schüler betrug etwa 30.

Die „Seestern"- oder „Seeadler"-Gruppen bestanden aus je zwölf Seekadettenanwärtern, die vor dem Eintritt in die Marine eine Seefliegerausbildung erhielten. Der Beschluß über diese sogenannte Jungmärker-Ausbildung war bereits 1925/26 in der Marineleitung gefaßt worden, um einen kontinuierlichen Fliegernachwuchs zu sichern. Die Schüler der Marine wurden zu verschiedenen Zeitpunkten und teilweise sehr kurzfristig (zwei bis drei Wochen) zum Erwerb bestimmter Ausbildungsnachweise oder zur Weiterbildung und Aktivierung nach Warnemünde kommandiert.

Bis zum Ende des Ausbildungsjahres 1929/30

schulten auch acht Schiffsoffiziere der Hapag-Reederei in Warnemünde. Mit welcher Begründung Schiffsoffiziere einer zivilen Reederei zu Flugzeugführern ausgebildet wurden, ist nicht überliefert. Es ist zu vermuten, daß es sich hierbei auch nur um eine andere Art der Tarnung für die Schulung von Reserveoffizieren der Marine handelte.

Ausnahmeerscheinungen blieben die Ausländer an der DVS. 1927/28 war der bereits 48jährige Brasilianer Joao Rudolfo Enet in Warnemünde und schloß im Juni 1928 mit dem Erwerb des A-Scheins für Seeflugzeuge ab. 1929/30 wurde der Isländer Sigurdur Jonsson ausgebildet, der darüber sehr anschaulich in seinem Erinnerungsbuch „Aus den Anfängen der Verkehrsfliegerei" berichtet hat. Er machte seinen ersten Schulflug auf einer Heinkel HD 24 mit Flugkapitän Robert Förster am 6. April 1929. Seine fliegerischen Leistungen beurteilte man gut, und bereits am 6. September des Jahres bekam er den See-A-Schein nach einem Flug von 6 Stunden und 15 Minuten. Zum Erwerb des B-Scheins waren 15000 Flugkilometer über See nachzuweisen, davon 10000 in Warnemünde und die restlichen in List. Jonsson hatte am 26. März die 10000 km absolviert und vorher noch die Kunstflugprüfung K 1 bestanden. Später waren auch drei chinesische Flugschüler in Warnemünde.

Der Jahrgang 1930/31 der Seeadlerschüler erhielt erstmals systematischen Unterricht im Staffelfliegen. Dabei wurden „weitgehend die Erfahrungen des Krieges" und „von der Gruppe Köhler zur Verfügung gestellte Flugdienstanweisungen fremder Militärmächte" ausgewertet. In knapp zehnmonatiger Ausbildung konnte die Gruppe alle praktischen und theoretischen Prüfungen der Klassen Land-A, See-A, See-B 1, Kunstflug K 1 und Formationsflug ablegen.

Die vom Staat finanzierte Ausbildung bei der DVS wurde, wie aus den vorstehenden Angaben ersichtlich, zu einem großen Teil in einem Sinne betrieben, der Buchstaben und Geist der Bedingung des Versailler Vertrages und seiner Folgevereinbarungen zuwiderlief. Praktisch war die Schule die zivil getarnte Kaderschmiede der geplanten Marinefliegerkräfte. In einer vom Oberkommando der Kriegsmarine 1937 herausgegebenen geheimen Dienstschrift „Der Kampf der Marine gegen Versailles 1919 bis 1935" ist dies so ausgedrückt: „Eine breitere Basis fand die Ausbildung von Marinefliegerpersonal in der Schaffung einer eigenen Marinefliegerschule (D. V. S.)."

Treffpunkt der DVS-Schüler und „Fliegerstammlokal" in Warnemünde war das von Paula Waack geleitete Restaurant „Tante Paula" am Alten Strom, das heute noch existiert.

Ende der zwanziger Jahre waren ständig 30 bis 40 Schüler in Warnemünde, die sich in die erwähnten Gruppen aufteilten. Die tatsächlichen Verkehrsfliegerschüler machten nur etwa ein Drittel dieser Zahl aus, und auch diese tauchten nach 1935 größtenteils in den Ranglisten der faschistischen Luftwaffe auf.

Schulbetrieb des MAC und Unfälle auf dem Flugplatz

Die Ausbildung von Flugschülern durch den Mecklenburgischen Aero-Club (MAC) unterbrach der Totalbruch des Klubflugzeugs GMG Ia am 22. Februar 1929. Bis dahin hatte die rotgestrichene D-1457 insgesamt 288 Flüge mit etwa 60 Flugstunden beim MAC geleistet. Das war eine recht hohe Zahl für die kurze Zeitspanne von einem halben Jahr, das seit dem ersten Flug in Warnemünde

Im Juni 1929 erhielt der MAC sein zweites Motorflugzeug, die GMG II (Kennung D-1667).

Die Raab-Katzenstein RK 9a „Grasmücke" gehörte ab 1930 dem MAC. Hier hat ein Schüler eine Rückenlandung fabriziert.

am 17. Juli 1928 vergangen war. Nach der Teilnahme am DLV-Zuverlässigkeitsflug war die Maschine hauptsächlich im Schulbetrieb geflogen.

Der Deutsche Luftfahrt-Verband (DLV) stellte dem MAC ein neues Flugzeug, ebenfalls von der Firma Gebrüder Müller, zur Verfügung. Im Juni 1929 erhielt diese GMG II ihre Zulassung als D-1667 für den MAC.

Zum 10. Rhön-Segelflugwettbewerb 1929 hatten die Rostocker unter den Meldenummern 6 und 7 zwei doppelsitzige Segler der Typen M II und M III in die Starterlisten eintragen lassen. Konstrukteur

dieser Weiterentwicklungen der aus dem Vorjahr bekannten „Mecklenburg" (M I) war wieder der bei den Heinkel-Werken arbeitende Dipl.-Ing. Paul Krekel. Die M III trug den Eigennamen „Rostock" und hatte eine auf 18 m vergrößerte Spannweite. Krekel flog die M II „Mecklenburg" im Übungswettbewerb, machte aber schon beim zweiten Flug am 21. Juli Bruch. Die „Rostock" wurde von Ing. Wendel geflogen und konnte einmal 2 Stunden und 40 Minuten in der Luft bleiben. Wegen der geringen Zahl ausgeführter Flüge erhielten die Mecklenburger diesmal nur 115 RM Prämie, aber

Flugtag in Warne-
münde am 3. August
1930: Hinter der Zu-
schauergruppe sieht
man die ausgestellten
neuen Heinkel-Muster
HE 57 und HE 58.

Marga v. Etzdorfs
Junkers A 50 „Kiek in
die Welt" in Warne-
münde. Wieder er-
scheint durch das da-
malige Aufnahme-
material die gelbe
„Junior" sehr dunkel.

ihre originellen Stahlrohr-Doppelsitzer fanden Beachtung und wurden im „Flugsport" vorgestellt.
Auch an dem vom 27. bis 29. September 1929 erneut stattfindenden DLV-Zuverlässigkeitsflug mit
33 Startern beteiligte sich der MAC mit seiner
GMG II und konnte die gesamte vorgegebene
Strecke zurücklegen. Als weiteres Motorflugzeug
kam 1930 die Raab-Katzenstein RK 9a „Grasmücke" (Kennung D-1918) in den Besitz des MAC.
Beide Maschinen nahmen am 3. DLV-Zuverlässigkeitsflug 1930 teil, schafften aber diesmal nicht
die Gesamtstrecke.

Am 3. August fand der traditionelle Flugtag in
Warnemünde statt. Dem Aero-Club als Veranstalter kamen die Einnahmen der als gemeinnützig
eingestuften Vorführung zur Finanzierung seiner
Motorflugausbildung zugute. Es wurden fast
11 000 Eintrittskarten verkauft.
Neben bekannten Vorführungen, wie Begrüßungsflug mit Blumenabwurf, Fallschirmabwürfen, Flug-
zeugrennen u. ä., gab es auch einige Neuheiten,
die das Publikum auf seine Kosten kommen ließen. Dazu gehörte das Schätzen der Flughöhe der
D-1667 des Aero-Clubs. Die Zuschauer sollten

Das Ergebnis der „Landung" der Seemaschine HD 24 (Kennung D-1099) am 11. November 1929. Die Besatzung kam wie durch ein Wunder mit geringen Verletzungen davon.

beim Abschießen einer Leuchtkugel ihren Wert angeben. Der Sieger erhielt 30 RM. Nach weiteren Nummern, wie Ballonrammen, Einzel- und Gruppenkunstflügen, wurden im Abschiedsflug von verschiedenen Land- und Seemaschinen Strandbälle und andere Souvenirs abgeworfen.

Zwischen den einzelnen Programmpunkten fand die Vorführung neuer Flugzeugmuster der heimischen Industrie statt. Dazu gehörten außer dem Amphibium HE 57 die HD 43, das damals schnellste deutsche Flugzeug, mit dem der Flugzeugführer Hagen von der Travemünder Erprobungsstelle ein Kunstflugprogramm zeigte, und die HE 58, das für den neuen Schnelldampfer „Europa" gebaute Katapultflugzeug, das erst in der Vorwoche eingeflogen worden war. Außerdem stellte die in Warnemünde weilende Marga v. Etzdorf ihre gelbgestrichene Junkers A 50 „Kiek in die Welt" vor.

Im Zeitabschnitt 1929/30 kam es wieder zu einigen Brüchen und Unfällen auf dem Warnemünder Flugplatz bzw. unter den dort stationierten Ma-

schinen. So am 25. Mai 1929, als die U 12a (Kennung D-1369) der DVS wegen ungünstiger Winde in Richtung Heinkel-Hallen abflog und gleich dahinter abrutschte. Die Maschine blieb in der Leitung der Strandbahn hängen, überschlug sich und fiel in das Fabrikgelände. Dieser Unfall, bei dem die Besatzung mit relativ leichten Verletzungen davonkam, zeigte erneut die unzureichende Größe des Landflugplatzes.

Einem Totalbruch, der für die Besatzung glimpflich ausging, fiel am 11. November 1929 die HD 24 mit der Kennung D-1099 zum Opfer. Die Seemaschine war zusammen mit einer zweiten HD 24 (Kennung D-1558) zu einem Flug über See gestartet und in einer vom Piloten, dem Flugschüler Heller, zu steil und niedrig geflogenen Kurve über der Hanseatischen Jachtschule in Neustadt/Holstein auf den Boden aufgeschlagen und zertrümmert worden. Der für den Unfall verantwortliche Heller wurde ebenso wie sein Begleiter, Monteurschüler Köhler, aus dem Flugzeug geschleudert und nur gering verletzt.

Auch auf der 1930 von der dänischen Marine versuchsweise beflogenen Nachtfluglinie kam es zu einem Unfall. Die Verbindung war von Mitte April bis Mitte Mai geplant und sah einen täglichen Hin- und Rückflug, außer an Wochenden und Feiertagen, vor. Die Eröffnung am 14. April verlief planmäßig, als nach dem Start um 21.00 Uhr in Kopenhagen das Flugzeug um 22.15 Uhr in Warnemünde aufsetzte. Die DVS hatte die entsprechenden Vorbereitungen und die Befeuerung der Landefläche auf dem Breitling übernommen. Der Rückflug verlief von 22.30 Uhr bis 23.45 Uhr.

Eine Woche später ereignete sich der Unfall, dem die dänische Besatzung der Heinkel HE 8 „96", Kapitänleutnant Jenssen und Bordmechaniker Bressendorf, zum Opfer fiel. Nach glattem Start um 22.40 Uhr in Warnemünde bei gutem Wetter, beobachtete man bei der Flugleitung der DVS, die die Bodenorganisation der Versuchsstrecke für den Abschnitt Warnemünde—Moensklint ausübte, daß das Flugzeug, wahrscheinlich wegen eines Schadens, zur Landung ansetzte, da das Abbrennen eines Magnesium-Landelichts erkennbar war. Das geschah nach etwa 5 Minuten Flugdauer. Da kein Funkkontakt zum Flugzeug bestand, wurden die Motorbarkasse der DVS und das Warnemünder Lotsenboot zur Suche ausgeschickt, die aber wegen der Dunkelheit erfolglos blieb. Auch ein von Kopenhagen noch in der Nacht gestartetes Flugzeug mußte umkehren. Drei DVS-Maschinen, die am nächsten Morgen bei anbrechendem Ta-

Elli Beinhorn in der
Heinkel He 71b.

geslicht die Strecke abflogen, fanden etwa 5 Seemeilen vor Warnemünde nur noch die losgerisse-
nen Tanks, einige Holztrümmer der Schwimmer
und den toten Piloten des dänischen Flugzeugs.
Alle Anzeichen sprachen dafür, daß die HE 8 bei
der Notlandung mit voller Geschwindigkeit, ohne
abzufangen, auf der glatten See aufgeschlagen
war.

6.8. Die letzten Jahre während der Weimarer Republik

**Bei Heinkel entsteht erstmals
ein Verkehrsflugzeug**

Die Jahre 1931 und 1932 waren von der Weltwirt-
schaftskrise geprägt. Aufträge zum Neubau von
Flugzeugen ergingen nur noch in geringer Zahl
von staatlicher Seite, wobei es im wesentlichen
um die Lieferung militärischer Muster ging. Bei
Heinkel legte man davon die ersten kleinen Reihen auf.
Nach der Erprobung des 1929 gebauten Prototyps
HD 38a begann mit der Werknummer 366 die Fertigung der HD 38b. Weitere Maschinen des Typs
HD 38 folgten mit den Werknummern 367 bis 369
und 384 bis 390. Die letzten fünf Maschinen zählten schon zur C-Version. Diese zwölf Marine-
Jagdflugzeuge sind wahrscheinlich die einzigen
HD 38, die Heinkel gefertigt hat. Die Zahl der bei
Focke-Wulf in Bremen und bei Arado in Warne-
münde in Lizenz gebauten Maschinen dieses Typs

ist bisher nicht bekannt, dürfte aber ebenfalls
nicht sehr groß gewesen sein.
Die Werknummernfolge bei Heinkel ist ab 1931
nicht mehr identisch mit der Baureihenfolge der
verschiedenen Muster. Es scheint, daß Gruppen
von Werknummern vorvergeben worden sind.
So war es auch bei der numerisch folgenden
Werknummer 370. Sie gehörte zur einzigen gebauten He 71, einem einsitzigen Sport- und
Übungsflugzeug für die Weiterbildung fortgeschrittener Piloten im Kunst- und Streckenflug. Ihr
Entwurf stammte von dem 1933 nach dem Erfolg
der He 64 beim Europa-Rundflug 1932 neueingestellten Technischen Direktor Robert Lusser. Die
He 71a wurde als D-2390 im März 1933 zugelassen. Wenig später bekam die Maschine als He 71b
eine geschlossene Kabine. In dieser Form benutzte die damals sehr bekannte Fliegerin Elli
Beinhorn das Flugzeug bei einem Afrika-Flug. Das
einzige gebaute Exemplar ging dann am
13. August 1934 bei einem Unfall in Friedrichsha-
gen verloren.
Mit Werknummer 371 folgte die He 49a, ein Dop-
peldecker-Jagdflugzeug mit einem Motor
BMW VI, das wiederum im Auftrag der Marine
entstanden war. Davon ist bisher nur eine Maschine identifiziert worden, die die Zulassung D-
2363, später D-IREK, erhielt. In der Literatur sind
als Versionsbezeichnungen die Varianten a, b und
c zu finden, die sich aber ebenfalls auf Umbauten
dieses Prototyps beziehen können. Immerhin exi-
stieren Fotos der HD 49 mit Rädern und mit
Schwimmern.

Das Marine-Jagdflugzeug He 49a (Werknummer 371) war Vorläufer der He 51.

Der Aufklärungs-Doppeldecker HD 46 wurde im April 1931 eingeflogen.

Die D-1702 nach dem Umbau in einen Hochdecker.

Eine frühe Heinkel
He 45C (Werknum-
mer 411), die noch im
Warnemünder Werk
entstand.

Es folgten die bereits erwähnten vier HD 42b (Werknummern 373 bis 375), die, im April 1931 zugelassen, bei der DVS in Warnemünde in Dienst traten.

Im April 1931 kamen auch zwei Prototypen eines Doppeldecker-Nahaufklärers HD 46a bzw. HD 46b mit den Werknummern 376 und 377 heraus. Den Erstflug führte Flugkapitän Förster von der DVS am 23. April 1931 aus. Zur Verbesserung der Sicht nach unten entstand innerhalb von 14 Tagen durch den Umbau einer Maschine ein Hochdecker mit gepfeiltem Flügel (Kennung D-1702). Dieser wurde gründlich erprobt und stellte den Prototyp der später bei Heinkel und mehreren Lizenznehmern gebauten Serienflugzeuge dar, die die Erstausrüstung der Nahaufklärerverbände der faschistischen Luftwaffe bildeten.

Ebenfalls im April 1931 war die erste HD 45a zur Erprobung bereit, die durch Umbau der HD 41c entstanden war. Es handelte sich um das Musterflugzeug des leichten Aufklärers und Bombers He 45, der ab 1932 bei Heinkel in Warnemünde und nach 1933 auch bei der Gothaer Waggonfabrik (68 He 45a), den Bayerischen Flugzeugwerken (126 He 45A-2 und 30 He 45B-1) und Focke-Wulf (159 He 45A-1 und A-2 sowie 60 He 45B-2) vom Band lief. Nach dem im Jahre 1964 herausgegebenen Werks-Typenblatt sind bei Heinkel lediglich 69 He 45 als Mustermaschinen der verschiedenen Varianten gefertigt worden, so daß sich als Gesamtzahl 512 He 45 ergeben.

Der Serienbau bei Heinkel begann 1932 mit zehn He 45B des Werknummernblocks 391 bis 400, dem weitere folgten. Es ist möglich, daß die angegebene Zahl von nur 69 im Stammwerk hergestellten He 45 zu niedrig ist. Eine geringe Anzahl der in Warnemünde gefertigten He 45B exportierte man ohne Bewaffnung unter der Bezeichnung He 61 nach China.

Entsprechend einem von der Reichsmarine im Jahre 1930 erteilten Auftrag wurden Anfang 1932 zwei Prototypen der He 59 fertiggestellt. Die Vorgaben beinhalteten: Besatzung vier Mann, Nutzlast 1000 kg bei sechs Stunden Flugdauer, etwa 1100 km Flugstrecke und eine ungefähre Höchstgeschwindigkeit von 200 km/h. Als Nutzlast waren Bomben, Torpedos, Minen oder Sprühgeräte für Tarn- bzw. Kampfstoffnebel vorgesehen.

Die erste Maschine (Werknummer 387) kam als HD 59a mit der Zulassung D-2214 zur Erprobungsstelle des Reichsverbandes der Deutschen Luftfahrtindustrie (RDL) in Travemünde und wurde dort hinsichtlich ihrer Seefähigkeit und fliegerischen Eigenschaften getestet. Das zweite Musterflugzeug, die HD 59b (Werknummer 379, Kennung D-2215), diente vor allem der Waffenerprobung. Sie erhielt deshalb bald anstelle der Schwimmer ein hosenartig verkleidetes Radfahrgestell und wurde mit ausgebauten bzw. verkleideten Waffenständen nach Lipezk überflogen, wo die militärische Erprobung stattfand.

Auch die nächsten beiden Werknummern waren Prototypen eines Marine-Kampfflugzeugs. Durch Angleichen der Forderungen an einen Marine-

Katapultstart der He 60 (Kennung D-IPOH) vom Schleuderprahm 11, der ab etwa 1934 auf dem Breitling lag und der Katapulteinweisung von Bordfliegern der Seefliegerschule Warnemünde diente.

Jagdzweisitzer und ein See-Beobachtungsflugzeug war der Auftrag zur Entwicklung der HD 60 entstanden, die der Nahaufklärung an der Küste und von Bord der Schiffe aus dienen sollte. Das erforderte neben der Katapultierbarkeit und einer Besatzung von zwei Mann eine Flugdauer von fünf Stunden bei 1100 km Reichweite, Seefähigkeit bei Seegang 4 bis 5, 235 km/h Geschwindigkeit und eine Steigzeit von 10 Minuten auf 3000 m Höhe. Im Frühjahr 1932 übernahm die E-Stelle Travemünde die Mustermaschinen D-2157 (Werknummer 380) und D-2176 (Werknummer 381) zur Erprobung.

Vor den bereits aufgeführten kleinen Serien der HD 38 und He 45 lagen in der Werknummernfolge noch zwei He 9d, die an die DVS gingen, nämlich die D-2095 (Werknummer 382) und die D-2158 (Werknummer 383).

Anfang der dreißiger Jahre verstärkte im Rahmen der Rationalisierungsmaßnahmen des Reichswehrministeriums (RWM) die sogenannte Fertigungs GmbH ihre Bestrebungen, in der deutschen Flugzeugindustrie verschiedene Werke zu fusionieren, wie es beispielsweise bei der unter Druck zustandegekommenen Übernahme der Albatros Flugzeugwerke in Berlin durch den Focke-Wulf Flugzeugbau Bremen geschah. Die Fertigungs GmbH war kurz vor 1930 dem RWM angegliedert worden. Sie sollte die geheim betriebene militärische Luftrüstung fördern und insbesondere

„für den Fall eines Falles die Voraussetzungen für Massenproduktion schaffen".

Als 1931 die Bayerischen Flugzeugwerke (BFW) in Zahlungsschwierigkeiten gerieten, da die Luft Hansa nach dem Absturz der bei den BFW gebauten Messerschmitt M 20b (Kennung D-1928) am 14. April 1931 bei Görlitz in der Oberlausitz einen Serienauftrag für diesen Typ stornierte, wurde Heinkel aufgefordert, sich mit den BFW zu vereinigen. Dabei dachte man auch an einen Lizenzbau von Heinkel-Maschinen in Augsburg. Nach einer Prüfung der Lage des bayerischen Werkes durch Ernst Heinkel und seine führenden Mitarbeiter lehnte dieser jedoch im Juni eine Übernahme ab. Inzwischen entstand in Warnemünde als neues Muster die HD 63. Das war ein auf Initiative der DVS entwickeltes Schulflugzeug der Klasse B 1. Die im Frühjahr 1930 aufgestellten technischen Forderungen verlangten eine Landausführung für Schul-, Übungs- und Überlandflüge bis 600 km Entfernung. Die Maschine sollte mit verringerter Zuladung zur Kunstflugausbildung verwendbar sein. Gleichzeitig wurde auch eine Schwimmerversion zur Anfangsausbildung von Seefliegern ausgeschrieben, wobei man auf Seefähigkeit verzichtete. Als Antrieb war ein 147-kW-Motor vorgesehen, der das Flugzeug wirtschaftlicher als die bisher in der Überlandausbildung eingesetzten Albatros L 75 und auch für militärische Ausbildungsaufgaben geeignet machen sollte. Die ebenfalls

Heinkel HD 63W der ursprünglichen Ausführung mit kleinem Leitwerk und kurzem Unterflügel.

interessierten militärischen Stellen forderten jedoch zusätzliche Ausrüstungsmöglichkeiten für Trainingsflüge, Stehhöhe im Rumpf, Platz für militärisches Gerät und Seefähigkeit.

An die Firmen Albatros, Arado, BFW, Focke-Wulf und Heinkel erging die Aufforderung zum Einreichen von Projekten. Die Entwürfe von Arado, Albatros und Heinkel kamen in die engere Wahl. Wegen der beschränkten Mittel erhielten im Frühjahr 1931 lediglich Albatros und Heinkel Konstruktionsaufträge. Schwierigkeiten bei der Geldbeschaffung für den Prototypenbau verzögerten die Fertigstellung des ersten Flugzeugs bis zum April 1932. Seine technische Erprobung fand in Travemünde statt.

Dabei stellte sich heraus, daß die HD 63 weder als Land- noch als Wassermaschine die geforderten Leistungen erreichte. Wie üblich war sie durch den Austausch des Fahrwerks gegen zwei Schwimmer schnell umrüstbar. Sie fiel aber in den Leistungen fast um 30 Prozent gegenüber den Ausschreibungsbedingungen ab und wurde deshalb uninteressant. Da auch gegen den Albatros-Hochdecker L 102 als Seeflugzeug Bedenken bestanden, nahm die DVS zusätzlich den von der Arado GmbH auf eigene Kosten entwickelten Doppeldecker Ar 66 in die Dauererprobung. Den Bau der Ar 66 hatte die RDL-Erprobungsstelle Staaken in Auftrag gegeben.

Die drei Mustermaschinen trafen am 9. Juli (HD 63), 28. Juli (L 102) bzw. 10. September 1932 (Ar 66) bei der DVS in Warnemünde ein. Da die Leistungen der HD 63 unzureichend waren, wurde sie abgelehnt. Wechselte man beispielsweise die Räder gegen das Schwimmerwerk, konnte das Flugzeug nur noch einsitzig geflogen werden. Eine deshalb vorgenommene Vergrößerung der unteren Tragfläche führte zu erhöhter Leermasse und brachte auch nicht die erhoffte Leistungssteigerung. Bisher sind von der HD 63 nur drei Maschinen bekannt geworden: die D-2219 (Werknummer 401), D-2263 (Werknummer 402) und die D-2329 (Werknummer 407).

Am 26. Januar 1931 trat Siegfried Günter als Konstrukteur bei den Heinkel-Werken ein, bald von seinem Zwillingsbruder Walter gefolgt. Beide hatten an der TH Hannover studiert und Segelflugzeuge konstruiert, bevor sie zu der kleinen Firma Bäumer Aero GmbH nach Hamburg gingen. Dort fielen sie durch ihre Entwürfe aerodynamisch hochwertiger, schneller Sportflugzeuge auf, die mit nur 44 kW Motorleistung 200 km/h Geschwindigkeit erreichten. Heinkel übertrug den Brüdern die Leitung seines Projektbüros.

Als das RVM in der Zeit vom 5. bis 13. November 1931 Aufträge zum Bau von Musterflugzeugen zur Teilnahme am vom 12. bis 28. August 1932 stattfindenden dritten Europa-Rundflug an die Firmen Klemm, Messerschmitt und Heinkel vergab, wurde dies der erste Entwurf der Gebrüder Gün-

Todessturz von Notz auf dem Prototyp der He 64 (Werknummer 404, Kennung D-2258) in Schleißheim am 29. April 1932.

ter, der ihre neue „Handschrift" bei Heinkel zeigen sollte.

Die Erprobung der Musterflugzeuge und deren Vorbereitung auf den Wettbewerb sollte die DVS in ihrer Zweigstelle Schleißheim übernehmen. Als Liefertermin wurde der 1. April 1932 festgelegt. Davor waren noch Attrappen zu bauen und durch bewährte Rundflugteilnehmer zu beurteilen. Erst am 28. April trafen je eine Klemm Kl 32 und Messerschmitt M 29 sowie zwei Heinkel He 64 in Schleißheim ein. Die noch unerprobten Flugzeuge wurden am 29. April vor Vertretern des RWM, der DVL, des Deutschen Aero-Clubs und der Firmen durch Fabrikpiloten vorgeführt. Danach konnten für den Wettbewerb vorgesehene Flieger Probeflüge unternehmen.

Dabei stürzte der vom letzten Europa-Rundflug bekannte Flugzeugführer Oberleutnant Notz mit einer He 64 (Werknummer 404, Kennung D-2258) tödlich ab. Als der Motor in Bodennähe aussetzte, mußte er mit dem Wind in den Platz und überzog die Maschine, um nicht in die eine Straße säumenden Bäume zu geraten. Auch die Messerschmitt M 29 erlitt schwere Beschädigungen, was zum Abbruch des Flugprogramms führte. Die Hauptbeanstandungen an der He 64 waren das zu weiche Fahrwerk, das verstärkt werden mußte, und der sehr enge Rumpf.

Am nächsten Tag fanden die Flüge mit der noch vorhandenen Klemm Kl 32 und der zweiten He 64 (Werknummer 409, Kennung D-2260) statt. Beide

Flugzeuge gingen dann an die Hersteller zurück, da die Klemm einen Fahrwerkschaden erlitt und bei der Heinkel der Motor gewechselt werden sollte. In der Zeit bis August unternahm man dann mit je einem Musterflugzeug in Schleißheim die Dauererprobungen von Motor, Luftschraube und Zelle, die zu zahlreichen Verbesserungen Anlaß gaben.

Für den Rundflug entstanden in Warnemünde noch fünf weitere Maschinen, die die Bezeichnung He 64c erhielten. Es waren die Werknummern 423 bis 427, die im August des Jahres als D-2303, D-2304, D-2301, D-2302 und D-2305 zugelassen wurden. Diese traten zusammen mit dem zweiten Prototyp D-2260 auf dem vom Mecklenburgischen Aero-Club (MAC) veranstalteten Flugtag in Warnemünde am Sonntag, dem 7. August, auf, bevor das Geschwader der sechs Maschinen am 10. August nach Staaken, dem Ausgangspunkt des Rundfluges, abflog.

Da für den Streckenflug von rund 7350 km diesmal nur sechs Tage, im Gegensatz zu den zwölf des letzten Wettbewerbs des Jahre 1930, vorgesehen waren, kam es auf gute Geschwindigkeitsleistung an. Man hoffte bei Heinkel gerade in dieser Hinsicht auf Erfolg, da bereits beim Überführungsflug von Warnemünde nach Schleißheim der Chefpilot Junck eine Durchschnittsgeschwindigkeit von 228 km/h erreicht hatte. Die Höchstleistungen im Jahre 1930 lagen bei etwa 180 km/h. Bei den in Schleißheim unternommenen Meßflü-

Die Staffel He 64 vor dem Start zum Europa-Rundflug auf dem Flugtag in Warnemünde am 7. April 1932.

gen mit der D-2260 waren 245 km/h Maximalgeschwindigkeit ermittelt worden.

Die He 64 war eine Ganzholzkonstruktion, wobei die einholmigen Tragflächen mit automatisch wirkenden Schlitzflügeln und Spaltklappen versehen waren, die vom Piloten in jeder Stellung blockiert werden konnten. Das Anklappen der Flächen an den Rumpf, wie bei einem Bordflugzeug, erforderte nur eine Minute. Die sonst notwenige Abdeckung des Spalts am Rumpfanschluß entfiel, da durch saubere Werkstattarbeit diese Schlitze nur etwa einen Millimeter breit waren. Der erstmals in Deutschland an einem einholmigen Tragwerk angewandte Schlitzflügel ermöglichte die niedrige Minimalgeschwindigkeit von 62,3 km/h (Durchschnittswert 65 km/h).

Weniger gut schnitt die He 64 bei der technischen Prüfung in den Abschnitten Ausrüstung sowie Start und Landung ab. Es zeigte sich, daß die Maschine bei Starts und Landungen ihre guten Langsamflugeigenschaften nicht voll ausnutzen konnte, da der relativ lange Rumpf ein sofortiges, sehr steiles Anstellen beim Start behinderte und bei der Landung dem Fahrwerk nicht allzuviel zuzumuten war.

Das Fahrgestell war schon vorher mehrfach geändert worden. Die als He 64C bezeichneten Maschinen besaßen zunächst ein mit Draht abgefangenes Einbeinfahrwerk, das aber zum Rundflug durch ein Stahlrohr-Fahrgestell mit Öl-Druckluft-Federstrebe ersetzt wurde.

Nach der technischen Prüfung lagen die Heinkel-Tiefdecker unter 41 Teilnehmern auf den Plätzen 12, 13, 16, 22, 23 und 28 und nach dem Streckenflug auf 3, 4, 8, 15 und 16. Der Pilot v. Cramon auf der D-2301 schied durch Ölrohrbruch in der Nähe von Kattowitz (heute Katowice) aus. Im Endergebnis wird der hohe Punktgewinn durch das schnelle Zurücklegen der Strecke deutlich. Der Schnellste des Rennens, Seidemann, benötigte für die Gesamtentfernung nur drei Tage und rückte so von Rang 22 auf 8 vor. Bester Heinkel-Pilot war Fritz Morzik, der mit 458 nur drei Punkte weniger als der Gesamtsieger Zwirko aus Polen auf RWD 6 erreichte. Wegen ihrer Leistungen und dem roten Anstrich nannte die Presse die Heinkel-Tiefdecker „rote Teufel".

Doch während diese schnellen und schnittigen Flugzeuge noch Aufsehen erregten, arbeitete man in Warnemünde bereits fieberhaft an einem noch schnelleren Muster, dessen Prototyp Ende des Jahres fliegen sollte.

Es handelte sich um das Schnellverkehrsflugzeug He 70, das weithin unter seinem Beinamen „Blitz" bekannt wurde. Die Entwicklung der Maschine wurde aufgrund der Ende der zwanziger Jahre in den USA aufkommenden aerodynamisch hochwertigen Schnellpostflugzeuge, deren Einführung auch in Europa zu erwarten war, begonnen. Deshalb vergaben RVM und Luft Hansa bereits Ende 1931 einen entsprechenden Entwicklungsauftrag an die Firmen Heinkel und Junkers. Der Bauauftrag für das als He 65 eingereichte Projekt erging am 12. Februar 1932.

Siegfried Günter hatte einen Tiefdecker mit luftgekühltem Sternmotor und festem Fahrwerk für die geforderten Leistungen, nämlich 285 km/h Maximal- und 238 km/h Reisegeschwindigkeit mit zwei Mann Besatzung und vier Passagieren, entworfen. Als im Mai 1932 die schweizerische Luftfahrtgesellschaft Swissair die US-amerikanische Lockheed „Orion" in den Dienst stellte, die mit einem 331-kW-Motor 252 km/h Reisegeschwindigkeit erreichte, gab Heinkel den Entwurf der He 65 auf und drängte den Direktor der Luft Hansa, Milch, dazu, eine schnellere Maschine mit Einziehfahrwerk und einem Triebwerk BMW VI in Auftrag zu geben. Das geschah am 18. Mai 1932, nachdem Heinkel zugestimmt hatte, die durch die Umkonstruktion entstehenden Kosten zu übernehmen.

In angestrengter Arbeit wurden die Entwürfe gefertigt, die vier Wochen später in der Angebotsbaubeschreibung 314 km/h Höchst- und 288 km/h garantierte Reisegeschwindigkeit vorsahen. Die Bauarbeiten begannen teilweise, bevor die endgültigen Werkstattzeichnungen fertig waren. Allerdings muß die Darstellung, die Ernst Heinkel in seinen Lebenserinnerungen dazu gibt, etwas korrigiert werden. Beispielsweise hatte die Firma schon Vorarbeiten geleistet, als sie die Aufträge beim RVM einholte.

So zeigte man auf einer vom MAC organisierten Ausstellung, die am 5. Dezember 1931 begann, Modelle von Heinkel-Flugzeugen und Entwürfen. Dazu gehörte ein Vorentwurf der He 65 mit Sternmotor und festem Spornradfahrwerk, dessen Räder verkleidet und zum Rumpf abgestrebt waren. Die widerstandsarme Verbindung der Tragflächen mit dem Rumpf, die zu einer leicht geschwungenen W-Form der Flächen in der Vorderansicht führte, stammte von Siegfried Günter und war schon in den späten Entwürfen der He 65 vorgesehen. Dabei war das Fahrwerk nicht mehr verstrebt, sondern nur noch durch Kabel abgefangen, wie ein erhalten gebliebenes Modellfoto zeigt. Auch das von Walter Günter konstruierte einziehbare Fahrwerk war schon früher im Gespräch, da bereits im Dezember 1931 die Zeitschrift „Luftwacht" von Arbeiten an einem Schnellflugzeug für vier Passagiere bei Heinkel berichtete, und dort einen Tiefdecker mit ovalem Rumpf, ausgerüstet mit einem BMW-Motor „Hornet" (386 kW) und Einziehfahrwerk, skizzierte. Diese Aussagen relativieren etwas die Geschwindigkeit, mit der bei Heinkel neue Entwürfe ent-

Plakat der Luftfahrt-Austellung des MAC im Dezember 1931.

standen, zeigen aber, daß man frühzeitig neue Ideen prüfte und untersuchte. Weitere Verbesserungen brachte die Verwendung eines heißgekühlten Motors, der statt Wasser Glykol, das erst bei 140°C siedet, zur Wärmeabführung verwendete. Dieses Verfahren war bereits mit dem Prototyp der HD 38 (Kennung D-1609) in Travemünde und bei Heinkel getestet worden.

Den Rumpf der He 70 fertigte man erstmals mit aneinanderstoßenden Blechen und Versenknieten, anstelle der bisher üblichen überlappenden Nähte und hervorstehenden Nietköpfe. Ende November 1932 war der Prototyp He 70a (Werknummer 403) fertig und stand in Warnemünde für die ersten Rollversuche bereit. Dazu wurden das Fahrwerk noch starr verriegelt und die Einziehöffnungen in der Tragfläche mit Sperrholz verkleidet. Eine Landung auf dem kleinen Warnemünder Platz erschien risikovoll, so daß Werkpilot Junck beim Erstflug anläßlich des zehnjährigen Betriebsjubiläums am 1. Dezember 1932 das neue Flugzeug sofort nach Travemünde überführte.

Dort verlief dann die Werkerprobung, die sehr erfolgreich war und noch eine Reihe kleinerer Verbesserungen brachte. Erstmals machte man die Strömungsverhältnisse im Flug am Rumpf sichtbar, indem dieser mit Öl eingesprüht und aus der Motorverkleidung Ruß abgeblasen wurde. Die entstandenen Spuren verrieten durch Wirbelbildung die noch vorhandenen aerodynamischen Unebenheiten, die man zunächst mit Balsaholzteilen

Motorprobelauf des
Prototyps He 70 auf
dem Werkhof.

Die He 70 bestach
durch ihre aerodyna-
misch hochwertige
Form.

füllte, bevor eine entsprechende Änderung der
Rumpfkontur und besonders des Flügel-Rumpf-
Übergangs vorgenommen wurde. Nach Abschluß
der Erprobung kam die He 70a, die inzwischen das
Übergangskennzeichen D-3 erhalten hatte, nach
Staaken, um dort von Piloten der Luft Hansa ge-
prüft zu werden. Innerhalb von zwei Monaten
konnten dann von Werkflieger Junck und DLH-
Flugkapitän Untucht acht Weltrekorde erfolgen
werden, die teilweise über den mit speziellen
Schnellflugzeugen erreichten Bestwerten lagen.

Im März übernahm die DLH das Flugzeug und
stellte es im Juni unter der endgültigen Zulassung
D-2537 als He 70A in Dienst.
In der Heinkel-Werknummernliste folgen im
Wechsel mit den bereits angeführten ersten beiden He 64 ein zweites Exemplar des katapultierba-
ren Bordflugzeug He 30 und die Prototypen des
Sturzkampf-Doppeldeckers He 50. Diese wurden
als He 30B (Werknummer 405, Kennung D-2267)
im Mai 1932, He 50A (V-1) (Werknummer 406, Kennung D-2326) im April 1933 und He 50A (Werk-

nummer 408, Kennung D-2471) ebenfalls im April 1933 in die Luftfahrzeugrolle eingetragen. Der erste Prototyp der He 50 stand noch lange im Einsatz, ab 1934 mit dem neuen Kennzeichen D-ISIH und im Krieg als TH + TJ bei der Erprobungsstelle in Travemünde.

Tabelle 7 Weltrekordflüge mit der Heinkel He 70 im Jahre 1933

Datum	Pilot	Strecke	Nutzlast	Geschwin-digkeit
		km	kg	km/h
21. Februar	Junck	100	0	348,162
21. Februar	Junck	100	500	348,162
22. März	Untucht	1000	0	347,477
22. März	Untucht	1000	500	347,477
24. März	Untucht	2000	0	345,310
28. April	Untucht	100	500	357,427
28. April	Untucht	100	1000	357,427
28. April	Untucht	500	1000	355,338

Typenbezeichnungen der Heinkel- und Arado-Muster

Hier sei eine Erläuterung der verschiedenen Typenbezeichnungen eingeschoben. Während bei den Heinkel-Werken bis 1932 die Abkürzungen HE (Heinkel-Eindecker) und HD (Heinkel-Doppeldecker) in Gebrauch waren, erschien in der ab 1933 vom Reichsluftfahrtministerium (RLM) zentral geführten Typenliste das Zeichen He für Heinkel, das später auch rückwirkend auf die früheren Typen verwendet wurde.

Ähnliches gilt für Arado-Flugzeuge. Ab 1933 benutzte man einheitlich das Zeichen Ar für den Firmennamen zusammen mit einer vom RLM zugeteilten arabischen Zahl. Vorher war die Verwendungszweck des Musters aus der Typenbezeichnung ablesbar. Dieser ergab sich, ähnlich wie bei den deutschen Heeresflugzeugen des Weltkrieges und später auch bei den Fokker-Werken in den Niederlanden aus den folgenden Buchstaben:
S – Schulflugzeug,
D – Jagdflugzeug,
C – zweisitziges Aufklärungsflugzeug,
V – Verkehrsflugzeug.
Dazu kamen sinnentsprechende Kombinationen, wie SC für ein als Schulflugzeug verwendetes Aufklärungsflugzeug. Die nachfolgende römische Ziffer gab an, den wievielten Entwurf dieser Art von Arado man vor sich hatte.

Großkatapultbau und Betriebsjubiläum bei Heinkel

Am 30. April 1932 wurde die Rowa-Verwaltungsgesellschaft mbH mit Sitz in Rostock in das Handelsregister eingetragen. Dieses von Ernst Heinkel geführte Unternehmen mit 20000 Reichsmark Stammkapital sollte sich mit Erwerb und Verwaltung von Grundstücken, Finanzierung und Beteiligung an anderen Unternehmen und Geschäften befassen. Die Ernst Heinkel Flugzeugwerke waren Eigentum der Rowa. Dieses Verfahren erlaubte günstigere Finanzmanipulationen.

In die neuerworbenen Fabrikhallen in der Rostokker Bleicherstraße verlegte Heinkel im Herbst 1932 die gesamte Teilfabrikation und -montage, während der Versuchs- und Typenbau, Konstruktionsbüro und Verwaltung in Warnemünde auf dem alten Werkgelände blieben.

Ab Mai dieses Jahres wurde bekannt, daß man bei den Heinkel-Werken an der Entwicklung eines Großkatapults arbeitete. Die Deutsche Luft Hansa plante, einen zum Flugstützpunkt umgebauten Dampfer auf dem Südatlantik zu stationieren, mit dessen Hilfe katapultierte Flugboote mit Post nach Südamerika fliegen sollten. Die Reichweite der dafür vorgesehenen Dornier Do J II „8-Tonnen-Wale" (benannt nach ihrer Startmasse) reichte für eine Nonstop-Überquerung des Südatlantiks nicht aus.

Die Luft Hansa charterte am 1. Juli 1932 den im Jahre 1906 gebauten Frachtdampfer „Westfalen" des Norddeutschen Lloyd (NDL) und ließ ihn bei der AG Weser umbauen. Der 5367-BRT-Dampfer erhielt ein Schleppsegel und einen Kran zum Aufnehmen der Flugzeuge über Heck. Die Heinkel-Werke bauten eine stationäre Katapultanlage K 6, die im Dezember mit einer vom Vorschiff der „Westfalen" in Bremerhaven auf dem Vorschiff der „Westfalen" montiert wurde. Das 41,84 m lange Katapult hatte eine Beschleunigungsstrecke von 31,60 m, auf der bis zu 14 t schwere Flugzeuge auf 150 km/h Geschwindigkeit gebracht werden konnten.

Im Februar des folgenden Jahres wurden die ersten Versuchsabschüsse in Bremerhaven absolviert, bevor das Schiff im Mai 1933 in den Südatlantik auslief. Dort fand am 29. Mai der erste Versuchsstart von der bei Bathurst in der Gambia-Mündung liegenden „Westfalen" mit dem Dornier Wal „Monsun" (Kennung D-2069) statt. Der erste Flug über den Südatlantik war am 6. Juni, als Flugkapitän Blankenburg mit der D-2068 „Passat" in Bathurst vom Wasser startete und bei der

Der Dornier Wal „Passat" (Kennung D-2068), der am 6. Juni 1933 den ersten Postflug über den Südatlantik mit Hilfe der „Westfalen" ausführte. Rechts das Heinkel-Großkatapult K 6 mit der davorliegenden Wartebahn.

Meister Hünemörder mit seinen Katapult-monteuren.

1550 km entfernt im Atlantik liegenden „Westfalen" landete. Nach kurzer Wartung und Betankung wurde das Flugboot mittels Katapult zur zweiten Etappe des Fluges nach Natal (Brasilien) gestartet.

Am 1. Dezember 1932 feierten die Ernst Heinkel Flugzeugwerke das zehnjährige Betriebsjubiläum.

Aus diesem Anlaß überreichte der Dekan der Philosophischen Fakultät der Universität Rostock an Heinkel die Ernennungsurkunde zum Dr. phil. h. c. als dem „weltbekannten Förderer des deutschen Flugwesens, dem hervorragenden Konstrukteur und Organisator, dem Begründer des bedeutendsten mecklenburgischen Industriewerks".

Drei der führenden Ingenieure und der Meister der Heinkel-Katapultabteilung: Konstrukteur Thurow, Meister Hünemörder, Ing. Kittel und der Leitende Ing. Paul Bättermann (v. l. n. r.).

Arado-Flugzeuge

Die Arado-Werft setzte 1932 den Bau der drei Militärmuster Ar 64, Ar 65 und Heinkel HD 38c fort. Dazu kam das neue Schul- und Übungsflugzeug Ar 66. Nach Einreichen der Projektentwürfe Ende 1930 standen der DVS nicht genügend Mittel zur Verfügung. So wurde die Ar 66 zurückgestellt und auf Werkskosten konstruiert.

Da die beiden Konkurrenzmuster nicht befriedigten bzw. als Seeflugzeuge ungeeignet erschienen, übernahm die DVS am 10. September 1932 die Ar 66 doch in die Erprobung. Der Prototyp Ar 66a hatte die Werknummer 78 und erschien im September 1932 als D-2335 im Zivilregister. Mit einem Argus-Motor As 10 R (202 kW) erreichte diese Maschine 205 km/h Höchstgeschwindigkeit, eine Dienstgipfelhöhe von 4300 m und stieg in 3,7 Minuten auf 1000 m.

Nachdem 1930 unter dem Druck des Reichsverkehrsministeriums (RVM) die beiden Firmen Focke-Wulf und Albatros fusioniert hatten, kam es zu langen Verhandlungen über die Besetzung der Stelle des Leitenden Ingenieurs. Ergebnis war, daß der Chefkonstrukteur von Albatros, Dipl.-Ing. Walter Blume, mit sieben seiner fähigsten Ingenieure zur Arado-Werft Warnemünde ging, wo er am 1. Januar 1932 zunächst Leiter des Konstruktionsbüros und später Technischer Direktor wurde.

Die Ar 66 entstand als erstes Muster unter Blumes Einfluß und hatte die typische Leitwerkform der vorher gebauten Albatros-Maschinen. Dabei lag die Höhenflosse auf einem Ansatz vor der eigentlichen Seitenflosse. Die Ar 66 produzierte man ab 1933 in großer Zahl sowohl bei Arado als auch in Lizenz bei anderen Werken (MIAG und Messer-

schmitt). In den Luftwaffen-Flugzeugführerschulen bzw. den bis 1935 noch getarnten Vorläufern wurden sie vor allem zur B-1-Schulung eingesetzt. Von der 1933 gebauten Seeausführung mit Metallschwimmern und stärker gepfeilten Tragflächen entstanden nur Einzelexemplare.

Schulbetrieb

Die Aero-Sport GmbH nahm 1932 ihren im Vorjahr eingestellten Schulbetrieb wieder auf. Neben anderen konnte die bekannte Sportfliegerin Thea Rasche, genannt „rasche Thea", in Warnemünde als erste deutsche Frau ihre Seefliegerprüfung ablegen.

Haupterwerbszweig der Firma blieb die Flugzeugreparatur, u. a. auch die Wartung der Maschinen der Luftdienst GmbH bzw. deren Vorläuferin Severa, und der Seeflugzeugerprobungsstelle Travemünde. Interessant ist dabei, daß die im Jahre 1927 von der Severa abgenommene große Halle VII auf dem Flugplatz Warnemünde 1930 als der Aero-Sport gehörend bezeichnet wurde. Sie diente zeitweise zur generellen Durchsicht und Reparatur von Großflugbooten während der jahreszeitlich bedingten Einsatzpausen.

Eine weiterhin dynamische Entwicklung vollzog sich beim Mecklenburgischen Aero-Club (MAC), der seinen Flugzeugpark vergrößern konnte und damit auf dem Warnemünder Platz immer mehr in Erscheinung trat. Dazu kamen eine ganze Reihe anderer Aktivitäten, die hauptsächlich der Propagierung der Luftfahrt und der Werbung neuer Mitglieder galten.

An der Universität Rostock formierte sich erneut eine Akademische Fliegergruppe. Diese bildete zusammen mit dem MAC ebenfalls Schüler im Segel- und Motorflug aus. Die erste Gruppe war bereits 1927 entstanden und hatte im Rahmen der Jungfliegergruppe des MAC gearbeitet. Am 9. Februar 1931 wurde eine Akademische Fliegergruppe der Universität Rostock e. V. von insgesamt 14 Studenten und Assistenten ins Leben gerufen. Darunter befanden sich auch Studentinnen. Diese konnten allerdings nach den im Oktober angenommenen neuen Satzungen nicht mehr Mitglied sein.

In einem Schreiben an den Rektor gab Dr. Franz Bachér, Vorsitzender der Fliegergruppe, einige interessante Begründungen für die Schaffung der Akademischen Fliegergruppen im damaligen Deutschland. Sie zeigen, wie und was man zentral gezielt „förderte". Sicher ist allerdings auch, daß

Arado-Jagdflugzeug
Ar 65 auf dem Warne-
münder Platz.

D-2557, eine der weni-
gen gebauten Arado
Ar 66 auf Schwim-
mern.

bei vielen der damals Beteiligten lediglich die Be-
geisterung für die Fliegerei und die herrschende
Kameradschaft in den Vereinen den Grund für
den Eintritt in eine Akaflieg, einen Aero-Club oder
ähnliche Gruppen bildete. Deshalb vermag das
Bachér-Zitat besser Zusammenhänge aufzuzei-
gen, die den einfachen Mitgliedern nicht so geläu-
fig waren:
„Die Förderung des Motorflugsports in Deutschland seitens des Reiches, der Länder und Kommu-
nen (ist) durch das Pariser Luftfahrt-Abkommen
verboten, weil besonders in einem Lande ohne militärische Fliegertruppe die Vorbereitung zur Aufstellung einer solchen erfahrungsgemäß *nur* über
den „Sport" möglich ist, und also auch *dieser*
Weg uns verbaut werden sollte. Erfreulicherweise
hat aber das Reich wenigstens einige Auswege

gefunden, zu denen die Unterstützung der Akademischen Fliegergruppen an den Hochschulen gehört, da diese ,der *flugwissenschaftlichen* und
praktischen Fortbildung ihrer Mitglieder an und im
Flugzeug' dienen und als solche ,wissenschaftli-
chen' Vereinigungen Reichsbeihilfen erhalten können." (Hervorhebungen im Original)
Selten ist damals in solcher Klarheit gesagt und
dargestellt worden, worum es den herrschenden
Kreisen ging. Verständlich wird auch in diesem
Zusammenhang, daß man keine weiblichen Mitglieder brauchte, da man an deren militärische
Verwendbarkeit nicht glaubte. Bachér hat es als
Vorsitzender der Akaflieg Rostock unter Einsatz
seiner guten persönlichen Beziehungen zu den
maßgebenden Ministerien, die zum Teil sicher
darin bestanden, daß dort seine ehemalien „Flie-

155

Thea Rasche auf der Klemm L 25b I Kennung D-2128) der Aero-Sport GmbH. Darauf konnte sie als erste deutsche Frau den Seefliegerschein erringen.

Tabelle 8   Arado-Flugzeuge von 1926 bis 1932

Typ	Besatzung	Motor	Leistung kW	Spannweite m	Flügelfläche m^2	Länge m	Leermasse kg	Startmasse kg	Höchstgeschwindigkeit km/h	Landegeschwindigkeit km/h	Steiggeschwindigkeit m/s	Gipfelhöhe m
S I ·	2	SH 12	74	11,50/ 8,50	26,5	7,44	615	915	140	55	2,1	4000
SC I	2	BMW IV	169	12,82/ 9,14	29,3	9,70	1000	1500	183			5200
SD I	1	Br. „Jupiter"	357	8,40	16,7	6,75	850	1230	275			5500
W II	2	2× SH 12	je 81	17,40	53,8	12,55	1620	1980	150	72	1,5	2000
SC II	2	BMW Va	235	13,20	40,0	8,96	1275	1985	180		3,0	5000
V I	6	PW „Hornet"	368	18,00	47,2	12,00	1350	2350	215	75	1,7	6500
SD II	1	Br. „Jupiter"	357	9,90	23,0	7,40	1445	1770	238		12,0	7000
S III	2	SH 11	59	11,50	27,3	7,50	600	825	128		1,6	3700
SD III	1	SH „Jupiter"	360	9,90	22,9	7,75			225			6200
SSD I	1	BMW VI	478	10,00/ 10,00	30,9	10,10	1627	2030	280	105		6800
L I	2	Salmson AD 9	30	10,00		6,00		500	140			
L II	2	Argus As 8	59	10,50	16,0	6,72	405	670	162		2,1	
L IIa	2	Argus As 8	59	11,00	17,0	6,80	460	780	165		2,2	
Ar 64	1	SH „Jupiter VI"	360	9,90		7,82	1210	1680	250			6000
Ar 65	1	BMW VI 7,3Z	552	11,20/ 9,20	30,0	8,37	1490	1865	282	100	10,4	7350
Ar 66W	2	Argus As 10	162	10,00/ 10,00	29,6	8,75	1060	1440	192	80	3,0	3000

gerkameraden" aus der Zeit des Krieges saßen, verstanden, entsprechende Reichsbeihilfen zu bekommen. Dazu gehörten 3000 RM und ein zweisitziges Schulflugzeug Raab-Katzenstein RK IIa. Der MAC, der im Juni 1931 112 Mitglieder hatte, verlegte seine Segelflugausbildung in die Nähe

Generaldurchsicht des
Do R Ris „Superwal"
(Kennung D-1115)
durch Monteure der
Aero-Sport GmbH in
der Halle VII.

Die Raab-Katzenstein
RK IIa „Pelikan" (Ken-
nung D-1517) der Aka-
flieg Rostock vor der
Halle I der DVS in
Warnemünde.

von Krakow. Mit Hilfe einer Lotterie war das Geld
zum Kauf eines neuen Schul- und Übungsflug-
zeugs gesammelt worden, das auch zum Segel-
flugzeugschlepp Verwendung fand. Damit waren
längere Segelflüge über Warnemünde möglich
geworden. Eine dreisitzige Klemm VL 26 Va (Kennung D-2115) wurde im Juli 1931 auf den MAC zugelassen und sofort in Warnemünde für Schulung
und Rundflüge mit zahlenden Gästen eingesetzt,
um Geld in die Kasse zu bekommen.

Am 5. September hatte der Aero-Club zur feierli-
chen Taufe seiner neuen Maschinen auf dem Flugplatz eingeladen. Die Klemm D-2115 erhielt den
Namen „Warnemünde", und das neue Leistungs-
segelflugzeug Kassel 25 hieß fortan „Greif". Die
dritte Maschine war ein von der Segelflugabtei-
lung des Militär-Sportvereins Rostock gebauter
Doppelsitzer, der aber gerade mit seinen Erbau-
ern zu Schulungsflügen auf der Rhön war.
Der damals noch ungewohnte Motorschlepp

Die Segelflugzeug-
schleppvorrichtung
der Klemm VL 26Va
(Kennung D-2115) des
MAC. Die Schlepp-
kupplung am Heckrad
oder Sporn kam erst
in den dreißiger Jah-
ren auf.

Ein „Flamingo" der
DVS versucht sich im
Postbeutelabwurf auf
dem Flugtag des MAC
am 2. August 1931.

eines Seglers war schon vorher in Warnemünde mit den beiden jetzt getauften Maschinen geübt worden. Am 26. Juni flogen die Rostocker mit ihrem „Gespann" sogar zu einem Flugtag nach Kopenhagen.

Der MAC fungierte auch wieder als Veranstalter des am 2. August 1931 veranstalteten Land- und Seeflugtages in Warnemünde. Beteiligt waren erneut die DVS, die Heinkel-Werke und Arado. Die Zuschauer erlebten in mehreren Programmpunkten eine Reihe verschiedener Flugzeugtypen. Der Begrüßungsflug vereinigte eine Junkers F 13 Land (Kennung D-358), ein Seeflugzeug des gleichen Typs (Kennung D-1955), die Klemm VL 26 (Ken-

nung D-2115), eine Arado W II (Kennung-1412) und eine Heinkel HD 24 (Kennung D-1558) mit einer gemeinsam startenden Kette von drei HD 42 (Kennungen D-2032, D-2033, D-2034). Es folgten Segelflugvorführungen. Dabei steuerte Flugkapitän Förster die schleppende Klemm und Ing. Wendel den „Greif".

Sechs Maschinen beteiligten sich am anschließenden Ballonrammen. Fluglehrer Förster demonstrierte dann das Heinkel-Amphibium (Kennung D-2067), indem er an Land startete, den Platz mehrmals umkreiste und dabei das Fahrwerk hochzog, auf dem Wasser niederging, von dort erneut aufstieg und mit wieder ausgefahrenen Rä-

Der „Schleppzug" des MAC ist auf dem Warnemünder Platz gestartet.

Der von Ing. Krekel entworfene Motorsegler K-9 auf der Deutschen Luftfahrt-Ausstellung in Berlin im Oktober 1932.

dern auf dem Flugplatz aufsetzte. Nach weiteren Programmpunkten bildeten Kunstflugvorführungen der Piloten Becker, Pasewaldt und Förster auf drei U 12a „Flamingo" Höhepunkt und Abschluß des Tages. Der schon traditionelle jährliche Flugtag hatte wieder tausende von Zuschauern auf den Platz gezogen.

Im Juni 1932 hatte der MAC etwa 160 Mitglieder. Zur Flugausbildung standen zwei Motorflugzeuge in Warnemünde und vier Segelflugzeuge in Krakow zur Verfügung. Etwa 20 Schüler erhielten eine Motorflugausbildung.

Daneben lief die Arbeit in der eigenen Werkstatt weiter, wo Segelflugzeuge und als neuestes Projekt ein Motorsegler (Typenbezeichnung K 9) zur Umschulung vom Segel- auf den Motorflug entstanden. Konstrukteur war wieder Dipl.-Ing. Krekel, der sein bereits in den Vorjahren erfolgreiches doppelsitziges Segelflugzeug des „Mecklenburg"-Typs mit einem leichten Motor und Druckschraube versehen hatte. Nach dem Einfliegen in Warnemünde zeigte der MAC diese als „Käfer" oder plattdeutsch „Burrkäwer" bezeichnete Maschine auf der vom 1. bis 23. Oktober 1932 in Berlin stattfindenden Deutschen Luftfahrt-Ausstellung (DELA). Dieser billige Weg des Übergangs vom Segel- zum Motorfliegen war damals ungewöhnlich und erregte viel Aufsehen.

Der Flugtag des Jahres 1932 fand am 7. August statt und bot erneut ein vielseitiges Programm, an

Bergungsversuche an der HE 10 (Kennung D 1731) der DVS mit aus der Lagerung gerissenem Motor am 14. Januar 1931.

Tabelle 9   Flugzeuge des Mecklenburgischen Aero-Clubs, der Aero-Sport GmbH und der Akaflieg Rostock

Typ	Besatzung	Motor	Leistung	Spannweite	Flügelfläche	Länge	Leermasse	Startmasse	Höchstgeschwindigkeit	Landegeschwindigkeit	Steiggeschwindigkeit	Gipfelhöhe
			kW	m	m^2	m	kg	kg	km/h	km/h	m/s	m
GMG II	2	Anzani	26	11,00	16,0	6,16	275	500	136	60	2,2	
RK 9	2	Anzani	26	8,96/ 8,06	19,6	6,85	250	450	120	40	1,3	3000
K 9	2	Blackburn	11	11,50	14,8		140	230	90		1,2	
S I	2	Daimler D II	88	12,51		7,88	710	1020	120	60	2,0	3000
RK IIa	2	SH 11	70	10,90/ 9,10	26,8	7,89	570	840	139	65	1,3	3200

dem auch alle 25 Flugzeuge der DVS-Zweigstelle teilnahmen. Neben den bereits im Vorjahr veranstalteten Programmpunkten zeigte Heinkel als Besonderheit die sechs gerade für den Europa-Rundflug fertiggestellten Eindecker He 64. Auch das zweite deutsche Muster für diesen Wettbewerb konnte man sehen, als Theo Osterkamp eine Klemm Kl 32 vorführte.

Eine „kurze Darstellung eines Bomben- und Gasangriffes aus der Luft sowie Vorführung der Rettungsmaßnahmen" mit entsprechenden Erläuterungen dienten der Propagierung von Zivilschutzmaßnahmen, was natürlich einherging mit der Darstellung der „deutschen Schutzlosigkeit gegen Luftangriffe" und der Forderung nach Revision des Versailler Vertrages.

Die Akaflieg hatte im Sommersemester 1932 mit dem Ziel, eine möglichst große Zahl von Studenten zu schulen, den Motorflugbetrieb in Warnemünde aufgenommen. Unterstützt wurden die Studenten dabei von der DVS und vom MAC. Gegen Erstattung der Selbstkosten konnten die beiden Club-Flugzeuge GMG II und die Klemm VL 26 mitbenutzt werden. Dazu kam die eigene RK IIa.

Ausbildungsbetrieb bei der DVS und Unfälle

Auch im Zeitabschnitt 1931/32 kam es zu einer Reihe von Unfällen auf dem Platz in Warnemünde. Am 14. Januar 1931 mußte die mit fünf Personen besetzte HE 10 (Kennung D-1731) gleich nach dem Start bei auffrischendem Wind und Seegang 2 bis

Das Wrack der HD 38 (Werknummer 367), mit der Werkpilot Dr. Alfred King am 29. Januar 1931 auf dem Breitling den Tod fand.

3 auf der Ostsee notlanden, da beim Anrollen durch Wellenschlag eine Propellerspitze gebrochen war und dadurch der Motor aus dem Fundament riß und stehenblieb. Die anschließende Bergung des Flugzeugs bei stärker werdendem Seegang (3 bis 4) gestaltete sich sehr schwierig. Die Maschine drohte gegen die Pfähle der funktionsuntüchtigen alten zweiten Seeablaufbahn zu treiben. Nach mehrfachem Reißen der Schleppleine setzte man die HE 10 schließlich an Land, wo sie aber durch die zur Hilfe eilende Barkasse der DVS Schaden erlitt, als diese, durch eine gerissene und um die Schraube gewickelte Schleppleine steuerlos geworden, ebenfalls an Land trieb.

Zwei Wochen später, am 19. Januar 1931, starb der Einflieger der Heinkel-Werke Dr. Alfred King, als er kurz nach dem Start auf dem Breitling, bei völlig glattem Wasserspiegel, mit der dritten HD 38 (Werknummer 367) mit voller Geschwindigkeit auf dem Wasser aufschlug. Die Untersuchung des am nächsten Vormittag gehobenen Flugzeugwracks ergab keine Hinweise auf ein technisches Versagen. Als Unfallursache wurde im amtlichen Bericht ein Verschätzen der Höhe über dem glatten Wasser durch den Flugzeugführer genannt.

Am 15. April rutschte ein Flugschüler mit der HD 24 (Kennung D-1160) in einer Kurve über dem Breitling ab, nachdem der Motor ausgesetzt hatte. Der Flugzeugführer blieb unverletzt, während die Maschine abgeschrieben werden mußte.

Glimpflich verlief ein Vergaserbrand an einer bei Arado gebauten HD 38c. Der Pilot konnte durch einen Sturzflug die Flammen löschen und landete danach glatt.

Am 17. Juni erlitt die Warnemünder Zweigstelle der DVS erneut einen Totalverlust, als die HE 9c (Kennung D-1689) beim Adlergrund-Feuerschiff zwischen Rügen und Bornholm notlandete und sank. Die Besatzung konnte gerettet werden. Ebenfalls ohne Personenschaden verlief ein Unfall beim Probeflug mit dem Bordflugzeug HE 12 am 22. Juli, wobei die Maschine aus etwa 10 m Höhe abrutschte und im Breitling einen Kopfstand vollführte. Beide Insassen blieben unverletzt. Jedoch mußte die „Bremen" ihre nächste Ausfahrt am 26. Juli ohne das Postflugzeug antreten. Ursache dieses Unfalls war ein Fehler eines Werkmonteurs, der bei der Durchsicht ein Steuerseil falsch angeschlossen hatte.

Den nächsten Unfall meldeten die Zeitungen am 15. Oktober. Zwei HD 24 der DVS befanden sich auf einem Übungsflug nach Travemünde über der Ostsee, als plötzlich dichter Nebel aufkam. Die D-1531 versuchte zu landen, wobei sie sich überschlug. Flugschüler Tautzen und sein Begleiter wurden nach dreistündigem Treiben durch ein Fischerboot von dem kieloben schwimmenden Wrack unverletzt geborgen. Die andere HD 24, gesteuert vom Flugschüler Vogler, landete noch in Travemünde, beschädigte dabei aber die Schwimmer und die rechte untere Tragfläche. Damit hatte

So sah die HD 24 (Kennung D-1160) nach ihrem Absturz am 15. April 1931 aus, der ihre Karriere beendete.

die Zweigstelle in diesem Jahr insgesamt drei Flugzeuge verloren.

Die Ergebnisse des im April mit den üblichen Prüfungen beendeten Ausbildungsjahres 1930/31 waren wieder sehr gut. Die Erlaubnis zum Führen von Landflugzeugen der Klasse A erwarben 21 Schüler, 14 absolvierten die Kunstflugprüfung und neun erfüllten die Bedingungen der Klasse B1, d. h. für zweisitzige Sportmaschinen bis 2500 kg Masse. Auf Seeflugzeugen bestanden 29 Schüler die A-Prüfung und 27 die der Klasse B1.

Im Sommer 1931 veranstaltete die „Abteilung Luftfahrt der Staatlichen Hauptstelle für den naturwissenschaftlichen Unterricht" drei je vierwöchige Lehrgänge für Schüler und Studenten zur „Einführung in die Grundbegriffe der Luftfahrt". Die Teilnehmer wurden in Baracken auf dem Flugplatz Warnemünde untergebracht. Diese „Ferien-Luftfahrtlehrgänge" beschrieb ein Gasthörer im „Sturmvogel", dem Organ des gleichnamigen „Flugverbands der Werktätigen", als eine sehr an militärischen Dienstauffassungen und Ordnungssinn orientierte Veranstaltung, in der auch der Frühsport mit Ordnungsübungen nach dem „alten Exerzierreglement" nicht fehlte.

Auch 1932 geschahen wieder Abstürze und andere Unfälle. Am 4. Februar rutschte die HD 24 (Kennung-1174) der DVS in einer Steilkurve in etwa 120 m Entfernung vom Ufer ab und zerbrach vor der Arado-Werft beim Aufschlag auf das Wasser. Die Insassen erlitten leichte Verletzungen.

Zwei Totalbrüche brachte der April. Bei einem Übungsflug stürzte ein Flugzeugführer der DVS am 22. vor Warnemünde mit der Heinkel HD 38bW (Kennung D-2013) in die See und wurde von einem Torpedoboot gerettet. Das Flugzeug war derartig zerstört, daß eine Bergung keinen Sinn hatte. Nur fünf Tage später setzte ein Flugschüler die Heinkel HD 24b (Kennung D-1471) bei einem Landungsversuch vor Langenort auf Land. Wegen der dabei entstandenen starken Schäden mußte das Flugzeug ausgemustert werden.

Weltflieger, Flugschiff und Filmstars in Warnemünde

Prominenter Besuch weilte am 21. Juni 1932 in Warnemünde. Der US-amerikanische Flieger Gatty war mit seiner Frau Gast der DVS und Dr. Heinkels und besichtigte die Anlagen auf dem Flugplatz. Er war zusammen mit Wiley Post im Vorjahr in acht Tagen und 15 Stunden um die Welt geflogen.

Am 29. Juni landete der italienische Luftfahrtminister Balbo mit sieben Offizieren seines Stabes mit seiner dreimotorigen Breda 32 in Warnemünde und besuchte die DVS, deren Direktor v. Gronau er auf einem Ozeanfliegerkongreß in Rom kennengelernt hatte. Balbo kam aus England und flog noch am Vormittag weiter nach Berlin.

Besonderer Publikumsmagnet wurde das große zwölfmotorige Flugschiff Dornier Do X, das auf

Auch von der D-1174 scheinen nach dem 4. Februar 1932 nur noch die Schwimmer verwendbar gewesen zu sein.

Den Abschluß der Besichtigung der Do X bildete meist das Aufstellen zum Foto für das Familienalbum.

seinem Deutschlandflug am 18. Juli nach einem Start in Stralsund und Umkreisen der Insel Rügen gegen 13.15 Uhr von See kommend über Warnemünde eintraf. Eine Staffel DVS-Maschinen und die neuen He 64 flogen dem „Riesen der Luft" zur Begrüßung entgegen. Nach einem Abstecher über Rostock landete Do X kurz vor 13.30 Uhr auf dem Breitling.

Vom folgenden Tag an konnte das Flugboot besichtigt werden. Es blieb bis zum 21. Juli am Seesteg auf dem Westufer des Breitlings verankert, da ein geplanter Flug nach Rostock wegen der herrschenden Witterung ausfiel. Hunderte Besucher aus Rostock und Angereiste aus der Umgebung sahen sich im Inneren des großen Flugschiffs mit seinen drei Decks und dem luxuriös eingerichteten Passagiersalon um.

Am 27. Juli war die britische Fliegerin Lady Drummont-Hay bei Ernst Heinkel zu Gast und flog die neue He 64. Wenige Tage danach, am 1. August, traf Elli Beinhorn in Warnemünde ein, die eine der sechs He 64 zum Europa-Rundflug führen sollte

Elli Beinhorn vor der He 64, die sie beim Europa-Rundflug führen sollte.

und auch eine Woche später mit dieser Maschine am Flugtag des MAC teilnahm. Als jedoch einen Tag danach, am 8. August, in Augsburg der Pilot Kreuzkamp mit einer Messerschmitt M 29 tödlich abstürzte, strich man diesen Typ aus dem deutschen Aufgebot zum Europa-Rundflug. Der Sieger des Wettbewerbs von 1929 erhielt deshalb die für Elli Beinhorn vorgesehene He 64.

Ab September 1932 wehte auf dem Flugplatz Warnemünde ein besonderer Wind, ein „Hauch von großer Welt". Mit Hilfe der DVS drehte man auf dem Platz Szenen des UFA-Tonfilms „F. P. 1 antwortet nicht", der nach einem Roman von Kurt Siodmak entstand. Im Mittelpunkt dieses Abenteuerfilms stand eine große schwimmende Plattform im Ozean, die Zwischenlandeplatz für Atlantiküberquerungen sein sollte. Held der Handlung war Hans Albers, alias Erichsen. Dessen gesamten fliegerischen Part übernahm Flugkapitän Robert Förster, Hauptfluglehrer der DVS in Warnemünde.

Ein Teil der Aufnahmen entstand auf der Greifswalder Oie. Auf diesem nur von 17 Menschen bewohnten Eiland, das vor West-Usedom steil aus der Ostsee aufsteigt, war das Hochplateau eingeebnet und ein bis zu 200 m langes Flugfeld geschaffen worden. Die Möglichkeiten dort zu landen, waren sehr beschränkt, da bei fast allen Windrichtungen nur eine Lücke von etwa 15 m Breite zwischen Leuchtturm, Seezeichen und Filmbauten zum Einschweben blieb.

Der Kurzstart auf „F. P: 1" reißt die beobachtenden Filmleute von den Beinen. Geflogen wurde der Prototyp der HD 22 (Kennung D-1096), der bei der Warnemünder DVS-Zweigstelle in Dienst stand.

Mit einem Pressevertreter als Fluggast flog Förster mit der der DVS gehörenden Heinkel HD 22 (Kennung D-1096) zur Oie.

Die dortigen Aufnahmearbeiten erforderten fliegerische Feinarbeit vom Albers-Double. Beispielsweise einen Kurzstart vom imitierten Flugdeck der F. P. 1, das nur 85 m lang war. Dabei wollte Regisseur Hartl, daß Förster bereits nach halber Distanz abhob. Dies gelang auch, nach radikaler Erleichterung der Maschine. Das Benzin wurde bis auf 50 l abgelassen und alle entbehrlichen Gegenstände an Bord entfernt, sogar Fallschirm und Sitzkissen. Der Start wurde mehrmals trainiert, da der Motor auf Vollast laufen mußte, bevor die Bremsklötze auf das Kommando „Frei!" weggerissen werden konnten. Dies mußte bei beiden gleichzeitig geschehen, da sonst das Flugzeug unweigerlich ausgebrochen wäre. Dabei blieben rechts nur 8 m bis zur Startbahnbegrenzung und zum 25 m steil abfallenden Ufer, während links in gleicher Entfernung die Filmkulisse stand. Der Start gelang, wenn auch die Filmleute die Köpfe einziehen mußten, wie auf den noch vorhandenen Fotos ersichtlich ist.

Beinahe schlecht wäre es bei Aufnahmearbeiten in Warnemünde ausgegangen. Der Fallschirmabsprung von „Hans Albers" sollte von einem begleitenden Flugzeug aus gedreht werden. Dazu lag eine 100 kg schwere Puppe mit Kleidung und Fallschirm versehen auf der linken unteren Tragfläche der HD 22, da ein Abwurf aus dem Flugzeug nicht möglich war. Das Slippen der die Puppe festhaltenden Leine wurde am Boden mehrfach geübt. Zur Not sollte der im hinteren Sitz mitfliegende

Hans Albers in Fliegerkluft mit seinem Double Flugkapitän Robert Förster während der Dreharbeiten zum Film „F. P. 1 antwortet nicht" in Warnemünde.

Robert Förster und der Technische Leiter der DVS Warnemünde „Marschall" Blücher vor dem Flug mit der Hans-Albers-Puppe, der beinahe unglücklich ausgegangen wäre.

Technische Leiter der DVS Warnemünde, Blücher, mit einer zweiten Leine, die am Gesäß der Puppe befestigt war, das Abrutschen von der Fläche unterstützen.

Nach dem Start kurvte Förster niedrig über dem Flugplatz nach rechts, damit die Puppe nicht vorzeitig allein „absprang" und flog zum vereinbarten Abwurfpunkt. Mehrfaches Ziehen und Reißen an der Slipleine hatte allerdings keinen Erfolg. Dafür hatte sich das Seil im Propellerwind derart um die linke Hand des Piloten geschlungen, daß er sich nicht befreien konnte. Es blieb nur eine einhändige Notlandung, die durch Festhalten des Steuerknüppels mit den Knien und schnelles Drosseln des Motors mit der freien rechten Hand gelang, wenn auch das Flugzeug stark links „hing". Am Boden ließen sich Leine und Slipsteg wieder leicht lösen. Nur unter dem Druck des Propellerwinds und der Schwere der Albers-Puppe gelang es nicht. Beim nächsten Flug verhalf dann ein Seemannsmesser „Hans Albers" zu einem gelungenen Fallschirmabsprung.

7. Der Flugplatz Warnemünde in der Periode der Aufrüstung nach 1933

Der in den Vorjahren bereits spürbaren Tendenz zur Schaffung einer geheimen Reichswehr-Fliegertruppe folgte nach dem faschistischen Machtantritt 1933 eine massive Wiederaufrüstung, die auf dem Gebiet der Luftfahrt zuerst noch getarnt und ab 1935 offen betrieben wurde. Die damit einhergehende Steigerung der Flugzeugproduktion und eine weit über das bisherige Maß hinausgehende Ausbildung von Flugzeugführern und Beobachtern führte zu strukturellen Änderungen, die auch den Charakter des Warnemünder Flugplatzes grundsätzlich prägten. Die bisher auf dem Platz ansässigen Flugzeugfirmen zogen fort, und aus der Zweigstelle der Deutschen Verkehrsfliegerschule (DVS) entstand eine Keimzelle anderer Seeflieger-Ausbildungszentren, später eine reine Flugzeugführerschule der Luftwaffe.

Die umfangreichen Rüstungsbestrebungen versuchte man anfänglich möglichst zu tarnen und später, als ab 1935 die Luftwaffe als dritte Teilstreitkraft der Wehrmacht offiziell auftrat, nicht erkennbar werden zu lassen. Dies und die Verlegung der Firmen Ernst Heinkel Flugzeugwerke und Aero-Sport in andere Gebiete Mecklenburgs, ebenso wie die Wandlung der Warnemünder Arado-Flugzeugwerke in einen reinen Serienbaubetrieb, nachdem der Hauptbetrieb mit den Konstruktionsbüros nach Brandenburg umgezogen war, bedingen einen relativen Mangel an Informationen. Dadurch muß hier das Geschehen im gesamten Zeitabschnitt 1933 bis 1945 kürzer als vorher dargestellt werden.

Die Bedeutung des Flugplatzes im Gesamtrahmen der deutschen Fluggeschichte ging stark zurück.

Verbandsflug einer Staffel HE 9 der DVS. Diese Übung hatte wenig Bedeutung für einen Verkehrsflieger, um so größere bei der Ausbildung von Militärpiloten.

Ein See-Schulflugzeug He 42 der DVS in Warnemünde um etwa 1934/35.

140 Exemplare des See-Doppeldeckers He 59 wurden nach 1933 bei Arado in Warnemünde in Lizenz gebaut.

Schon drei Tage nach Installierung der faschistischen Regierung durch die bestimmenden Kreise des Großkapitals wurde am 2. Februar 1933 das sogenannte Reichskommissariat für Luftfahrt geschaffen. Bereits am 13. Februar empfing dessen Leiter Hermann Göring die führenden Vertreter der deutschen Flugzeug- und Motorenindustrie, um ihnen die Grundzüge der geplanten Luftrüstung darzulegen.

Von da an erschienen in rascher Folge ständig neue Beschaffungsprogramme, entstanden neue Führungsgremien und änderte man vorherige Pläne. Die ersten Aufträge über 29 Millionen Reichsmark teilten sich die Firmen Heinkel,

Auch die Schwimmer-
version der Junkers
W 34 flog nach 1933
bei der Warnemünder
Schule.

Arado, Dornier, BMW, Siemens & Halske und Argus. Die Heinkel-Werke hatten aufgrund ihrer langjährig geübten Praxis des Militärflugzeugbaus die größte Anzahl erprobter Mustermaschinen zur Verfügung und bekamen dadurch die größten Lieferanteile. Von den insgesamt mehr als 55 Millionen Reichsmark, die im ersten Halbjahr 1933 zusätzlich für Rüstung der Luftfahrtindustrie zuflossen, erhielt Heinkel fast 11 Millionen und lag damit an der Spitze des Industriezweigs. Das zweite Warnemünder Werk, Arado, rangierte mit knapp 6 Millionen auf Platz sechs.

Natürlich war in den beengten Anlagen auf dem Flugplatz Warnemünde und in der Rostocker Bleicherstraße keine sprunghafte Produktionssteigerung möglich, so daß die He 45 und He 46 in kurzer Zeit bei anderen Flugzeugwerken in Lizenz gebaut werden mußten. Die Herstellung der für die Lizenzfertigung notwendigen Unterlagen und Zeichnungssätze sowie Entwurf und Konstruktion der neubestellten Muster He 47, He 48, He 72, He 74 und He 111 erforderten eine Vergrößerung des Konstruktionsbüros, für das ab Juni 1933 ein Erweiterungsanbau rechtwinklig zur im Jahre 1927 errichteten zweistöckigen Baracke entstand.

Im gleichen Monat erschien der spätere General Kesselring als Vertreter des am 27. April aus dem Reichskommissariat für Luftfahrt hervorgegangenen Reichsluftfahrtministeriums (RLM) bei Heinkel und teilte ihm mit, daß er die in Warnemünde gepachteten Anlagen aufzugeben habe und in kürzester Frist ein neues Werk für 3000 Arbeiter zu errichten sei. Auch für die Firma Aero-Sport kam das Ende des Pachtvertrages, da der gesamte

Warnemünder Flugplatz für den Aufbau der Seefliegerschule benötigt wurde.

Als neues Werkgelände wurde Heinkel vom Nazi-Reichsstatthalter für Mecklenburg, Hildebrandt, die Staatsdomäne Marienehe, am linken Warnowufer zwischen Rostock und Warnemünde gelegen, angeboten. Dazu erwarb die Stadt Rostock das 300 ha große Gut durch Tausch vom Land Mecklenburg, bevor Heinkel es kaufte. Beim Bau des Marieneher Werkes übernahmen die Stadt Rostock und das Land Mecklenburg im Rahmen der staatsmonopolistischen Verflechtung langfristige Bürgschaften gegenüber den Banken.

Zur Ausweitung der Produktionskapazität baute man auch neue Anlagen in der Rostocker Werftstraße, die bereits 1933 die Produktion aufnahmen. Dort entstanden hauptsächlich Tragflächen. Am 3. Dezember des folgenden Jahres feierte man in Marienehe Richtfest, und der offizielle Umzug der Belegschaft fand am 9. Februar 1935 statt. Doch die Geschichte dieses neuen „Stammbetriebs" des ständig weiterwachsenden Heinkel-Konzerns gehört nicht mehr in den Rahmen dieses Buches.

Die Firma Aero-Sport zog ebenfalls etwa 1935 in ein neu errichtetes Werk nach Ribnitz und firmierte als Walter Bachmann Flugzeugbau. Die Produktion in den alten Warnemünder Anlagen ging neben dem Aufbau der neuen Betriebe in Marienehe und Ribnitz verstärkt weiter.

Daneben wurde die Ausbildung von Flugschülern forciert, die aus Tarnungsgründen weiterhin unter der Bezeichnung DVS ablief. Im April 1934 teilte man dem evangelischen Landesjugenddienst, der bisher zwei Baracken des Flugplatzes nutzte, mit, daß als „Folge bestimmter Maßnahmen der Reichsregierung" die DVS einen plötzlich entstandenen sehr großen Bedarf an Unterbringungsräumen hatte, so daß die Baracken nicht mehr für den freiwilligen Arbeitsdienst der Kirche zur Verfügung standen, obwohl dies bereits bis 1936 zugesagt worden war. Ebenfalls hob man umgehend die Paragraphen 17 und 18 der Ortssatzung auf, die ein tiefes Überfliegen Warnemündes und des Strandes verboten. Am 1. April 1934 übernahm die DVS, Gruppe W, auch die Verwaltung des reichseigenen Flugplatzes Warnemünde.

7.1. Die letzten in Warnemünde gebauten Heinkel-Flugzeuge

Im Jahre 1933 entstanden als neue Baumuster der Warnemünder Heinkel-Werke die He 51, He 72 und He 74. In der Konstruktion befanden sich noch die He 47, He 48 und He 111. Die He 51 war ein aerodynamisch gut durchgebildeter Doppeldecker, der als Weiterentwicklung der He 49 ein einsitziges Jagdflugzeug mit Motor BMW VI7,3Z darstellte. Die Maschine ging ab 1934 sowohl mit Radfahrwerk als auch mit zwei Schwimmern an die entstehenden Luftwaffen-Verbände.

Die früheste bisher bekannte Werknummer des Typs ist die 429 mit der Kennung D-2726. Die in der Literatur oft als erster Prototyp aufgeführte D-ILGY hatte eine viel höhere Werknummer (1485)

Zwei der damals noch zivil gekennzeichneten Heinkel-Jäger He 51 im Sturzflug.

und war die He 51V7. In Warnemünde wurden nur noch wenige Versuchsmuster dieses Jägers gebaut, während die Herstellung der eigentlichen Serienmuster, deren Anzahl aber insgesamt nur etwa 100 Exemplare erreichte, ab 1935 in Marienehe stattfand.

Der Aufklärungs- und Kampfhochdecker He 47 und der Nahaufklärer He 48 blieben im Konstruktions- bzw. Attrappenstadium stecken, so daß nur wenig über diese noch in Warnemünde bearbeiteten Projekte bekannt ist. Die Konstruktionsarbeiten an der He 47 endeten zusammen mit denen an der He 74 im Dezember 1934, und die Attrappenbesichtigung der He 48 fand am 18. März 1935 bereits im neuen Werk Marienehe statt.

Die He 74 war ein kleiner Übungs-Jagddoppeldecker, der hauptsächlich den Kunstflugübungen fortgeschrittener Piloten dienen sollte. Davon baute man nur ungefähr acht Maschinen in Warnemünde, wovon eine nach Japan exportiert wurde. Die früheste bekannte Werknummer dieses Typs ist die im Jahre 1933 entstandene 441, die später das Kennzeichen D-IVON trug.

Der erfolgreichste der 1933 erstmals geflogenen Typen war die He 72, die unter dem Namen „Kadett" in größeren Serien für die stark expandierenden Flugzeugführerschulen gebaut wurde. Die Prototypen He 72a (Werknummer 482, Kennung D-2574) und He 72b (Werknummer 483, Kennung D-2589) erhielten ihre Zulassungen im Oktober bzw. September 1933.

Zum Jahresende, nur zwei Monate nach dem Erstflug, begann der Serienbau in Warnemünde. Die „Kadett" gehörte wegen ihrer guten Flugeigenschaften neben der Focke-Wulf Fw 44 „Stieglitz", der Arado Ar 66 und der Bücker Bü 131 „Jungmann" zu den damals in großer Zahl eingesetzten Schulflugzeugen und flog bei der DVS, dem Deutschen Luftsport-Verband (DLV) und nach der Aufhebung der Tarnung bei den Flugzeugführerschulen (FFS) der Luftwaffe.

Mehrere Reihen mit unterschiedlichen Motortypen, hauptsächlich dem Reihenmotor Argus As 8B und den Sternmotor Siemens Sh 14A, kamen heraus. Einige wenige mit Schwimmerwerk als See-Schulflugzeuge erprobte Muster konnten sich nicht durchsetzen. Ein Lizenzbau fand bei den Fieseler-Werken in Kassel statt. Die Rostocker Fertigung lief wahrscheinlich bis Ende 1934 in Warnemünde.

Weitere ebenfalls noch dort in Reihe gebaute Muster waren die He 60C, He 42D, He 45D, He 60D, He 59C, He 46E und einige Vorserienmaschinen

Der Prototyp des
Übungs-Jagddoppel-
deckers He 74 nach
seiner Fertigstellung
in Warnemünde.

Aerodynamisch ver-
besserte Ausführung
der He 72 „Kadett"
mit Motor- und Rad-
verkleidung vor der
großen Halle VII in
Warnemünde. Hinter
der Maschine ist eine
der erst nach 1933 er-
richteten Hallen zu er-
kennen.

der He 50. Es kamen jeweils Baulose von 10 bis
20 Maschinen zur Ausführung, deren Werknum-
mernblöcke im voraus festgelegt waren, so daß
durchaus erst später in Marienehe gebaute Flugzeuge Werknummer trugen, die vor solchen der
auslaufenden Warnemünder Fertigung lagen.
Noch vor dem Reihenbau des leichten Sturz-
kampfbombers He 50, der erst Anfang 1935 in Marienehe anlief, da vorher noch keine Entscheidung
über den zu verwendenden Motor vorlag, exportierte Heinkel im Juli 1934 zwölf Maschinen des

Typs als Schul- und Aufklärungsflugzeuge ohne
Bewaffnung unter der neuen Typenbezeichnung
He 66 nach China. Anfang 1935 liefen in der Erprobungsstelle Travemünde noch Sturzflugversuche
und Waffenerprobungen mit den ersten Versuchs-
mustern der He 50. Zur gleichen Zeit verlegte die
Endmontage aus Warnemünde in die bereits fertiggestellten Hallen des neuen Werkes Marienehe, wobei die Teilezulieferungen, wie schon vorher, aus den Rostocker Betriebsteilen Werftstraße
(Flächenbau) und Bleicherstraße kamen. Ab Fe-

Die für China gebaute Variante der He 50 trug die Bezeichnung He 66.

Die Arado Ar 67, ein Jagd-Doppeldecker mit britischem Rolls-Royce-Triebwerk, war ein Zwischenschritt auf dem Wege zur Ar 68. Zum erstenmal wurde hier das Seiten-leitwerk vor dem Höhenleitwerk angeordnet, was die Trudel-eigenschaften verbesserte.

bruar 1935 begann auch der Einflugbetrieb auf der ersten Rollbahn in Marienehe.

In der Nacht vom 17. zum 18. Juni 1934 brannte auf dem Flugplatz Warnemünde die große Halle IV bis auf die Grundmauern nieder, wobei auch die dort abgestellte Heinkel-Produktion der letzten 14 Tage, etwa 24 Maschinen, zerstört wurde. Dies war ein gefundener Anlaß für den Nazi-Gauleiter Hildebrandt, Ernst Heinkel verantwortlich zu machen und ihn bei der faschisti-

schen Führung in Berlin zu denunzieren. Heinkels temperamentvolle und selbständige Art, auch darin dokumentiert, daß er sich die Entscheidungen in Personalfragen u. ä. in seinem Werk vorbehielt, war den neuen Machthabern unbequem und hatte zu zahlreichen Mißhelligkeiten mit NSDAP-Stellen geführt. Dazu kam die schon lange unterschwellig von den örtlichen „völkischen Aktivisten" ausgestreute Behauptung, Heinkel sei jüdischer Abstammung. Die in diesem Sinne geführte

Tabelle 10 Heinkel-Flugzeuge von 1931 bis 1934

Typ	Besat-zung	Motor	Lei-stung	Spann-weite	Flügel-fläche	Länge	Leer-masse	Start-masse	Höchst-ge-schwin-digkeit	Lande-ge-schwin-digkeit	Steig-ge-schwin-digkeit	Gipfel-höhe
			kW	m	m²	m	kg	kg	km/h	km/h	m/s	m
HD 45	2	BMW VI	441	11,50/ 10,00	34,6	10,00	1725	2610	250	105	6,0	5000
HE 71b	1	HM 4	57	9,50	12,9	6,97	335	555	212	68	4,0	6500
HD 49L	1	BMW VI 7,3Z	552	11,00	27,2	8,20		1950	325		11,9	8000
HD 46	2	SH „Jupiter VI 5,3"	368	11,50/ 8,80	31,6	9,38	1600	2235	198	102	4,6	5200
HD 59	4	2× BMW VIU	je 485	23,66	153,2	17,35		7275	230			
HD 60	2	BMW VIU 6,07	485	13,50/ 12,40	56,2	11,50	2410	3400	240			5000
HD 63L	2	Argus As 10	162	10,00/ 8,00	24,4	8,20	820	1250	201	76	3,2	3900
HD 63W	2	Argus As 10	162	10,00/ 10,00	30,4	8,65	1000	1400	177	64	2,1	3000
HE 64	2	Argus As 8R	96	9,80	14,4	8,31	470	780	245	52	4,3	6000
He 70	7	BMW VI 6,0Z	469	14,80	36,5	11,50	2300	3310	377	100	5,6	5350
He 50	2	Bramo 322B	441	11,50/ 11,50	34,8	9,60	1600	2620	235	95	5,6	6400
He 51L	1	BMW VI 7,3Z	552	11,00/ 8,60	27,2	8,40	1473	1900	330	95	11,9	7700
He 51W	1	BMW VI 7,3Z	552	11,00/ 8,60	27,2	9,10	1525	1967	318	100	11,1	7400
He 72B	2	SH 14A	118	9,00/ 9,00	20,7	7,50	590	877	180	80	2,8	4200
He 74A	1	Argus As 10C	177	8,25/ 7,00	15,0	6,80	730	960	288	90	7,6	6200
He 66A	2	SH „Jupiter VI"	360	11,50/ 11,50	34,8	9,70	1202	2235	245	90	4,2	5700
He 60B	2	BMW VI 6,0ZU	485	13,50/ 12,40	56,0	11,50	2410	3400	240	90	5,2	5000
He 42C	2	Junkers L 5Ga	279	14,00/ 13,00	56,0	10,60	1710	2420	200	80	3,0	4200
He 45C	2	BMW VI 7,3Z	552	11,50	34,6	10,00	2105	2745	290	105	6,9	5500
He 46D	2	SAM 322H-2	478	14,00	32,2	9,50	1725	2300	250	95	6,4	6200
He 59B	4	2× BMW VI 6,0	je 485	23,70/ 23,70	153,2	17,40	6215	9000	220	87	3,5	3500

Untersuchung des Brandes durch die Gestapo leiteten zeitweise sogar Heinrich Himmler und der damalige Standartenführer Heydrich. Als jedoch keine Sabotage als Brandursache nachgewiesen werden konnte, stellte man die Untersuchung am 11. Juli ein, natürlich nicht, ohne den Einfluß der faschistischen Kräfte im Werk zu stärken.

7.2. Expansion der Arado-Flugzeugwerke

Nach dem faschistischen Machtantritt stellte sich auch die Arado GmbH auf eine stark erweiterte Flugzeugfabrikation um. Alle artfremden Produktionszweige, die bisher nebenbei zur Erhaltung des Betriebes nötig waren, fielen fort. Dem entsprach eine Umbenennung in Arado-Flugzeugwerke GmbH am 4. März 1933. Das seit dem 4. Januar 1932 von Dipl.-Ing. Walter Blume geleitete Konstruktionsbüro wurde wesentlich vergrößert. Um einen höheren Produktionsausstoß zu erreichen, entstanden weitere Hallen und Gebäude. 1934 ging man an die Schaffung eines eigenen Werkflugplatzes durch Aufspülung von weiterem Gelände an der Laakbucht. Damit existierten dann ab 1934 drei Flugplätze im Rostocker Raum.

Die Ar 68 war ein aerodynamisch gut ausgebildeter Jagd-Doppeldecker. Sie gehörte neben der Heinkel He 51 zur Erstausstattung der Jagdverbände der faschistischen Luftwaffe.

Vorderansicht eines der noch bis Mitte 1941 in Warnemünde gefertigten See-Doppeldeckers Ar 95.

Die Zahl der Beschäftigten bei Arado in Warnemünde betrug 1935 etwa 800, 1937/38 bereits 3500 und 1943 rund 6000 Personen. Im Rahmen der Werkerweiterung übernahm Arado Anfang 1936 auch das Gelände der Chemischen & Teerproduktenfabrik Warnemünde GmbH, die von 1924 bis 1929 als Mecklenburgische Benzolwerke auf dem früher von der Gothaer Waggonfabrik gepachteten Grundstück auf der südlichen Seite des Laakkanals entstanden war.

Die Bedeutung des Warnemünder Arado-Werkes ging allerdings zurück, da der Hauptbetrieb mit den Konstruktionsbüros nach Brandenburg verlegte. Dazu wurde am 6. September 1934 durch Kauf der Grundstücke und der Fabrik der ehemaligen Hartungschen Eisengießerei in Brandenburg/Neuendorf, unmittelbar am Plauer See, eine Zweigniederlassung gegründet. Bereits am 1. Dezember konnte in kleinem Umfang die Produktion aufgenommen werden, und am 11. April 1935

Eine Arado Ar 196A-3 wird in Warnemünde aus der Montagehalle gezogen. Die Ar 196 war neben der Ar 66 das in größter Stückzahl gebaute Arado-Muster.

wurde die erste dort gebaute Maschine, eine Arado Ar 66, eingeflogen.

In Warnemünde entstanden indessen die ersten Reihen des Schulflugzeugs Ar 66 und des Jägers Ar 65. Dazu kamen die Prototypen der ersten neuentwickelten Muster, des Jagdflugzeugs Ar 68 und der Schul- und Übungsflugzeuge Ar 69 und Ar 76. Diese flogen erstmals im Sommer bzw. Herbst 1934.

Ab 1935 war das Warnemünder Werk hauptsächlich mit der Lizenzproduktion beschäftigt. Es baute 75 Jäger He 51, gefolgt von 140 Doppeldeckern He 59 und 100 Seeaufklärern He 60, bevor ab Anfang 1938 der Jäger Messerschmitt Bf 109 das Produktionsprofil bestimmte. Zuerst wurde die Version D-1 gebaut. Zehn Stück dieses in Warnemünde hergestellten Musters erhielt 1939 die Schweiz (Werknummern 2301 bis 2310), die sie bis 1949 einsetzte.

Später wurde auf die E-Variante umgestellt, die man bis 1941 auslieferte. Von der Version Bf 109E-6/N wurden bis Januar 1941 lediglich neun Maschinen gebaut, und mit der letzten im März 1941 ausgelieferten Bf 109E-7/N (davon entstanden 46 Stück in Warnemünde) endete der Bau der E-Version. Von Dezember 1940 bis Oktober 1941 lieferte Arado aus Warnemünde dann noch 358 Bf 109F-2.

Im August dieses Jahres begann die Produktionsumstellung auf den neuen Focke-Wulf-Jäger Fw 190, wovon bis zum Jahresende noch 32 Maschinen der Version Fw 190A-2 und bis Ende 1944 insgesamt 3944 Stück geliefert werden konnten. Wesentlich geringeren Umfang hatte die Herstellung von bei der Firma entwickelten Typen. Die bis Januar 1941 geplante Lieferung von 27 See-Doppeldecker Ar 95 zog sich bis zum Juni des Jahres hin. Ab 1940 baute man in Warnemünde den Bordaufklärer Ar 196A-3, der auch noch 1941 in der Fertigung war. Bis zum November dieses Jahres lieferte das ehemalige Arado-Stammwerk insgesamt 100 Exemplare dieser Version aus.

Anfang 1945 traf man noch Vorbereitungen, auch die vierstrahlige Ar 234C in Warnemünde zu produzieren. Das Einfliegen all dieser Maschinen fand bereits auf dem neuen Werkflugplatz auf dem westlichen Warnowufer statt, so daß die hier kurz umrissene Entwicklung dieses Warnemünder Flugzeugwerks nicht mehr mit dem alten Flugplatz Warnemünde gekoppelt war.

7.3. Warnemünde als Keimzelle der Seefliegerausbildung und Flugzeugführerschule der Luftwaffe

Die im Rahmen der geplanten Luftrüstung notwendige Ausbildung einer großen Zahl von Flugzeugführern, Beobachtern und technischem Personal begann sofort nach dem faschistischen Machtantritt. Bereits im Februar 1933 entstand das Kommando der Fliegerschulen, dem sämtli-

Tabelle 11   Ab 1933 bei Arado in Warnemünde gebaute Flugzeuge

Typ	Besatzung	Motor	Leistung kW	Spannweite m	Flügelfläche m²	Länge m	Leermasse kg	Startmasse kg	Höchstgeschwindigkeit km/h	Landegeschwindigkeit km/h	Steiggeschwindigkeit m/s	Gipfelhöhe m
Ar 66C	2	Argus As 10C	177	10,00/10,00	29,6	8,30	905	1330	210	79	4,1	4500
Ar 67	1	RR „Kestrel VI"	470	9,68	25,0	7,90	1325	1760	330			
Ar 68E	1	Jumo 210E	500	11,00/8,00	27,3	9,67	1600	2020	305	95	12,6	8100
Ar 69B	2	SH 14A	110	9,00/9,00	20,7	7,22	540	840	184	81	4,9	5600
Ar 76	1	Argus As 10C	177	9,50	13,3	7,20	720	1070	267	100	6,7	6400
Ar 77	4	2× Argus AS 10C-3	je 177	19,20	50,5	12,50	1930	2940	240	85	4,8	5000
Ar 80	1	RR „Kestrel V"	511	11,80	21,0	10,30	1645	2100	375	96	10,5	10000
Ar 95A	2	BMW 132Dc	647	12,50	45,4	11,10	2450	3570	309	90	7,5	7300
Ar 196	2	BMW 132K	706	12,40	28,4	11,00	2990	3730	310		5,0	7000
Lizenzmuster												
Bf 109D-1	1	Jumo 210D	500	9,90	16,4	8,70	1505	1998	470		12,0	8000
Bf 109E	1	DB 601A	808	9,90	16,4	8,80	1913	2650	555	145	14,0	10500
Bf 109F-2	1	DB 601N	883	9,92	16,1	8,94	2353	2800	517		20,5	11000
FW 190A-2	1	BMW 801C	1147	10,50	18,3	8,95	2700	3850	630	158	15,0	9600

Der Flugplatz Warnemünde Ende 1934.

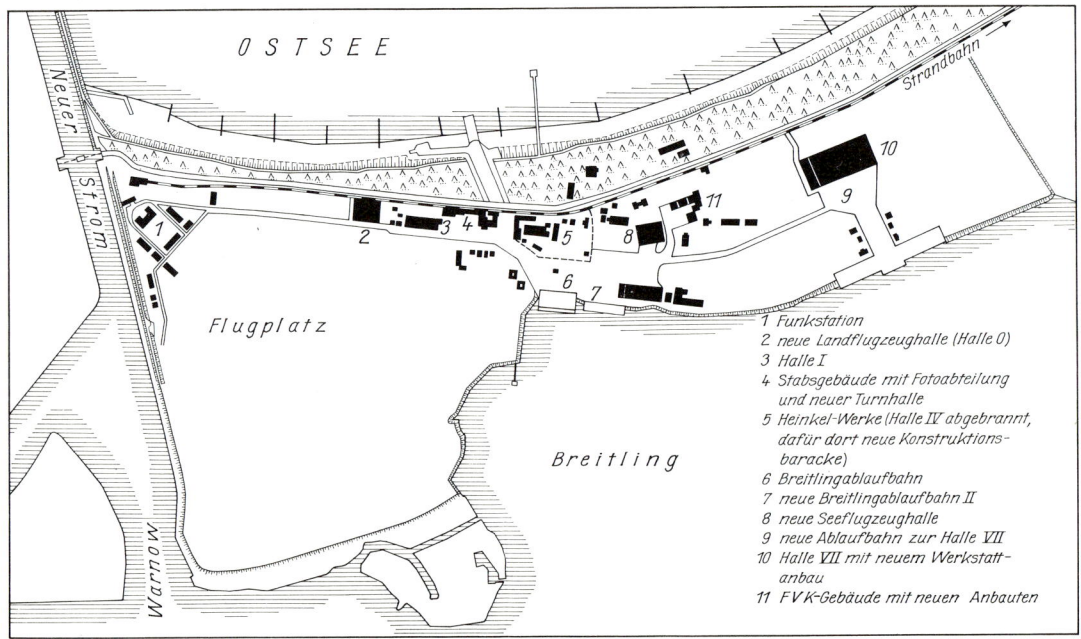

1 Funkstation
2 neue Landflugzeughalle (Halle 0)
3 Halle I
4 Stabsgebäude mit Fotoabteilung und neuer Turnhalle
5 Heinkel-Werke (Halle IV abgebrannt, dafür dort neue Konstruktionsbaracke)
6 Breitlingablaufbahn
7 neue Breitlingablaufbahn II
8 neue Seeflugzeughalle
9 neue Ablaufbahn zur Halle VII
10 Halle VII mit neuem Werkstattanbau
11 FVK-Gebäude mit neuen Anbauten

Eine Arado Ar 66c der
Fliegerschule Warne-
münde um 1933/34.

che Fliegerschulen unterstanden. Als man am 1. April 1933 die Fliegerführungsstäbe und die fliegertechnischen Dienststellen von Heer und Marine zum sogenannten Luftschutz-Amt (LS-Amt) im Reichswehrministerium zusammenfaßte, war das Kommando der Fliegerschulen diesem unterstellt. Nach außen hin galt weiterhin die Tarnbezeichnung Deutsche Verkehrsfliegerschule (DVS), während die internen Bezeichnungen den eigentlichen Verwendungszweck der ehemaligen DVS-Zweigstellen offenbarten. Diese lauteten nämlich:

— Beobachterschule (Heer) Braunschweig ("Gruppe N")
— Flugzeugführerschule (Heer) Schleißheim ("Gruppe J")
— Flugzeugführer- und Beobachterschule (Marine) Warnemünde (FVK).

Die für Warnemünde gewählte Tarnbezeichnung FVK bedeutete Funkversuchskommando. Darunter verbarg sich eine zweijährige Ausbildung junger Seeoffiziere zu Flugzeugführern und Beobachtern auf Seeflugzeugen. Eine andere in diesem Zeitraum auftauchende Bezeichnung für die Warnemünder Schule war „DVS, Gruppe W". Die ständig steigenden Anforderungen, laufende Änderungen der Planung, die Aufstellung neuer Ämter und Kommandostellen, läßt nur schwer eine kontinuierliche Verfolgung dieser ersten getarnten Aufbauphase der Luftwaffe zu.
Nach der Umbenennung des Reichskommissariats für Luftfahrt in Reichsluftfahrtministerium (RLM) am 27. April 1933, wurde diesem am 15. Mai 1933 das Luftschutz-Amt unterstellt, um somit der Fliegerrüstung einen „zivilen" Anstrich zu geben.
Am 1. April 1934 wurden als weitere Organisationsmaßnahme sechs Luftkreiskommandos gebildet, die zu diesem Zeitpunkt noch als „Gehobene Luftämter" firmierten. Davon war das Luftkreiskommando VI in Kiel für alle Seefliegerverbände und -schulen verantwortlich. Als weitere Kommandostelle der Seeflieger entstand am 1. Juli 1934 des Amt des Führers der Marine-Luftstreitkräfte (FdL).
Als Ausbildungseinheiten existierten in diesem Jahr unter dem Kommando der Fliegerschulen (See) der Beobachterlehrgang (See) und die Flugzeuglehrgänge A und B in Warnemünde, weiter ein Flugzeugführerlehrgang C in Travemünde und ein Fliegerwaffenlehrgang (See) ebenfalls in Warnemünde. Die letztere, 1934 als erste Fliegerwaffenschule der Seeflieger gegründete Einrichtung wurde am 1. Oktober 1935 nach Parow bei Stralsund verlegt und erhielt im Krieg die Bezeichnung Fliegerwaffenschule (See) 1.
Neben den Schulen war auch das Kommando der Fliegerschule (See) in Warnemünde untergebracht, weiter eine Seefliegerübungsstaffel mit sechs He 60, die im Zeitraum vom 1. Oktober 1933 bis 30. September 1934 aufgestellt wurde. Damit ging man einen weiteren Schritt bei der Militarisierung der Seefliegerausbildung. Sie bedeutete im Prinzip das Ende jeglicher Art von ziviler oder paramilitärischer Seefliegerausbildung, da sie der Erprobung des Zusammenwirkens mit Schiffen der Reichsmarine diente. Dabei sollten vor allem

Nach 1935 fielen alle „zivilen" Tarnungen fort: Warnemünde war Flugzeugführerschule der Luftwaffe.

Das Wappen der Flugzeugführerschule A 10 Warnemünde auf einem Fieseler „Storch" der Verbindungsstaffel 66.

die in der Seekriegsanweisung festgelegten Aufklärungsarten, die Suche von U-Booten, das Legen von Nebelwänden u. a., geübt werden.

Die Warnemünder Seefliegerübungsstaffel und die aus der Severa hervorgegangenen Luftdienst-Einheiten bildeten den Grundstock zur Aufstellung der ersten Einsatzverbände der Marineflieger, die in der zweiten Jahreshälfte 1934 entstanden. Warnemünde blieb danach nur Standort der Ausbildungseinrichtungen. Dabei galten im Schiffsverkehr weiterhin die Tarnbezeichnungen.

Diese fielen weg, als die faschistische Führung ab 1. März 1935 die Luftwaffe offiziell zum dritten Wehrmachtsteil erklärte. Damit war das Ende der DVS gekommen. In Warnemünde verblieben zwei Seefliegerschulen, genannt Flugzeugführerschulen (See) I und II. Davon wurde eine am 1. Oktober 1938 in eine weitere Fliegerwaffenschule (See) umgewandelt. Diese verlegte Anfang 1939 nach Dievenow (heute Dziwnów) und erhielt die Bezeichnung Fliegerwaffenschule (See) 3, Dievenow.

In den Jahren des Krieges gingen die Aufgaben der Seefliegertruppe vollkommen in die allgemeine Luftwaffenkommandostruktur über. Das spezielle Luftwaffen-Kommando See, das ab 4. Februar 1938 unter Admiral Zander aufgestellt worden war, wurde bereits am 1. Februar 1939 aufgelöst. Die Warnemünder Schule unterstand 1939 der Inspektion der Fliegerschulen beim Chef des Ausbildungswesens.

Die Flugzeugführerschule Warnemünde, 1942 noch als A/B- Schule 10 im Luftgau III (Stettin) geführt, war im Juni 1940 aufgestellt worden. Sie diente ab Oktober 1943 nur noch der Anfangsausbildung als FFS (Flugzeugführerschule) A 10. Nach dem deutschen Überfall auf die Sowjetunion am 22. Juni 1941 existierte zeitweilig eine Staffel aus Flugzeugführern und Fluglehrern der Warnemünder Schule unter der Bezeichnung Verbindungsstaffel 66, die mit Maschinen der Typen

Ein See-Fernaufklärer Dornier Do 18 nach seiner Ausmusterung im Dienst der Warnemünder Flugschule.

Gotha Go 145, Focke-Wulf Fw 58 und Fieseler Fi 156 Kurier- und Transportflüge an der Ostfront ausführte. Sie gehörte zum Luftdienstverband II in Kiel-Holtenau, dem auch die anderen Luftdienst-Kommandos im Wehrkreis II (Stettin) unterstanden.

Der Ausbau der Flugzeugführerschule ab 1933 war verbunden mit der Schaffung neuer Hallen auf dem Platz, dem Bau umfangreicher Kasernenanlagen in Markgrafenheide und von Wohnhäusern für die Offiziere und das Stammpersonal des Fliegerhorstes im Dünenwäldchen Hohe Düne an der Chaussee nach Markgrafenheide. Das Stammpersonal wuchs auf eine geschätzte Zahl von etwa

Der Flugplatz Warnemünde im Jahre 1938.

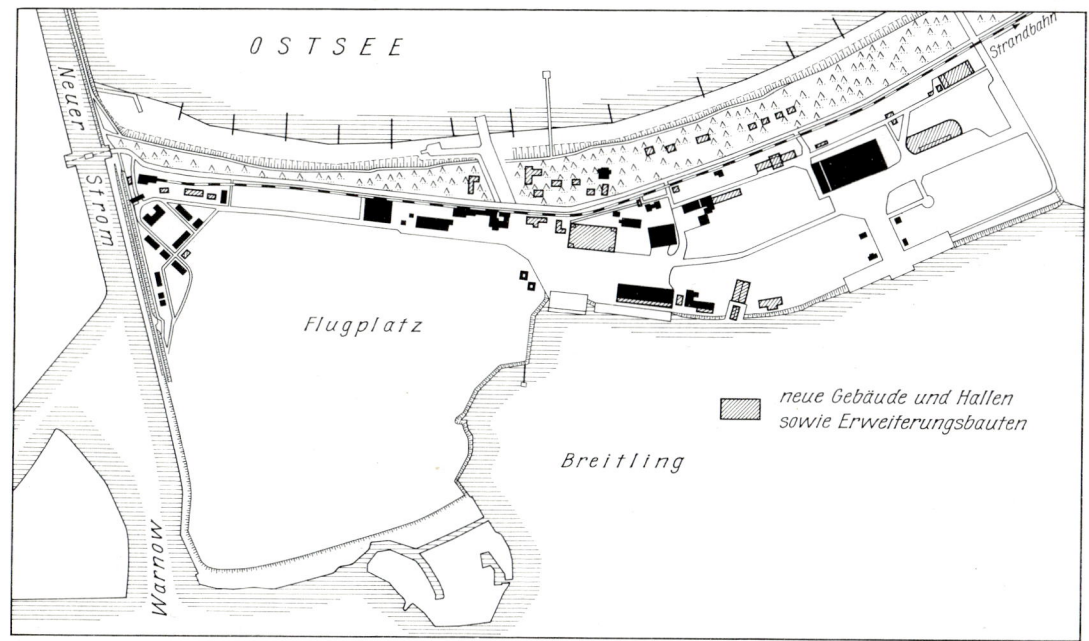

OSTSEE

Strandbahn

Neuer Strom

Flugplatz

Breitling

Warnow

neue Gebäude und Hallen sowie Erweiterungsbauten

Eine He 60 wird auf das Katapult des Schleuderprahms 11 in Warnemünde gesetzt.

1000 Personen an. Der durch die Aufrüstung bedingte Zuzug von Arbeitern, Ingenieuren und Berufssoldaten führte zum Bau neuer Straßenzüge in Warnemünde, dessen Bevölkerungszahl von 1933 bis 1938 um etwa 3000 stieg.

Etwa ab 1934 war auch wieder ein Katapult auf dem Breitling stationiert. Es befand sich auf einem dort verankerten Ponton (Schleuderprahm 11). Hier absolvierten alle künftigen Bordflieger die vorgeschriebene Anzahl von Katapultstarts. Eine Einrichtung dieser Art existierte nur hier. Etwa 1939 wurden östlich der existierenden Flugplatzanlagen weitere Geländeaufspülungen vorgenommen, auf denen durch Asphaltieren ein neuer, größerer Landflugplatz entstand.

Warnemünde war auch im Krieg kein regulärer Einsatzflugplatz für Seefliegerstaffeln, wenn auch operative Verwendungen nicht ausgeschlossen wurden. So ist in den Aufmarschanweisungen für die Küstenfliegerverbände der Seeluftstreitkräfte Ost für 1938 und 1939 Warnemünde die Überwachung der südwestlichen Ostsee zwischen der Kieler Bucht im Westen und Darßer Ort im Osten bis an die dänischen bzw. schwedischen Hoheitsgewässer im Norden zugewiesen worden.

Als später die Seeluftstreitkräfte aufgelöst und die Seefliegerstaffeln in die Luftwaffenstruktur eingegliedert waren und in Norwegen, über Atlantik, Mittelmeer und Schwarzem Meer eingesetzt wurden, entfiel eine weitere Nutzung des Warnemünder Flugplatzes.

7.4. Gleichschaltung und Militarisierung der Sportflugbewegung

Wenn in den zwanziger Jahren die deutsche Sportflugbewegung in der Konsequenz auch der Schaffung eines Stammes von Flugzeugführern für die geplanten Luftstreitkräfte diente, so war dies doch nur den führenden Kräften klar. Die große Masse der Mitglieder der Aero-Clubs, Segelflugvereine und anderen Fliegergruppen war aus Flugbegeisterung freiwillig in die Gruppen eingetreten und hatte in unbezahlter Freizeitarbeit, oft unter großen Opfern, Segelflugzeuge gebaut und sich im Fliegen geübt, wenn dafür die Mittel aufgebracht werden konnten. Diese begeisterte, kameradschaftliche Zusammenarbeit wurde von der faschistischen Führung sofort in ihren Dienst gestellt.

Schon am 25. März 1933 wurde als einheitliche Organisation der Deutsche Luftsport-Verband e. V. (DLV) gegründet, der alle Luftsport betreibenden und fördernden Organisationen, wie den Aero-Club, Ring der Flieger usw., aufsog. Alle diese Verbände lösten sich auf, und ihre Vereine, Einrichtungen, Flugschulen und Übungsstellen wurden in den DLV eingebracht. Der Aero-Club von Deutschland war ebenfalls Mitglied, blieb aber als Repräsentant des deutschen Flugsports gegenüber dem Ausland formal bestehen. Präsident des Verbandes wurde der ehemalige Jagdflieger des ersten Weltkrieges Hauptmann a. D. Bruno Loerzer.

Eine He 70 demon-
striert beim Flugtag
1933 im Tiefflug ihre
Schnelligkeit.

Im ersten Jahr seines Bestehens war der neue Verband im wesentlichen die zivile Tarnorganisation für den Personalbestand der Flieger- und Luftnachrichtentruppe, wenn es neben diesem auch noch die zivilen Motor- und Segelflieger und solche Flugschüler gab, die sich auf den aktiven Dienst in den Luftstreitkräften bzw. als Reservist vorbereiteten. Ab August 1934 setzte man die in der Zwischenzeit erheblich vergrößerte Ausbildungskapazität des DLV ausschließlich für die Belange der Luftwaffe ein.

Nachdem 1935 ein Teil der Schulen und Ausbildungseinrichtungen offen von der Luftwaffe übernommen worden war, kam es am 17. April 1937 zur Auflösung des DLV, der in das Nationalsozialistische Fliegerkorps (NSFK) überging. Zur Selbstauflösung des Mecklenburgischen Aero-Clubs kam es am 20. September 1933. Am 16. Juli des Jahres hatte die Ortsgruppe Rostock/Warnemünde des DLV den letzten Flugtag auf dem Flugplatz Warnemünde organisiert.

Für die weitere Motorflugausbildung diente als neuer Flugplatz ein an der Chaussee nach Ribnitz

liegendes Gelände bei Purkshof, da der Warnemünder Platz durch die stark erweiterte Ausbildung der Flugzeugführerschule völlig ausgelastet war und praktisch militärisches Sperrgebiet wurde. Im Jahre 1934 lautete die offizielle Bezeichnung Flieger-Ortsgruppe Rostock-Warnemünde des DLV, deren „Führer" Dr. Bachér war. Aufgeteilt in einen Fliegersturm und einen Segelflieger (Sfl.)-Sturm gehörte die Gruppe zur Fliegerlandesgruppe III „Nordmark" des DLV. Sie hatte zwei weitere Klemm-Tiefdecker zugeteilt bekommen, die L 25d VIIR (Kennung D-2931) und die L 25c VII (Kennung D-2570).

Das spätere NS-Fliegerkorps war anders organisiert. Es gab Gruppen auf betrieblicher Basis, z. B. in den Heinkel-Werken (Sturm 3/12) und bei Arado. Dort betrieb man die vormilitärische, fliegerische, handwerkliche und theoretische Ausbildung aller in der Flieger-HJ zusammengefaßten Lehrlinge. Auch eigene Konstruktionen von Segelflugzeugen entstanden, mit denen beispielsweise an der Steilküste Stoltera bei Warnemünde Flüge bis zu achteinhalb Stunden Dauer gelangen.

8. Das Ende des Flugplatzes Warnemünde

Nach der Entfesselung des zweiten Weltkrieges durch die faschistische Führung Deutschlands traten bald zahlreiche durch Fehlplanungen und maßlose Selbstüberschätzung bedingte Schwachstellen in der Kriegführung zu Tage, die in den ersten Jahren noch durch die schnellen Erfolge der nacheinander angesetzten „Blitzkriege" gegen die Nachbarstaaten übertüncht wurden. Doch schon das Scheitern des Luftkrieges gegen England und besonders die katastrophalen Verluste an der Ostfront, insbesondere nach der Wende des Krieges, die sich nach den Niederlagen vor Moskau und Stalingrad abzeichnete, und nach der Schlacht bei Kursk im Jahre 1943 perfekt war, zeigten die ganze Abenteuerlichkeit der zum Scheitern verurteilten faschistischen Politik und Strategie, deren Wurzeln sich bis in die militaristischen Doktrinen des kaiserlichen Deutschlands zurückverfolgen lassen.

Die hier aufgezeigte Geschichte des Flugplatzes Warnemünde wird wie ein roter Faden durchzogen von dieser auf imperialistischen und militaristischen Positionen ruhenden Denkweise, die das Leben und auch die Entwicklung der Luftfahrt in Deutschland bis 1945 prägten. Die Tausenden von begeisterten jungen Menschen, die über Modellbau, Segelflug und Motorflugausbildung den Weg zum Fliegen gefunden hatten, wurden sinnlos für die Interessen einer Minderheit an den Fronten des Krieges geopfert.

Da eine eigentliche Konzeption zum Einsatz von Marine-Luftstreitkräften fehlte und deren Aufgabe von dafür wenig oder unzureichend ausgebildeten Luftwaffeneinheiten übernommen werden mußten, waren die Erfolge entsprechend gering. Vom September 1939 bis Oktober 1941 entzog die Luftwaffenführung der Seekriegsleitung der Kriegsmarine schrittweise die letzten Seefliegerstaffeln. Analog ging auch die Ausbildung von Seefliegern zurück. Dazu kam die Unmöglichkeit der Schaf-

fung leistungsfähiger Seeflugzeugmuster während des Krieges, da die Industrie nicht einmal in der Lage war, den Bedarf an Kampf- und Jagdflugzeugen zu decken, als die Zeit der „Blitzsiege" vorbei war. Die hohen Personalverluste der Luftwaffe sollten durch kurzfristige Aktionen ausgeglichen werden, indem man beispielsweise Fluglehrer und anderes fliegendes Personal von den Schulen und Ausbildungseinheiten an die Fronten warf. Die bereits erwähnte Verbindungsstaffel 66 mit Piloten der Warnemünder Schule ist nur ein Beispiel dieser Art.

Das Niveau der Flugausbildung sank weiter. Man reduzierte die Ausbildungszeiten und damit die Überlebenschancen der an die Front gehenden jungen Flugzeugführer. Als sich nach dem Mai 1944 durch die US-amerikanischen Bombenangriffe auf die deutschen Hydrierwerke die Treibstofflage immer mehr verschlechterte, wurde die Flugausbildung weiter eingeschränkt und ab Mitte Februar 1945 schrittweise eingestellt. Die ab 1944 dem General der Fliegerausbildung unterstellte Schule in Warnemünde gehörte zuletzt mit 14 anderen A-Schulen und sechs B-Schulen der 1. Flieger-Schul-Division Göppingen an.

Beinahe makaber mutet die Tatsache an, daß in den letzten Kriegstagen Warnemünde noch einmal Verkehrsflugplatz wurde. Als sich die sowjetischen Truppen Berlin näherten und in den Abendstunden des 22. April 1945 bereits Geschosse auf dem Flugplatz Tempelhof einschlugen, setzten sich die dort noch vorhandenen Maschinen der Lufthansa nach Warnemünde ab. Das letzte Flugzeug startete gegen 3.00 Uhr, da noch auf drei schwedische Passagiere gewartet werden mußte. Diese flogen dann nach einer kurzen Zwischenlandung in Warnemünde nach Stockholm weiter.

In der folgenden Woche, bis zum 30. April, war dann Warnemünde Ausgangspunkt für Lufthansa-Flüge nach Schweden, Dänemark und Norwegen.

Blick in eine der Warnemünder Arado-Produktionshallen nach einem alliierten Bombenangriff im April 1944. Überall liegen Trümmer der dort gebauten Jagdflugzeuge FW 190 herum.

Als Mitte der fünfziger Jahre am Breitling der Überseehafen gebaut wurde, riß man beim Durchstich des neuen Seekanals auch die dort noch stehenden letzten Gebäude des ehemaligen Flugplatzes ab. Hier wird mit der Demontage des 1914 errichteten Torgebäudes am Eingang A begonnen.

Als die Rote Armee nahte, verlegte man die verbliebenen Flugzeuge nach Flensburg, wo sich die letzte faschistische Regierung unter Dönitz eingerichtet hatte. Am 1. Mai, dem Tag des Einrückens sowjetischer Truppen in Rostock, kam es zur letzten Zwischenlandung einer Douglas DC-3 (Kennung D-ATZP) der Lufthansa in Warnemünde auf dem Flug von Flensburg nach Kopenhagen/ Malmö. Damit endete dieses Kapitel „Luftverkehr".

Etwas 1946/47 wurden die Hallen und Anlagen des Flugplatzes in Warnemünde in Erfüllung der Bestimmungen des Potsdamer Abkommens gesprengt bzw. demontiert.

Abkürzungsverzeichnis

AD	Austro-Daimler Motorenwerke	ILÜK	Interalliierte Luftfahrt-Überwachungs-Kommission
AEG	Allgemeine Elektrizitäts-Gesellschaft		
AFG	Allgemeine Flug-Gesellschaft	Jumo	Junkers Motorenwerke
Akaflieg	Akademische Fliegergruppe	LD	Lorraine Dietrich Motorenwerke
AS	Armstrong Siddeley Motorenwerke	LFG	Luft-Fahrzeug-Gesellschaft
BFW	Bayrische Flugzeugwerke	LLS	Lloyd Luftverkehr Sablatnig
BMW	Bayrische Motorenwerke	LTG	Lufttorpedo-Gesellschaft
Br.	Bristol Flugzeug- und Motorenwerke	LVG	Luftverkehrs-Gesellschaft
Bramo	Brandenburgische Motorenwerke	MAC	Mecklenburgischer Aero-Club
DB	Daimler Benz	MIAG	Mühlenbau & Industrie AG
DDL	Det Danske Luftfartselskab	NAG	Nationale Automobil-Gesellschaft
DFW	Deutsche Flugzeugwerke	NDL	Norddeutscher Lloyd
DLFV	Deutscher Luftflotten-Verband	NFS	National-Flugspende
DLG	Deutsche Luftfahrt GmbH	NSFK	Nationalsozialistisches Flieger-Korps
DLH	Deutsche Luft Hansa (ab 1934: Deutsche Lufthansa)	OU	Motorenfabrik Oberursel
		Pack.	Packard Motorenwerke
DLR	Deutsche Luft-Reederei	PW	Pratt & Whitney
DLV	Deutscher Luftfahrt-Verband	RDL	Reichsverband der deutschen Luftfahrtindustrie
DLV	Deutscher Luftsport-Verband (ab 1933)		
		RK	Raab-Katzenstein
DSW	Deutscher Seeflug-Wettbewerb	RLM	Reichsluftfahrtministerium
DVL	Deutsche Versuchsanstalt für Luftfahrt	RM	Reichsmark
		RMA	Reichs-Marine-Amt
DVS	Deutsche Verkehrsfliegerschule	RML	Riesenflugzeug Marine Land
FAI	Fédération Aéronautique Internationale	RR	Rolls Royce
		RRG	Rhön-Rossitten-Gesellschaft
FdL	Führer der Luftstreitkräfte (der Marine)	RVM	Reichsverkehrsministerium
		RWM	Reichswehrministerium
FF	Flugzeugbau Friedrichshafen GmbH	SAK	Seeflugzeug-Abnahmekommission
FFS	Flugzeugführerschule	SAM	Siemens-Apparate- und Maschinenbau GmbH
FT	Funken-Telegraphie		
FVK	Funkversuchskommando	SES	Seeflugzeug-Erprobungsstelle Travemünde
GMG	Gebrüder Müller Griesheim		
GR	Gnôme et Rhône Motorenwerke	SH	Siemens & Halske
GWF	Gothaer Waggonfabrik	SVK	Seeflugzeug-Versuchskommando
H.-Br.	Hansa-Brandenburg	UFAG	Ungarische Flugzeugwerke AG
ILA	Internationale Luftfahrt-Ausstellung	VGO	Versuchsbau Gotha-Ost

Literaturverzeichnis und Bildnachweis

Bücher und Broschüren

Andersson, L.: Svenska Militära Flygplan 1911–1939. – Uppsala, 1986

Barnewitz, F.: Geschichte des Hafenortes Warnemünde. – Rostock, 1919

Csanádi, N.; Nagyváradi, S.; Winkler, L.: A Magyar Repülés Története. – Budapest, 1977

Dornier, Die Chronik des ältesten deutschen Flugzeugwerkes. – Friedrichshafen, 1985

Ehrenrangliste der Kaiserlich Deutschen Marine 1914–18. – Berlin, 1930

Encyclopedia of Japanese Aircraft, Vol. 2 und 6. – Tokio, 1981

Ernst Heinkel Flugzeugwerke GmbH 1. 12. 1922 bis 1. 12. 1932. – Warnemünde und Berlin, 1932

Ernst Heinkel – Werk und Werdegang. – Berlin, 1927

E-Stellen Travemünde und Tarnewitz, Band 1–3. – Steinebach, o. J.

Gray, P. L.; Thetford, O.: German Aircraft of the First World War. – New York, 1970

Groehler, O.: Geschichte des Luftkriegs 1910 bis 1970. – Berlin, 1977

Gronau, W. v.: Im Grönland-Wal. – Berlin, 1933

Gütschow, F.: Die deutschen Flugboote. – Stuttgart, 1978

Haddow, G. W.; Grosz, P. M.: The German Giants. – London, 1988

Heimann, E. H.: Die Flugzeuge der Deutschen Lufthansa. – Stuttgart, 1982

Heinkel, E.: Stürmisches Leben. – Stuttgart, 1953

Heinkel Flugzeugtypenblätter. – Speyer, o. J.

Hubrich, G.: Zwischen den Meilensteinen der Luftfahrt. – Steinebach, o. J.

Irving, D.: Die Tragödie der deutschen Luftwaffe. – Frankfurt/M., 1970

Jonsson, S.: Aus den Anfängen der Verkehrsfliegerei. – Steinebach, o. J.

Kameradschaft der Luft. Festschrift anläßlich des 50. Geburtstags von Ernst Heinkel. – Berlin, 1938

Karlström, B.: Flygplansritningar 1–4. – Stockholm, 1983, 1985, 1986 und 1988

Keimel, R.: Österreichs Luftfahrzeuge. – Graz, 1981

Köhl, H.: Bremsklötze weg!. – Berlin, 1932

Köhler, H. D.: Ernst Heinkel – Pionier der Schnellflugzeuge. – Koblenz, 1983

Köhler, H. D.: Zum 100. Geburtstag von Ernst Heinkel. – München, 1988

Koos, V.: Zur Geschichte der Luftfahrt und der Flugzeugindustrie in Rostock. – In: Beiträge zur Geschichte der Stadt Rostock. Neue Folge. Heft 8. – Rostock, 1987

Kosin, R.: Die Entwicklung der deutschen Jagdflugzeuge. – Koblenz, 1983

Kovács, L.: A Dunai Repülögépgyár Rt. Története. – Budapest, 1985

Lange, B.: Das Buch der deutschen Luftfahrttechnik. – Mainz, 1970

Lange, B.: Typenhandbuch der deutschen Luftfahrttechnik. – Koblenz, 1986

Langsdorff, W. v.: Taschenbuch der Luftflotten 1927. – Frankfurt a. M., 1927

Luftkursbuch und wichtige Eisenbahnverbindungen. – Berlin, 1921

Mehne, E. (Hrsg.): Handbuch für Luftfahrt und Luftfahrt-Industrie. – Berlin, 1929

Meyer, C. W. E. (Hrsg.): Deutsche Kraftfahrzeug-Typenschau. Heft I: Luftfahrzeuge und Luftfahrzeugmotoren. – Dresden, 1925 und 1928

Neumann, G. P.: Die deutschen Luftstreitkräfte im Weltkriege. – Berlin, 1920

Nobile, U.: Flüge über den Pol. – Leipzig, 1980

Nowarra, H. J.: Die Flugzeuge des Alexander Baumann. – Dorheim, 1982

Nowarra, H. J.: Heinkel und seine Flugzeuge. – München, 1975

Literaturverzeichnis

Nowarra, H. J.: Torpedoflugzeuge. – Stuttgart, 1984

Nowarra, H. J.: Verbotene Flugzeuge 1921 bis 1935. – Stuttgart, 1980

Ostseeflug Warnemünde 1914 und Offizielles Programm Ostseeflug Warnemünde 1914. – Rostock, 1914

Programm Deutscher Seeflug-Wettbewerb 1926. – Berlin, 1926

Ries, K.: Recherchen zur Deutschen Luftfahrzeugrolle, Teil 1. – Mainz, 1977

Šavrov, V. B.: Istorija konstrukcii samoletov v SSSR do 1938. – Moskau, 1969

Söderberg, N.: Med spaken i näven. – Smålandsstenar, 1972

SVK (Hrsg.): Atlas deutscher und ausländischer Seeflugzeuge. – Warnemünde, 1917 und 1918

Transaer, Handbuch des internationalen Luftverkehrs. – München, 1937

Völker, K. H.: Die Entwicklung der militärischen Luftfahrt in Deutschland 1920–1933. – Stuttgart, 1962

Völker, K. H.: Dokumente und Dokumentarfotos zur Geschichte der deutschen Luftwaffe. – Stuttgart, 1968

Wagner, W.: Der deutsche Luftverkehr – Die Pionierjahre 1919–1925. – Koblenz, 1987

Wagner, W.: Von der J 1 bis zur F 13. – Konstanz, 1976

Zeitschriften

Arado-Bote
Der deutsche Sportflieger
Der Flug
Deutsche Motor-Zeitschrift
Deutscher Aerokurier
Die Dornier-Post
Die Luftreise
Energie
Flugsport
Flugzeug
Flyghistorisk Revy (Schweden)
Fly-Nytt (Norwegen)
Heinkel – Die Zeitschrift der Heinkel-Werke
Heinkel-Mitteilungen
Heinkel-Werkzeitung
Illustrierte Flug-Woche
kontakt (Schweden)
Luftfahrt-Geschichte
Luftfahrt International
Luftschau
Luft- und Raumfahrt
Luftwacht
Luftwelt
Marineforum
Marine-Rundschau
Mecklenburgische Monatshefte
Nachrichten für Luftfahrer
Niederdeutscher Beobachter
Norddeutsche Neueste Nachrichten
ÖFH-Nachrichten (Österreich)
Rostocker Anzeiger
Rostocker Zeitung
Sturmvogel
Zeitschrift des VDI
Zeitschrift für Flugtechnik und Motorluftschiffahrt

Archivalien

Es wurden Bestände folgender Archive eingesehen und zu dieser Darstellung benutzt:
Stadtarchiv Greifswald
Zentrales Staatsarchiv Potsdam
Militärarchiv der DDR, Potsdam
Stadtarchiv Rostock
Universitätsarchiv der Wilhelm-Pieck-Universität Rostock
Staatsarchiv Schwerin
Heinkel-Archiv Stuttgart

Weiter benutzte Archivalien:
Bericht der S. A. K. Warnemünde April 1917 bis Juni 1918
Kriegstagebuch Seeflugstation Warnemünde 2. 8. 14 bis 14. 9. 15
Tagesbefehle des B. d. L. 3. 1. 16 bis 17. 9. 18
Flug- und Schulerfahrungen bei der DVS Warnemünde 1. 4. 28 bis 1. 4. 31
Protokoll der Ausbildungstagung am 10. und 11. 10. 1932 bei der DVS
Kpt. z. S. Schüssler: Der Kampf der Marine gegen Versailles 1919–1935. – Berlin, 1937
Diese wurden von Privatpersonen zur Verfügung gestellt. Neben den hier aufgeführten Materialien wurden weitere Bücher, Zeitschriften und Werksveröffentlichungen zum Vergleich herangezogen und ausgewertet. Der Autor führte zahlreiche Gespräche mit Zeitzeugen, die ihm bereitwillig Fotos, persönliche Aufzeichnungen und andere Ma-

terialien zur Verfügung stellten. Dafür sei hier allen herzlich gedankt. Auch zahlreiche Freunde und Briefpartner haben Fotos und Unterlagen zur Verfügung gestellt. Es ist nicht möglich, hier alle Namen aufzuzählen. Stellvertretend möchte der Autor besonders den Flugkapitänen i. R. R. Förster und K. Heinrich, Herrn Fotografenmeister W. Eschenburg und den Mitarbeitern der o. g. Archive danken.

Die Abbildungen stammen aus:
Sammlung Eschenburg (7)
S. 32 unten, S. 39, S. 40, S. 92 unten,
S. 178 oben
Sammlung H. Thiele (1)
S. 156
Stadtarchiv Rostock (1)
S. 10 oben
Archiv Autor (222)

Typenregister